HISTOIRE NATURELLE

TYP. ET LITH. E. PRIGNET, A VALENCIENNES

ÉLÉMENTS

D'HISTOIRE NATURELLE

PREMIÈRE PARTIE

ZOOLOGIE

PAR

EMILE FAREZ

Médecin-Vétérinaire

Professeur d'histoire naturelle au collége de Valenciennes

VALENCIENNES, E. PRIGNET,

LIBRAIRE - ÉDITEUR

1864

HISTOIRE NATURELLE.

NOTIONS PRÉLIMINAIRES.

Définition. — L'histoire naturelle est une science qui a pour but l'étude de la structure de la terre, et des êtres qui en couvrent la surface. Cette science comprend dans son domaine, l'étude des corps inorganiques qui forment le globe et celle des corps organisés, végétaux ou animaux qui l'habitent.

Les corps organiques et inorganiques diffèrent les uns des autres par leur origine, leur mode d'accroissement, leur structure, leur forme, leur composition chimique et leur durée.

Origine. — Les corps inorganiques sont simples ou composés. Dans les corps simples, une seule force réunit les molécules, c'est la cohésion. Dans les corps composés, deux puissances agissent, l'affinité et la cohésion ; ces corps sont le résultat de combinaisons chimiques : ainsi l'hydrogène et l'oxygène se combinent pour former l'eau, l'acide carbonique et la chaux pour former le carbonate de chaux.

Les êtres organisés au contraire se reproduisent.

Ce fait essentiel dans l'histoire des êtres vivants a été exprimé par Haller dans l'aphorisme suivant : *Omne vivum ex ovo*, tout être vivant naît d'un œuf; effectivement les oiseaux, les poissons, etc., pondent des œufs, les plantes portent des graines qui sont des œufs végétaux. Ces corps donnent naissance par l'éclosion ou la germination à des êtres semblables à ceux qui les ont produits.

Mode d'accroissement.—Le minéral ne peut s'accroître qu'à la manière d'une boule de neige, par l'addition de couches nouvelles à sa surface. Ce mode d'accroissement a reçu le nom de *juxta-position*.

Lorsque les animaux et les plantes sortent de l'œuf ou de la graine, leurs organes sont imparfaits et manquent de consistance. Aussi dès la naissance les êtres vivants absorbent la nourriture dont ils ont besoin. Les végétaux ont des racines extérieures, les animaux en ont aussi, mais, chez eux, elles sont placées dans l'appareil digestif. Les matériaux absorbés par ces organes, forment la sève et le sang qui pénètrent à l'intérieur du corps pour le nourrir. Ce mode d'accroissement a reçu le nom d'intussusception, *suscipere intus*, prendre à l'intérieur.

Structure. — Les minéraux ont généralement une structure homogène, c'est-à-dire qu'ils sont formés de molécules semblables qui remplissent le même rôle, et peuvent être séparées, sans que la nature du corps soit altérée.

Les corps organiques jouissent de la vie, définie par G. Cuvier : un mouvement continuel de la matière, un tourbillon dans lequel les molécules entrent et sortent constamment par des voies déterminées. Ce mouvement s'effectue à l'aide d'instruments appelés organes, qui ont chacun leurs fonctions, leur rôle déterminé à l'avance. Il suffit quelquefois d'enlever un seul de ces organes, pour détruire l'être tout entier.

Composition chimique. — Tous les corps simples entrent dans la composition des minéraux, ils y sont combinés deux à deux, ou trois à trois, d'après des lois particulières qui font l'objet de l'étude de la chimie. Les corps organisés au contraire, ne renferment guère que quatre des 65 corps simples que nous connaissons. Ces quatre éléments sont le carbone, l'hydrogène, l'oxygène et l'azote; il faut y ajouter un peu de soufre, de phosphore et quelques autres éléments dont nous parlerons plus tard.

Forme. — Les minéraux présentent en général des formes indéterminées et accidentelles. Lorsque, par exception, les formes sont déterminées, elles sont cristallines, régulières et géométriques. Les corps vivants, au contraire, ont une forme déterminée qui reste toujours la même dans une même espèce : cette forme est celle des parents qui leur ont donné naissance.

Durée. — Les minéraux durent tant qu'une force extérieure ne vient pas les anéantir. Les êtres vivants ont au contraire, une existence bornée, dont la durée est fixée pour chaque espèce. Sans cesse obligés d'emprunter au monde extérieur, les aliments indispensables à l'entretien de leur vie, ils usent leurs organes dans un jeu continuel qui se termine par la mort.

En résumé, « l'origine par génération, l'accroissement par nutrition, la fin par une véritable mort, tels sont les caractères généraux et communs à tous les êtres organisés (1). »

DES ÊTRES ORGANISÉS. — Les êtres organisés se divisent en deux règnes : les animaux et les végétaux. Ces deux groupes d'êtres vivants se nourrissent et se reproduisent.

Les végétaux se nourrissent de substances minérales, dont les réservoirs naturels sont la terre et l'air. C'est donc dans ces deux parties que s'étalent leurs organes. Ils sont fixés au sol par leurs racines qui absorbent d'une manière continue les liquides que renferme la terre, pendant que les feuilles absorbent les gaz de l'atmosphère. Les animaux au contraire, se nourrissant de substances organisées, devaient être libres de chercher leur nourriture. Ils devaient également transporter avec eux la provision de matières nécessaires à leur nutrition. Aussi trouve-t-on chez eux une cavité intérieure, qui se présente tantôt sous la forme d'un sac, et tantôt sous la forme d'un tube digestif. Cette cavité est destinée à recevoir les aliments. Comme ceux-ci sont, pour la plupart, insolubles, on remarque autour du tube digestif des glandes qui versent dans l'intestin des liqueurs chargées de dissoudre les substances alimentaires. La nutrition ne commence plus, comme dans les végétaux, par l'absorp-

(1) Cuvier, *Anatomie comparée.*

tión des substances telles que le sol les fournit. Elle est précédée d'une fonction propre aux animaux, nommée la digestion.

L'animal possède encore une vie plus complète. Non-seulement il se nourrit et se reproduit, mais il jouit de la sensibilité et du mouvement, fonctions qui lui permettent de sentir et de se transporter d'un lieu dans un autre. Ces fonctions ont été appelées fonctions de relation, parce qu'elles mettent les animaux en relation entre eux et en rapport avec le monde extérieur.

En résumé, nous admettrons avec Bichat la division des fonctions animales en deux groupes :

1° Fonctions de conservation de l'espèce,
ou *reproduction;*

2° Fonctions de conservation de l'individu,
présentant deux catégories distinctes :
les fonctions de *nutrition*
et les fonctions de *relation.*

Nous pouvons donc dire avec Linné : « Les minéraux croissent, les végétaux croissent et vivent, les animaux croissent, vivent et sentent. »

Exposition des divers organes qui constituent un animal. — L'animal le plus imparfait se compose d'un simple sac, d'une enveloppe limitant son corps de toutes parts. Chez les infusoires qui vivent dans l'eau, cette vessie est remplie d'une substance molle, sensible, mobile et renfermant des œufs ; en un mot, tous les organes sont confondus. Si nous remontons l'échelle zoologique, nous remarquons des animaux comme l'hydre, chez lesquels le corps est percé d'une cavité communiquant au dehors par une ouverture appelée bouche (*fig.* 1). La digestion, l'absorption, la respiration s'effectuent dans l'intérieur de cette cavité. Les autres organes sont confondus comme chez les infusoires.

A un degré plus élevé, nous trouvons dans la limace deux cavités : l'une sert à la digestion, la seconde à la respiration. Enfin, chez les animaux plus parfaits, le tube digestif forme un canal sinueux présentant un autre orifice postérieur, appelé anus.

Alors, apparaissent entre la peau et le canal digestif, des muscles, des nerfs, des cartilages, puis des os qui forment une charpente appelée squelette. Les os complétés par des parties molles, forment les cavités qui renferment les organes ou les instruments de la vie. Souvent un certain nombre d'organes se réunissent pour concourir à l'exercice d'une même fonction ; ils constituent alors un appareil organique. C'est ainsi que la bouche, l'estomac, les intestins, etc., forment l'*appareil digestif*.

Les principaux appareils organiques sont les appareils de la digestion, de la circulation, de la respiration ; l'appareil locomoteur, le système nerveux et les organes des sens.

En jetant un coup d'œil sur l'ensemble de cette organisation, il semble que le corps des animaux renferme une grande quantité de tissus variables par leur nature. Cependant, tous ces tissus peuvent être réduits à trois espèces : ce sont les tissus *cellulaire*, *musculaire*, et *nerveux*. On les a appelés *tissus élémentaires*, parce qu'ils forment à eux seuls, la base, les éléments de tous les tissus animaux.

Les tissus animaux sont formés de solides et de liquides. Les solides sont imprégnés par les liquides. L'eau entre dans la constitution du corps humain dans la proportion de 66 %. Par conséquent, en prenant un cadavre humain, du poids de cent kilogrammes, et en le plaçant dans un four, il ne péserait plus, après la dessiccation, que trente-quatre kilogrammes.

TISSU CELLULAIRE. — État physique. — C'est le plus répandu des trois tissus. En l'examinant à l'œil nu, on voit qu'il est formé de lamelles minces, molles et transparentes, qui, se croisant entre elles un grand nombre de fois, forment des cellules irrégulières, assez comparables, quand on y insuffle de l'air, à la mousse de savon. Ces cellules communiquent toutes entre elles. Elles sont humectées à leur face interne par un liquide clair, jaunâtre, appelé sérosité, qui facilite le glissement des lamelles et des cellules les unes sur les autres. C'est dans l'intérieur de ces cellules que se dépose la graisse.

Examen microscopique (*fig. 2*). — Examinées au microscope, les lamelles qui constituent le tissu cellulaire sont formées de fibres pleines, incolores, flexibles, élastiques, réunies par une substance blanchâtre, transparente, sans forme particulière. Ce qui caractérise surtout les fibres cellulaires, c'est la propriété dont elles jouissent de s'entrecroiser un grand nombre de fois entre elles.

Usages. — Le tissu cellulaire se rencontre dans toutes les parties du corps, c'est lui qui en fait un seul et même tout, et rend la peau adhérente aux organes sous-jacents. Ses fonctions sont très-importantes : il facilite les mouvements des organes, leur glissement les uns sur les autres ; la sérosité qui humecte les cellules remplit le même rôle que l'huile dans les rouages de nos machines. Aussi ce tissu est-il plus abondant dans les parties qui sont le siége de mouvements très-étendus, comme la face interne de l'épaule. C'est lui qui permet à la peau de se détacher légèrement des organes voisins, quand on pince cette membrane. L'exhalation de la sérosité dont ce tissu est le siége, constitue aussi une fonction importante dont nous parlerons plus tard. Enfin, soumis à une ébullition prolongée, il se transforme en gélatine ou colle forte.

Modifications du tissu cellulaire. — En s'unissant, se resserrant, s'entrecroisant, comme les fibres du lin se tissent et s'entrecroisent pour former la toile ; les fibres du tissu cellulaire forment les membranes séreuses, les membranes muqueuses, le tissu fibreux, les tendons, les aponévroses, les cartilages et la partie vivante des os.

Membranes séreuses (*fig.* 3). — Les membranes séreuses tapissent toutes les cavités qui ne sont pas en communication avec l'air. Elles consistent en de vastes vessies vides, minces, transparentes, laissant voir, au travers de leur substance, la couleur des organes qu'elles revêtent. Elles sont humectées à leur face interne par la sérosité. Les séreuses en général sont repliées sur elles-mêmes, elles présentent deux feuillets : le feuillet viscéral qui est adhérent au viscère, et le feuillet pariétal, qui tapisse les parois de la cavité dans laquelle l'organe se trouve contenu. Ainsi le cœur est enveloppé par une membrane séreuse.

Les membranes séreuses enveloppent les principaux viscères ; elles les protégent et facilitent leurs mouvements. Le cœur, par exemple, qui exécute près de 90,000 battements dans un jour, serait bientôt usé, s'il n'était protégé par une membrane séreuse, humectée d'un liquide qui en facilite les mouvements et le garantit des frottements.

Membranes muqueuses (*fig. 4*). — Les membranes muqueuses sont celles qui tapissent les cavités qui sont en communication avec l'air. Elles ont reçu cette dénomination « d'abord dans les cavités nasales à cause du mucus qu'elles fournissent (1). » Plus tard, elle fut appliquée à toutes les membranes dont la surface est enduite d'une matière visqueuse, analogue à une décoction de graine de lin. Les membranes muqueuses ont une couleur grisâtre ou rosée. Elles sont formées de deux couches : le derme et l'épithélium.

Le derme de la membrane muqueuse est épais, il est formé de tissu cellulaire, dont les fibres entrecroisées constituent une espèce de tissu spongieux. Il reçoit une quantité considérable de vaisseaux sanguins et lymphatiques, et il est traversé par un grand nombre de nerfs.

L'épithélium est une couche protectrice ; ce n'est pas un corps vivant, mais un produit de sécrétion comme les cheveux. Il est formé de cellules sécrétées par le derme muqueux à la surface duquel elles sont souvent placées, comme les pavés sur le sol, d'où leur est venu le nom d'*épithélium pavimenteux*. Cette couche ne reçoit ni

(1) Béclard, *Anatomie générale*.

vaisseaux ni nerfs. Elle est recouverte d'une infinité de petits prolongements mobiles, plus minces que des cheveux, que les anatomistes ont appelé *cils vibratiles*.

Les muqueuses présentent toujours deux surfaces : une adhérente aux organes sous-jacents par le tissu cellulaire, l'autre libre et toujours enduite de mucus. Le mucus est analogue au mucilage végétal. Il est sécrété par de petits organes appelés follicules, que l'on rencontre à profusion dans les membranes muqueuses.

Les follicules sont de petits culs-de-sac en forme de bourses ou de tubes, constitués par un simple repli de la muqueuse sur elle-même ; leurs parois sont traversées par le sang qui fournit les éléments de la sécrétion.

Tissu fibreux. — Ce tissu, résultat de la condensation du tissu cellulaire se présente sous deux formes principales : celle de lien ou cordage, comme les tendons et les ligaments, et celle de membranes ou d'enveloppes, comme le périoste et les aponévroses.

Les tendons sont des cordes non élastiques, blanches, très-résistantes, qui terminent les muscles, servent à leur insertion sur les os et prolongent l'action de la contraction musculaire.

Les ligaments (*ligare, lier*) sont des cordes blanches, très-résistantes, non élastiques, qui servent à réunir les os entre eux dans le voisinage des articulations.

Nous parlerons plus tard du périoste.

Quant aux aponévroses, ce sont des membranes fibreuses qui enveloppent les muscles et les maintiennent dans leur position réciproque.

Tous ces tissus, soumis à l'ébullition, se transforment

en gélatine comme le tissu cellulaire, d'où ils tirent leur origine.

Des Cartilages. — « Les cartilages sont des parties blanches, dures, flexibles, très-élastiques, cassantes, qui forment le squelette de certains poissons, tiennent la place des os dans les vertébrés au commencement de leur vie ; et dont quelques-uns persistant dans l'âge adulte forment des parties solides (1). »

Les cartilages paraissent formés par une trame de tissu cellulaire dans les aréoles duquel sont venus se déposer des corpuscules blanchâtres, appelés corpuscules cartilagineux.

TISSU MUSCULAIRE (*fig.* 5). — Le tissu musculaire constitue la chair des animaux, c'est-à-dire les nombreux organes qui, sous l'influence des nerfs, jouissent de la propriété de se contracter, de se raccourcir et de produire tous les mouvements du corps.

Le muscle n'a de force que pendant sa contraction, et il doit nécessairement se relâcher, pour se contracter de nouveau.

Les muscles, examinés au microscope, paraissent formés de fibres très-fines, appelées fibres primitives. Elles ont environ un millième de millimètre de diamètre. Elles sont transparentes, pleines, sans structure apparente, rectilignes et parallèles.

Ces fibres sont réunies les unes aux autres par le tissu cellulaire, de manière à former des faisceaux qui, se réunissant à leur tour, constituent un muscle.

(1) Béclard, *Anatomie générale.*

Les faisceaux de fibres musculaires, examinés dans les muscles soumis à l'empire de la volonté, sont striés, c'est-à-dire marqués en travers par des lignes horizontales très-rapprochées. Cette striation tient à un plissement en zigzag, que l'on observe souvent dans les fibres primitives, et auquel on a fait jouer un certain rôle dans la contraction.

Les muscles dont nous venons d'étudier sommairement la structure, ont une couleur rouge comme la chair, leur contraction est soumise à l'influence de notre volonté. Mais il existe des muscles intérieurs, comme ceux qui entourent l'intestin et ceux qui entrent dans la structure de la vessie, dont les contractions s'effectuent sans l'intervention de la volonté. Aussi leur structure diffère-t-elle de celle des muscles volontaires; ils ne sont pas disposés en faisceaux, leurs fibres ne paraissent pas striées et sont de couleur grisâtre.

TISSU NERVEUX (*fig.* 6). — Le système nerveux consiste en une masse centrale (encéphale et moelle épinière), et en cordons nerveux.

Les cordons nerveux sont formés de fibres creuses, ou tubes contenant une matière liquide homogène, blanche et transparente. L'enveloppe qui forme le tube est une membrane extrêmement délicate, et elle-même transparente. La masse centrale présente la même structure fibreuse, mais les tubes et les parois qui les constituent paraissent beaucoup plus minces. Enfin on trouve, dans certaines parties du système nerveux, une substance grise qui résulte du dépôt de globules rosés dans l'intérieur de la substance blanche.

Division du corps des animaux. — Pour faciliter a description du corps des animaux, les anatomistes supposent qu'il est partagé d'avant en arrière en deux parties égales par une ligne qu'ils appellent ligne médiane. Les organes qui sont placés de chaque côté de la ligne médiane comme les bras sont des organes pairs ; ceux qui sont placés sur la ligne médiane comme le nez et la bouche sont appelés organes impairs.

Questionnaire.

Définition de l'histoire naturelle.

Quelles sont les différences qui existent entre les corps organiques et les corps inorganiques sous le rapport :

de leur origine,

de leur mode d'accroissement,

de leur structure,

de leur forme,

de leur composition chimique,

et de leur durée.

Quelles sont les fonctions qui distinguent les animaux des végétaux ?

Qu'est-ce que la vie ?

Comment divise-t-on les fonctions animales ?

Qu'est-ce qu'un organe ?

Qu'appelle-t-on appareil organique ?

Quels sont les principaux organes que l'on rencontre dans le corps des animaux ?

Qu'appelle-t-on tissus élémentaires ?

Combien y a-t-il de tissus élémentaires ?

Qu'est-ce que le tissu cellulaire ; où le rencontre-t-on ; quels sont ses usages ?

Qu'appelle-t-on membranes séreuses ; quelles sont leurs fonctions ?

Qu'appelle-t-on membranes muqueuses ; quelle est leur structure ?

Qu'appelle-t-on tendon, ligament, aponévrose, cartilage ?

Quelle est la structure du tissu musculaire ; quelles sont ses fonctions ?

Quelle est la structure du système nerveux ?

Qu'appelle-t-on organes pairs et organes impairs ?

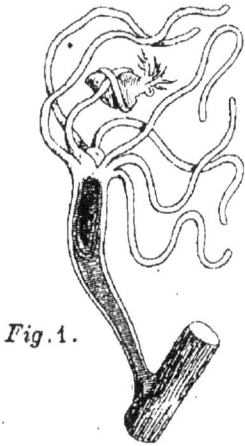

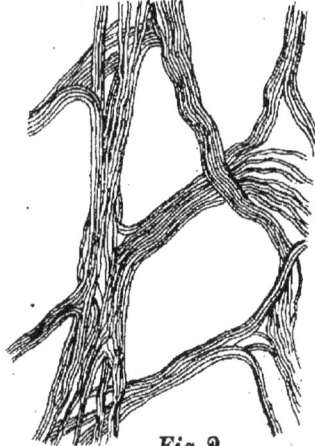

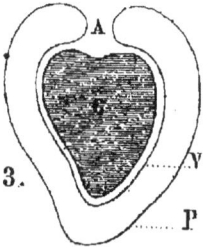

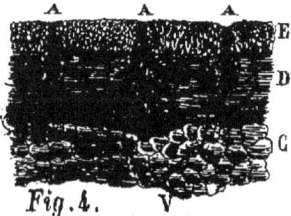

Fig. 1, Hydre verte. — *Fig.* 2, Tissu cellulaire vu au microscope. — *Fig.* 3, Cœur enveloppé par le péricarde : C cœur, P feuillet pariétal du péricarde, V feuillet viscéral, A passage des vaisseaux. — *Fig.* 4, coupe d'une muqueuse : E épithélium, D derme, C tissu cellulaire, A follicules muqueux, V vaisseau. — *Fig.* 5, faisceau musculaire. — *Fig.* 6, tube nerveux.

DE LA NUTRITION.

La nutrition est une fonction qui a pour but de développer et d'entretenir le corps de l'être vivant ; elle se compose de six fonctions, qui sont :

1° La digestion,
2° L'absorption,
3° La circulation,
4° La respiration,
5° Les sécrétions,
6° L'assimilation.

DE LA DIGESTION. — La digestion est une fonction qui a pour but de dissoudre les matières alimentaires.

Description de l'appareil digestif. — Chez les animaux inférieurs, l'appareil digestif se compose d'un sac muni d'un seul orifice. Chez les animaux supérieurs, cet appareil présente deux ouvertures. Il acquiert alors la forme d'un canal de dimensions variables, mais dont la structure est toujours à peu près la même chez les différents animaux.

Structure de l'appareil digestif. — Les parois du canal digestif sont généralement formées de trois couches distinctes, qui sont, en partant de l'intérieur, une membrane muqueuse, une membrane musculaire et une membrane séreuse.

La muqueuse digestive tapisse tout l'intérieur du canal depuis la bouche jusqu'à l'anus. Elle présente çà et là des plis qui permettent la dilatation des viscères intestinaux ; en outre, elle renferme un grand nombre de follicules chargés de sécréter le mucus intestinal, et adhère à la membrane musculaire par une couche mince de tissu cellulaire.

La membrane musculaire présente deux couches distinctes : l'une profonde, l'autre superficielle. La première est formée de fibres circulaires qui entourent la muqueuse de leurs anneaux ; la seconde est formée de fibres longitudinales. Ces deux ordres de fibres, en se contractant, ont pour but de resserrer le tube intestinal et de faire cheminer les matières dans son intérieur.

La membrane séreuse, connue sous le nom de péritoine, est la plus extérieure de ces trois enveloppes. Elle entoure les intestins et tapisse la cavité abdominale. Pour bien comprendre la disposition de cette membrane (*fig.* 7), on suppose que le péritoine part de la région ombilicale, et qu'il s'étend dans toutes les directions, pour tapisser de son feuillet pariétal les parois internes de l'abdomen. Parvenus à la région sous-lombaire, les deux feuillets pariétaux se replient sur eux-mêmes, s'adossent l'un contre l'autre pour former le mésentère, et s'écartent de nouveau pour tapisser l'intestin et constituer ainsi le feuillet viscéral de la séreuse péritonéale.

Parties qui composent l'appareil digestif.—L'appareil digestif se compose de plusieurs parties, qui sont : la bouche, le pharynx, l'œsophage, l'estomac, l'intestin grêle, le gros intestin et l'anus.

Bouche. — Chez l'homme, la bouche est une cavité qui a pour base les os des mâchoires (*fig.* 8) ; elle est complétée et limitée par des parties molles qui sont : en avant, les lèvres, en arrière, le voile du palais, repli mobile qui sépare la bouche du pharynx et sur les côtés les joues. En haut la bouche est limitée par le palais, et en bas, par le canal qui loge la langue. La bouche renferme les dents. C'est dans son intérieur qu'aboutissent les canaux des glandes salivaires. La muqueuse qui la tapisse sécrète en abondance le mucus buccal.

Derrière le voile du palais se trouve le pharynx ou arrière bouche. C'est un canal formé de muscles recouverts à leur surface interne d'une membrane muqueuse. Il sert de passage commun aux aliments et à l'air, et présente à cet effet quatre ouvertures : en haut et en avant, celle de la bouche, en haut et en arrière celle des fosses nasales, en bas et en avant, celle du larynx, en bas et en arrière, celle de l'œsophage, qui sert de passage aux substances alimentaires.

Œsophage. — L'œsophage est un conduit musculaire, tapissé à son intérieur par une membrane muqueuse. Il prend naissance dans la partie inférieure du pharynx, et descend dans le cou, derrière la trachée un peu à gauche du plan médian ; puis il entre dans la poitrine, longe à peu près la colonne vertébrale entre les deux poumons, traverse le diaphragme, cloison musculaire qui sépare la poitrine du ventre et pénètre dans l'estomac.

Estomac. — L'estomac est le renflement le plus considérable de l'appareil digestif de l'homme (*fig.* 9). Il occupe la partie supérieure gauche de la cavité de l'abdomen. Il a la forme d'un sac allongé, ou d'une cornemuse recourbée sur elle-même, et dont la convexité regarde en bas ; il paraît divisé en deux parties ou culs-de-sac par un sillon circulaire.

Le cul-de-sac gauche est le plus considérable des deux, il présente l'ouverture de l'œsophage appelée cardia, parce qu'elle se trouve près du cœur dont elle n'est séparée que par le diaphragme.

Le cul-de-sac droit communique avec l'intestin par une ouverture rétrécie qui porte le nom de pylore (πυλουρος, portier).

L'estomac est tapissé par une muqueuse épaisse, veloutée et très-vasculaire ; cette muqueuse renferme une quantité considérable de follicules qui sécrètent un suc acide, appelé suc gastrique, dont le rôle est important dans l'acte digestif. La muqueuse stomacale présente des plis qui permettent la dilatation de ce viscère. Elle est enveloppée de fibres musculaires épaisses, dirigées dans tous les sens ; le tout est recouvert par le péritoine.

Intestin grêle.—L'intestin grêle, ainsi nommé parce qu'il est la partie la plus étroite du tube digestif, est divisé en trois parties : le duodénum, le jéjunum et l'iléon.

Ces deux dernières seront étudiées sous le nom d'intestin grêle, qu'on leur donne généralement.

Duodénum. — Il fait suite au pylore et présente à peu près chez l'homme la longueur de douze travers de doigt, d'où lui est venu le nom de duodénum. Il est recourbé légèrement sur lui-même, et c'est dans son intérieur que le canal biliaire et le canal pancréatique viennent s'ouvrir.

Intestin grêle. — Long de sept mètres environ chez l'homme, l'intestin grêle ne peut se loger dans la cavité de l'abdomen qu'en se repliant sur lui-même. Il est suspendu aux vertèbres lombaires par les replis mésentériques du péritoine et conserve cependant une certaine mobilité, qui explique la fréquence des hernies de cette partie du tube intestinal.

L'intestin grêle se termine dans le gros intestin, au niveau de la hanche droite ; il pénètre dans le cœcum et présente une sorte de prolongement appelé valvule iléo cœcale, qui s'oppose au reflux des matières excrémentitielles dans l'intestin grêle (*fig.* 10).

La muqueuse de l'intestin grêle est hérissée d'une quantité de prolongements coniques, filiformes, aussi nombreux que les filaments qui recouvrent la trame du velours. Ce sont les villosités. que Boerhaave appelait avec raison les racines intérieures.

La muqueuse de l'intestin grêle renferme des glandes disposées par plaques, connues sous le nom de glandes de Peyer. Les follicules qui la tapissent sécrètent le mucus intestinal dont nous parlerons plus tard.

Gros intestin. — Le gros intestin se distingue de l'intestin grêle par son volume et son aspect bouillonné. Cette apparence tient à ce que le gros intestin est parcouru par des bandes charnues, épaisses, plus courtes que l'intestin lui-même et qui le froncent sur sa longueur.

Le gros intestin se divise en deux parties : le cœcum et le colon.

Cœcum. — Il est ainsi nommé parce qu'il se termine en cul-de-sac, ou cavité borgne. Il est peu développé chez l'homme et remplit presque en entier la fosse iliaque droite. A la partie inférieure, il présente un petit prolongement connu sous le nom d'appendice vermiforme du cœcum.

Le colon fait suite au cœcum, sans démarcation bien tranchée chez l'homme. Il monte le long de la hanche droite et porte le nom de colon ascendant, puis il traverse le ventre de droite à gauche en formant le colon transverse. Enfin il descend dans le flanc gauche et prend le nom de colon descendant. Arrivé derrière la vessie, il perd ses bosselures, devient presque droit et reçoit le nom de rectum qu'il conserve jusqu'à l'anus

L'anus est une ouverture fermée par un muscle sphincter, dont les fibres sont disposées circulairement.

Annexes de l'appareil digestif. — Les annexes de l'appareil digestif sont les dents, les glandes salivaires, le foie et le pancréas.

Dents. — Les dents sont des corps durs insérés dans les cavités ou alvéoles que présentent les os des mâchoires; elles servent en général à diviser les substances alimentaires. On distingue trois parties dans une dent : la racine qui est implantée dans l'alvéole ; la couronne qui fait saillie dans la cavité buccale, et le collet formé par le rétrécissement qui sépare ces deux parties l'une de l'autre (*fig.* 11). Il y a trois sortes de dents : les incisives, les canines et les molaires.

Les incisives (de *incidere*, couper) sont plates, tranchantes, et placées sur le devant de la bouche. Elles servent à couper les aliments. Les canines, ainsi nommées parce qu'elles sont très-développées chez le chien, garnissent les côtés de la bouche, elles portent encore le nom de laniaires (de *laniare*, déchirer), parce que les carnassiers en font usage pour déchirer leur proie. Chez certains animaux, les canines s'allongent, sortent de la bouche et deviennent des défenses. Les molaires (de *mola*, meule), se trouvent au fond de la bouche de chaque côté. Très-développées chez les grands herbivores, elles constituent de véritables meules, toujours repiquées, à l'aide desquelles les animaux broient les graines et les autres aliments dont ils se nourrissent.

Structure des dents. — Les dents sont formées de trois parties distinctes : la pulpe dentaire, l'ivoire et l'émail. La pulpe dentaire est une partie vivante, formée de tissu cellulaire, de vaisseaux et de nerfs organisés en une sorte de bouton charnu qui remplit la cavité que l'on trouve dans l'intérieur de la dent. La pulpe dentaire préexiste à la dent; c'est elle qui la forme par sécrétion. L'ivoire forme la plus grande partie de la dent, c'est une matière jaunâtre analogue à la substance osseuse et percée d'une infinité de petits canaux.

La partie de la dent qui fait saillie dans la bouche, est couverte d'une substance vitreuse qui lui donne son éclat et sa blancheur, c'est l'émail. L'émail qui recouvre la couronne dentaire, joue le même rôle que le vernis qui recouvre nos porcelaines. Il protége l'ivoire contre l'action des substances acides, dissolvantes, telles que le vinaigre.

Composition chimique des dents. — La partie dure de la dent renferme un tiers en poids de substance organisée, formée par une trame de tissu cellulaire, et deux tiers de matière calcaire, formée de carbonate et de phosphate de chaux.

Évolution des dents. — Les animaux naissent en général avec un certain nombre de dents ; l'homme fait exception à cette règle. Chez lui les dents sortent vers l'âge de six mois. Avant cette époque, si l'on ouvre les os de la mâchoire d'un jeune enfant, on trouve dans les os maxillaires des cavités arrondies (*fig.* 12), tapissées à l'intérieur par une membrane vasculaire, appelée capsule dentaire : au fond de cette capsule, se trouve un bourgeon saillant appelé pulpe dentaire ; c'est un corps très-vasculaire qui sécrète la matière calcaire de la dent, sous la forme d'un petit cône qui perce la gencive. Les premières dents poussent pendant la lactation. Elles ont reçu, a cause de cette particularité le nom de dents de lait. En général, leur évolution est terminée à dix-huit mois, et elles sont alors au nombre de vingt. On les a encore appelées dents caduques, parce qu'elles tombent vers l'âge de sept ans pour faire place aux dents persistantes, qui poussent en dessous des premières (*fig.* 13) et les chassent de l'alvéole. La seconde dentition dure jusqu'à l'âge de vingt-huit à trente ans, elle se termine par la sortie des quatre dernières dents, dites dents de sagesse. L'homme possède alors trente-deux dents.

Il nous reste a expliquer comment les molaires sont des meules constamment repiquées, c'est-à-dire hérissées de saillies qui opèrent la division des aliments. Si l'on examine, avant leur sortie, les dents du cheval et de l'éléphant, on trouve la couronne hérissée de saillies séparées par des cavités pénétrant jusque dans le corps de la dent. La dent est formée d'ivoire recouvert d'émail, qui s'use dès que les dents frottent les unes contre les autres. Dès lors, la dent présente, comme cela est indiqué à la figure 14, une succession d'îlots d'émail et d'ivoire; mais l'émail étant plus dur que l'ivoire, s'use moins vite et se présente, à la surface de la couronne dentaire, sous forme de lignes saillantes, analogues à celles que l'on pratique sur les meules servant à broyer les grains.

Des glandes salivaires. — Les glandes salivaires sont des organes placés autour de la bouche, et qui versent dans cette cavité, par différents canaux, le liquide qu'elles sécrètent appelé salive. Il y a trois paires de glandes salivaires : ce sont les parotides, les sous-maxillaires et les sublinguales.

Les parotides ($\pi\alpha\rho\alpha$ $ovros$, près de l'oreille) sont des glandes conglomérées, d'un aspect gris-rosé; elles occupent le dessous de l'oreille, dans l'angle formé par le cou et la mâchoire inférieure. Chacune d'elles donne naissance à un canal, appelé canal de sténon, qui, chez l'homme, rampe sous la peau de la joue et s'ouvre dans la bouche au niveau de la troisième dent molaire supérieure. Les glandes sous maxillaires sont plus petites que les premières, et sont placées à la face interne de la mâchoire inférieure. De chacune d'elle naît un canal qui serpente sous la langue et vient s'ouvrir en avant de la bouche, de chaque côté du frein de la langue.

Les glandes sublinguales sont plus petites encore; on les trouve à la face interne et à la partie antérieure de l'os maxillaire inférieur. Ces glandes versent les produits de leur sécrétion dans la bouche par cinq ou six petits canaux qui s'ouvrent sous forme d'une traînée de points linéaires, à la base du frein de la langue, en arrière des canaux des glandes sous-maxillaires. Enfin, on trouve à l'entrée de l'arrière-bouche, dans les piliers du voile du palais, deux glandes appelées amygdales dont les produits de sécrétion favorisent la déglutition des aliments.

Du foie (*fig. 13*). — Le foie est la plus volumineuse de toutes les glandes du corps. Il occupe la partie supérieure droite de l'abdomen, s'applique en haut sur le diaphragme, et se trouve en rapport par sa face inférieure avec l'estomac, le duodénum et le colon transverse.

C'est un organe d'un rouge-brun. Des profondeurs du foie naissent une infinité de petits conduits qui se réunissent de proche en proche en un seul canal nommé hépatique (de ηπαρ, foie), ou cholédoque (de κολη, bile), qui charrie la bile dans le duodénum. Sur son trajet, il présente une division appelée canal cystique, qui verse la bile dans la vésicule biliaire, afin de la mettre en réserve dans l'intervalle des digestions.

Pancréas. — C'est une glande conglomérée d'un aspect gris-rosé, comme les glandes salivaires, ce qui lui a valu quelquefois le nom de glande salivaire abdominale. Il est situé dans l'angle formé par l'estomac et le duodénum. De l'intérieur de cette glande naît un canal qui amène dans le duodénum le suc pancréatique.

Rate.—Nous ne terminerons pas cette description sans dire un mot de la rate, quoique ce ne soit point un organe digestif. La rate est un organe mou, d'un rouge-violacé, et de forme triangulaire, qui occupe le côté gauche de la grande courbure de l'estomac entre ce viscère et le flanc gauche. Ce n'est pas une glande, c'est un réservoir sanguin, dont les fonctions ne sont pas encore bien connues. Ce qu'il y a de plus évident, c'est que sous l'influence d'une course violente, la circulation devient plus active, le sang pénètre en abondance dans son tissu spongieux et la rate double de volume. Ce gonflement de la rate produit la douleur appelée point de côté, que nous ressentons après une course précipitée.

Nous verrons plus loin que les mouvements accélèrent la circulation, ainsi, pendant une course rapide, le sang afflue dans le cœur en quantité tellement considérable, que cet organe en se contractant, pourrait se déchirer ; il est probable que c'est pour éviter cet accident qu'une partie du sang se met en réserve dans la rate et en produit l'augmentation de volume.

L'appareil digestif et ses annexes étant décrits, nous allons nous occuper de la physiologie de la digestion ; on y distingue trois sortes d'actes : des actes mécaniques, des actes chimiques et des actes physiologiques.

Actes mécaniques de la digestion.— Chez l'homme les aliments sont portés à la bouche par les mains. Quelques mammifères le font aussi, par exception, comme le singe, l'écureuil, le rat, etc. Le cheval prend les aliments avec les lèvres et les dents, le bœuf avec la langue, le chien avec les dents, le rhinocéros avec la lèvre supérieure allongée ; l'éléphant se sert de sa trompe, les pangolins et les fourmiliers saisissent les insectes avec leur langue visqueuse.

Il y aurait beaucoup à dire sur ce chapitre que nous examinons sommairement.

Les aliments liquides sont pris par lappement, comme chez le chien, qui dispose sa langue en forme de cuiller, ou par succion, en faisant le vide dans la cavité buccale par la contraction des joues et de la langue qui se retire au fond de la bouche.

Une fois introduits dans la cavité buccale, les aliments sont poussés sous les molaires par la langue, tantôt du côté droit, d'autres fois du côté gauche, rarement des deux côtés. Les muscles des mâchoires appelés masséters se contractent, les aliments sont serrés entre les dents et soumis à la mastication. Pendant ce temps, la salive coule en abondance, se mélange aux aliments solides et alors s'accomplit sous le nom d'insalivation, une fonction importante que nous étudierons bientôt.

Lorsque la mastication est achevée, les aliments se placent sur la partie supérieure de la langue, sous la forme d'une pelotte appelée bol alimentaire. Ce bol alimentaire bien insalivé, est chassé au fond de la bouche, où il se recouvre d'un liquide visqueux sécrété par les amygdales, puis il glisse en arrière, frappe le voile du palais qui se relève, pour fermer l'ouverture des fosses nasales. Une libre communication s'établit alors entre la bouche et l'arrière-bouche ; le bol alimentaire se trouve à l'entrée du pharynx, qui entre subitement dans une espèce de contraction spasmodique, dans laquelle il se meut de bas en haut et d'arrière en avant, de façon que l'œsophage, comme un entonnoir, vienne en quelque sorte se placer au-devant du bol alimentaire. En même temps, le larynx participe à ce mouvement; l'épiglotte frappe contre la base de la langue, s'abaisse pour fermer l'ouverture du larynx et s'oppose au passage des aliments dans les voies aériennes. Cette série de phénomènes constitue la déglutition. Si, pendant ce mouvement, nous cherchons à parler ou à rire, l'air sort par la trachée et relève l'épiglotte; alors des parcelles de substances alimentaires tombent dans le larynx et produisent l'étranglement ou la suffocation, qui peuvent avoir parfois des suites très-funestes.

Une fois les aliments arrivés dans l'œsophage, ce canal se contracte et les pousse dans l'estomac. Celui-ci se contracte à son tour et chasse peu à peu les matières vers le pylore. Enfin, l'intestin est sans cesse animé de mouvements vermiculaires qui font cheminer les matières jusqu'au moment où elles s'accumulent dans le rectum pour être rejetées au dehors.

Actes chimiques de la digestion. — On désigne sous ce nom la dissolution des matières alimentaires. Avant d'aborder cette question, il est important de connaître la nature des aliments.

On appelle aliments des substances qui, ingérées dans les voies digestives, sont modifiées de manière à devenir aptes à la reconstitution du sang et à la nutrition des organes. Les aliments sont divisés en deux groupes : les aliments azotés et les aliments non azotés ; ceux-ci sont divisés eux-mêmes en matières amylacées et substances grasses, comme on peut s'en convaincre par l'examen du tableau ci-après :

Aliments azotés	*Animaux.* . . .	Albumine, Fibrine, Caséine, Osmazone, Gélatine.
	Végétaux.	Albumine végétale, Caséine id. Gluten, etc.
Aliments non azotés.	*Amylacés.*	Amidon, Dextrine, Sucre, Gomme, Lactose, Sucs végétaux, etc.
	Graisses.	Animales ou végétales.

En résumé, il y a trois espèces d'aliments : les aliments azotés, représentés par la viande ; les aliments amylacés, représentés par la fécule et le pain, et enfin les aliments gras, huiles, beurres et graisses. Ces trois aliments doivent entrer dans la constitution d'un bon régime alimentaire ; on les retrouve du reste tous trois dans le lait, qui peut être considéré comme le type des matières nutritives, puisque seul il sert à l'alimentation du nouveau-né. Le lait renferme effectivement une substance azotée, la caséine ; une matière amylacée, le sucre de lait ou lactose ; et une substance grasse, le beurre.

Un seul principe ne peut suffire à l'entretien de l'économie. M. Magendie a observé que des animaux, soumis au régime exclusif d'une substance non azotée, telle que sucre, huile ou beurre, ne pouvaient vivre au-delà d'un temps très-limité et mouraient dans le marasme, comme s'ils avaient été privés de nourriture. La fibrine (la plus nutritive de toutes les substances alimentaires), donnée seule au chien à la dose de 500 à 1000 grammes par jour, laisse mourir l'animal du 60me au 80me jour.

De même qu'il y a trois sortes d'aliments, il y a trois actes dans la digestion : la digestion buccale, la digestion gastrique et la digestion duodénale.

Digestion buccale. — A peine les aliments sont-ils introduits dans la cavité buccale, que la langue les pousse sous les dents molaires, qui les divisent en les broyant. La salive jaillit dans la bouche, pénètre les aliments, les ramollit, et facilite la mastication ; ici commence un nouvel acte, l'insalivation, qui joue un grand rôle dans la digestion buccale.

La présence des aliments dans la bouche produit sur la muqueuse buccale une excitation spéciale, qui se propage aux glandes salivaires. La salive coule abondamment, et, si les aliments sont placés sous les molaires droites, on trouve que la parotide droite fournit, chez le cheval par exemple, 2 litres de liquide par heure, tandis que la gauche n'en fournit que 2 décilitres. Si l'animal mâche du côté gauche, c'est la parotide gauche qui fournira 2 litres de liquide tandis que la droite ne fournira que 2 décilitres (1). Ce fait a une grande importance, parce qu'il fait voir clairement l'effet que les aliments doivent produire sur la muqueuse digestive. Ils excitent la muqueuse et la stimulent au point que cette excitation se propage dans les glandes dont la sécrétion augmente.

(1) Colin, *Physiologie comparée.*

On extrait facilement la salive en ouvrant le canal de sténon et en y plaçant un tube en argent; aussitôt que l'animal mange, le liquide coule en abondance par le tube et on peut facilement mesurer la quantité de salive écoulée.

La salive est un liquide incolore comme l'eau, visqueuse, alcaline. Elle renferme 99 °/₀ d'eau, du mucus, des sels et une substance désignée sous le nom de diastase animale, qui jouit de la propriété de transformer, par une décomposition chimique, les fécules insolubles en glucose ou sucre de raisin soluble. D'après les observations de M. Mialhe, cette dissolution s'opère non-seulement sur la fécule cuite, mais encore sur la fécule crue, pourvu qu'elle ait été préalablement triturée. Il a vu que la fécule passe à l'état de dextrine, avant d'arriver à celui de glucose, et que cette transformation s'opère dans la bouche de l'homme, en moins d'une minute; mais la salive n'opère pas cette conversion, même après plusieurs jours, sur la fécule crue qui n'a pas été écrasée (1).

Cela explique l'utilité de la cuisson des matières alimentaires et de la parfaite mastication des aliments. En prolongeant la mastication, les fécules sont mieux broyées, mieux insalivées, leur digestion est donc plus facile. La digestion buccale se continue dans le pharynx, pendant l'acte de la déglutition, dans l'œsophage et dans l'estomac où commence un nouvel acte, la digestion gastrique.

Digestion gastrique. — Les anciens avaient des idées très-fausses sur la digestion qu'ils considéraient tour-à-tour comme une coction, une putréfaction, une fermen-

(1) Colin, *Physiologie comparée.*

tation ou une trituration. En 1752, Réaumur, ayant remarqué que les oiseaux de proie vomissent, quelque temps après le repas, les matières trop dures à digérer comme les plumes et le bec corné des oiseaux dont ils font leur pâture, imagina de faire avaler à un de ces oiseaux une sphére métallique creuse, percée de trous, dans l'intérieur de laquelle se trouvait une petite éponge. La sphère fut vomie au bout d'un séjour plus ou moins prolongé dans l'estomac, et l'éponge fut imprégnée de suc gastrique qu'on en sépara par expression.

Quelques années plus tard, Spallanzani réfuta toutes les théories erronées émises avant lui et imagina un procédé ingénieux pour se procurer une certaine quantité de suc gastrique. Il faisait avaler à des oies des éponges purifiées retenues par un ruban en soie ou une ficelle et les retirait lorsqu'il les supposait suffisamment imprégnées de suc gastrique.

Aujourd'hui, on se procure le suc gastrique par le procédé de M. Blondlot. On fait à l'estomac d'un chien une ouverture dans laquelle on ajuste une canule d'argent. Aussitôt que le chien est guéri, on peut, en engageant une sonde dans l'ouverture, recueillir des quantités assez considérables de ce liquide. Le suc gastrique est sécrété par les follicules de la muqueuse de l'estomac. C'est un liquide clair, fortement acide, d'une odeur aromatique particulière, que l'on retrouve dans les vomissements ; son acidité est due à l'acide lactique. Les chimistes y ont trouvé une substance appelée pepsine, qui jouit de la propriété de dissoudre les substances animales azotées comme la viande.

Les aliments déglutis s'accumulent dans l'estomac qu'ils distendent, ils y produisent le même effet que dans la bouche, et en excitent la membrane muqueuse, qui se gonfle de sang et sécrète abondamment le suc gastrique, qui dissout les matières azotées. Effectivement si on donne à un chien un repas copieux composé de viande crue, coupée par morceaux, et qu'on ouvre l'animal au bout d'une heure, on trouve dans l'abdomen, l'estomac gonflé et distendu ; les morceaux de chair qu'il renferme ont perdu leur rigidité et leur couleur, en outre leur surface est visqueuse. Si on attend un peu plus de temps pour faire cette opération, on constate que les morceaux de chair ont diminué de volume et baignent dans un suc épais trouble et visqueux Leur couche superficielle est molle et diffluente. Si l'on incise les morceaux de chair, on voit que cette altération extérieure est de moins en moins sensible, à mesure qu'on s'approche des parties centrales qui conservent leur aspect primitif. Un peu plus tard enfin, tout est réduit en bouillie, en une pulpe demi-solide, grisâtre et acide ; c'est le chyme, qui passe bientôt dans le duodénum.

Les phénomènes que nous venons de signaler peuvent être étudiés d'une autre manière, en pratiquant des digestions artificielles, c'est-à-dire en mélangeant des aliments avec du suc gastrique dans un verre à expérience et en maintenant le mélange à la température du corps. On peut alors examiner à l'œil nu les modifications subies par les substances alimentaires.

Le suc gastrique n'exerce pas seulement son action sur la viande, il opère sur toutes les substances azotées, et dissout le tissu fibreux, les tendons, les ligaments, les cartilages et les os, ainsi que Spallanzani l'a démontré.

Pendant la digestion gastrique ou chymification, l'estomac se contracte, se resserre, mélange les aliments avec le suc gastrique, et les chasse par le pylore, au fur et à mesure qu'ils sont dissous. Les matières qui pénètrent dans l'intestin grêle renferment donc du glucose, résultat de la digestion des matières amylacées, de l'albuminose produit de la digestion des matières azotées, et les matières grasses.

Cette masse forme une pâte grisâtre et acide qui, en arrivant dans le duodénum, se mélange avec la bile et le suc pancréatique. C'est alors que s'effectue le troisième acte de la digestion, ou la digestion duodénale

Nous examinerons d'abord la nature des liquides qui agissent sur les aliments.

Le suc pancréatique est un liquide transparent, épais, visqueux, filant comme la salive des glandes maxillaires. Il est alcalin et renferme 99 % d'eau, de l'albumine, des sels et une substance particulière appelée pancréatine.

La bile est un liquide épais, visqueux, d'un vert sombre, d'une saveur amère et d'une réaction alcaline. Les auteurs ne sont pas d'accord sur sa composition chimique. D'après Demarcay, elle serait formée principalement de choléate de soude, composé d'acide choléique et de soude. Cette composition rappelle assez bien celle des savons.

Etudions les effets de ces deux liquides sur les matières alimentaires.

En 1845 MM. Bouchardat et Sandras découvrirent que le suc pancréatique jouit des mêmes propriétés que la salive, c'est-à-dire qu'il transforme les fécules en dextrine puis en glucose ; cela tient à une variété de diastase.

Quelques années plus tard, M. Claude Bernard, professeur au collége de France, a découvert qu'en agitant dans un tube deux parties de suc pancréatique avec une partie d'huile d'olive, on obtient un mélange homogène, laiteux, une véritable émulsion ou dissolution des matières grasses. Aussi, quand on ouvre le duodénum d'un chien qui a fait un repas copieux d'aliments renfermant des substances grasses, on voit se former, au milieu du chyme, dès qu'il est mélangé avec le suc pancréatique, des filaments blanchâtres, lactescents, produits par la dissolution des graisses, ou chylification.

Action de la bile. — Les physiologistes ne sont pas d'accord sur les usages de la bile. En se mélangeant aux aliments, ce liquide leur communique une couleur jaunâtre, et, d'après Bœrhaave, son alcalinité servirait à saturer l'acidité du chyme. Galien au contraire considérait la bile comme un produit excrémentitiel. MM. Leuret et Lassaigne pensent que la bile concourt à l'émulsion des matières grasses. Ce qu'il y a de certain, c'est que la bile comme toutes les sécrétions, joue un rôle important dans la dépuration du sang.

Une fois arrivés dans l'intestin, les aliments sont tous mélangés avec des sucs capables de les dissoudre. Les fécules sont amenées à l'état de solubilité par la salive et le suc pancréatique. Les matières azotées sont dissoutes par le suc gastrique, et les substances grasses sont émulsionnées par le suc pancréatique.

Les aliments cheminent dans l'intestin grèle et se mélangent au suc intestinal, sécrété par les follicules de la muqueuse intestinale et les glandes de Peyer ; ces dernières sont disséminées dans l'intestin sous forme de plaques gaufrées. Chez le cheval la quantité de liquide intestinal est assez considérable. M. Colin évalue à 100 grammes le poids du suc sécrété en une demi-heure, pour une longueur de deux mètres d'intestin grêle.

Les usages du suc intestinal ne sont pas encore parfaitement connus.

Sous ces influences diverses, les métamorphoses des matières alimentaires s'achèvent, la dissolution se termine, et alors commence un nouvel acte, l'absorption.

Avant d'aborder cette question, nous dirons que les substances qui ne sont pas absorbées, passent dans le cœcum et le gros intestin, où se développent, chez les herbivores, des myriades d'animaux infusoires qui vivent et meurent au milieu des résidus alimentaires qui leur ont donné naissance (1).

ABSORPTION. — L'absorption est un acte par lequel les liquides traversent les tissus et pénètrent dans l'intérieur du corps.

Nous ne nous occuperons pour le moment que de l'absorption intestinale. Les anciens pensaient que les villosités intestinales présentaient à leur extrémité libre un petit orifice, une petite bouche contractile qui absorbait par succion les aliments ramollis. Plus tard les micrographes démontrèrent que les villosités ne présentaient aucune ouverture visible et l'on se perdait en conjectures sur le

_____

(1) Colin. *Physiologie comparée.*

mécanisme de l'absorption, lorsque Dutrochet, un célèbre physicien, découvrit en 1809, un principe fort curieux auquel il donna le nom d'endosmose. Ce principe est énoncé par la formule suivante : lorsque deux liquides de densité différente sont séparés par une membrane organisée quelconque, il s'établit, à travers cette membrane, un double courant, le premier du liquide le moins dense vers le plus dense, et le second du liquide le plus dense vers le moins dense. Le premier courant est toujours plus rapide que le second, et ce phénomène dure jusqu'au moment où les deux liquides ont acquis une densité égale.

Pour démontrer ce principe, on prend un tube (*fig. 15*), on y verse une dissolution gommeuse et on ferme l'extrémité inférieure avec une vessie. On marque le point où s'arrête le liquide dans le tube que l'on plonge dans un vase contenant de l'eau. Quelques instants après, l'endosmose commence; l'eau traverse la vessie et monte dans le tube qui se remplit. En même temps une petite quantité d'eau gommeuse sort du tube et se mélange à l'eau du vase. Dès que les deux liquides sont de densité égale, le courant cesse. Pour que l'endosmose s'exerce, il est indispensable que les matières soient dissoutes, les grains de poussière les plus fins ne sont point absorbés.

Appliquons la connaissance de ce principe à l'intestin. Les parois de ce viscère sont traversées d'innombrables vaisseaux remplis de sang ou de lymphe. Sa cavité renferme les aliments dissous par le travail digestif; l'endosmose s'exerce alors entre les aliments rendus solubles et la sérosité du sang de sorte que l'albuminose, le glucose et le chyle pénètrent dans les vaisseaux de l'intestin, comme nous allons le faire comprendre.

Dans l'appareil digestif l'absorption présente deux phénomènes distincts : l'absorption veineuse et l'absorption chylifère.

Absorption veineuse. — Les parois du canal digestif sont parsemées de vaisseaux artériels et veineux. Les veines surtout sont très-nombreuses et les membranes minces qui les forment sont favorables à l'absorption, comme l'a démontré Magendie. Ce célèbre physiologiste injecte dans l'estomac, ou dans une anse intestinale une substance toxique comme la noix vomique, six minutes après le poison est absorbé et produit déjà ses terribles effets dans toutes les parties du corps.

L'absorption des aliments n'est pas moins rapide chez l'homme. Elle commence dans l'estomac, se continue dans le duodénum et s'achève dans l'intestin grêle. L'expérience démontre que l'albuminose et le glucose, mélangés à l'eau et aux matières solubles, sont absorbés par les veines intestinales.

Ces veines se réunissent toutes de proche en proche, et forment un gros tronc appelé veine porte qui se ramifie dans le foie. De là le sang est versé dans la veine cave inférieure qui se jette dans l'oreillette droite du cœur. Ainsi l'albuminose et le glucose se mélangent avec le sang.

Absorption chylifère. — L'absorption chylifère fut découverte en 1622 par Aselli. Cet anatomiste italien observa que si l'on ouvre un animal pendant la digestion d'un repas contenant une certaine quantité de matières grasses, on aperçoit dans les parois de l'intestin grêle et dans le mésentère une infinité de petits vaisseaux blancs, dans lesquels circule un liquide laiteux.

Ces vaisseaux ont reçu le nom de chylifères (*fig.* 16) ; ils naissent dans la muqueuse de l'intestin grêle. Chaque villosité présente l'origine en cul-de-sac d'un vaisseau chylifère ; ces petits canaux traversent le mésentère, se réunissent de proche en proche et aboutissent dans la citerne de Pecquet au niveau des vertèbres lombaires. Dans ce réservoir, viennent également se rendre les lymphatiques des membres inférieurs, de sorte que le chyle et la lymphe se mélangent l'un avec l'autre. De la citerne de Pecquet naît le canal thoracique (*fig.* 17), qui remonte accolé à la colonne vertébrale, traverse la cavité du thorax et vient se jeter dans la veine sous-clavière gauche qui se rend dans la veine cave supérieure. La quantité de fluide que le canal thoracique verse dans les veines caves est assez considérable. Elle a été évaluée par M. Colin à 1 kilogramme pour le cheval, et à 5 kilogrammes pour la vache.

Le liquide charrié par le canal thoracique est alcalin et coagulable comme le sang.

Questionnaire.

Qu'est-ce que la nutrition ?

Qu'est-ce que la digestion ?

Qu'est-ce que l'appareil digestif ; quelle est sa structure ?

Qu'est-ce que le péritoine ?

Quelles sont les diverses parties qui composent l'appareil digestif ?

Décrivez la bouche,

    Id.   le pharynx,

    Id.   l'estomac,

    Id.   l'intestin grêle,

    Id.   le gros intestin.

Combien y a-t-il d'espèces de dents ; quelle est leur forme, leur structure, leur fonction ?

Combien y a-t-il de dentitions ?

Combien y a-t-il de glandes salivaires ; quelles sont leurs fonctions ?

Qu'est-ce que le foie ?

Qu'est-ce que le pancréas ?

Qu'est-ce que la rate ?

Qu'entend-on par actes mécaniques de la digestion ?

Décrivez la déglutition.

Qu'est-ce qu'un aliment ?

Comment divise-t-on les aliments ?

En quoi consiste la digestion buccale ; quelle est l'importance de la mastication ?

Qu'est-ce que la digestion gastrique ; en quelle année a-t-elle été découverte ? Quelle est la composition d᾽ suc gastrique et son action sur les aliments ?

Qu'est-ce que la bile et le suc pancréatique ?

En quoi consiste la chylification ?

Qu'est-ce que l'absorption ?

En vertu de quel principe s'effectue-t-elle ? Enoncez ce principe ; quel est l'auteur de sa découverte ; comment le démontre-t-on ?

En quoi consiste l'absorption veineuse ?

Où vont les produits absorbés par les veines ?

Quelle est la structure des villosités intestinales ?

Quels sont les produits absorbés par les chylifères ; où ces produits sont-ils transportés ?

Quelle est la quantité de fluide charriée par le canal thoracique ?

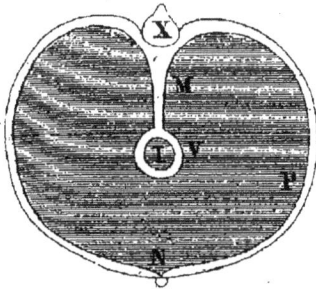

Fig.7.

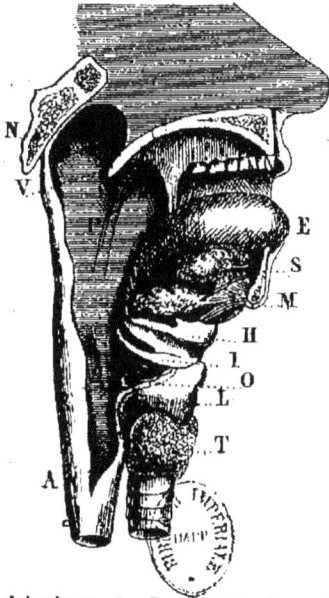

Fig.8.

Fig. 7, coupe théorique de la cavité abdominale : X vertèbre, N nombril, I coupe transversale de l'intestin, P feuillet pariétal du péritoine , V feuillet viscéral, M mésentère. — *Fig.* 8, coupe de la bouche et du pharynx : E langue , P pharynx, L larynx , S glande sublinguale, M glandes sous-maxillaires. V voile du palais , H corps de l'hyoïde , T glande thyroïde , A œsophage, I épiglotte, O ouverture du larynx, N fosses nasales.

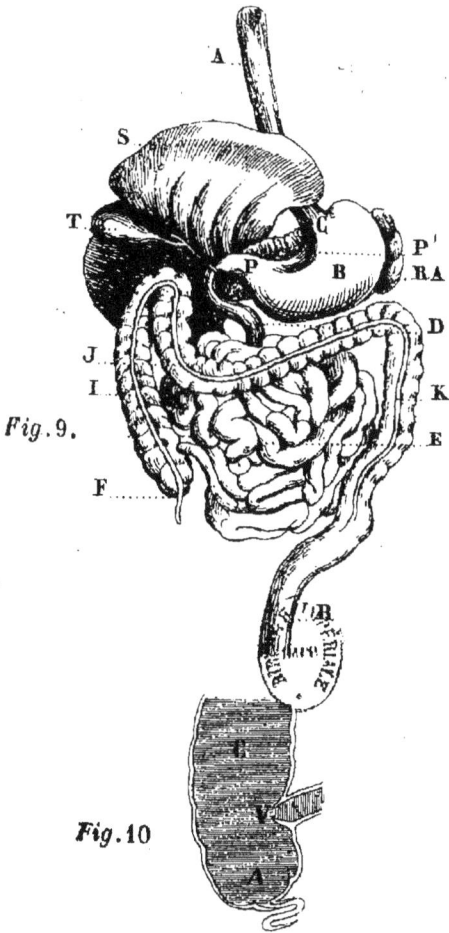

Fig. 9 .

Fig. 10

Fig. 9, appareil digestif de l'homme : A œsophage, B estomac,
C cardia , P pylore , D duodénum , E intestin grèle , F cœcum,
I colon ascendant, J colon transverse, K colon descendant, R rectum,
S foie, T vésicule biliaire. P' pancréas, RA rate.— *Fig*.10, A cœcum,
C colon , V valvule iléo cœcale.

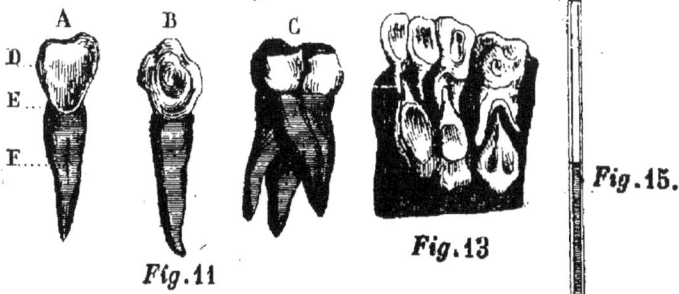

Fig.15.

Fig.13

Fig.11

Fig.12.

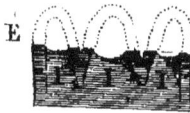

Fig.14.

Fig.16

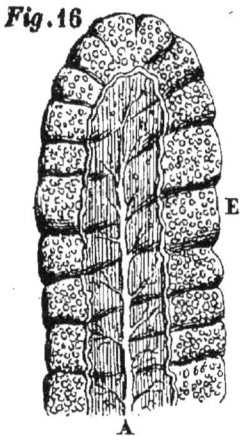

Fig.17

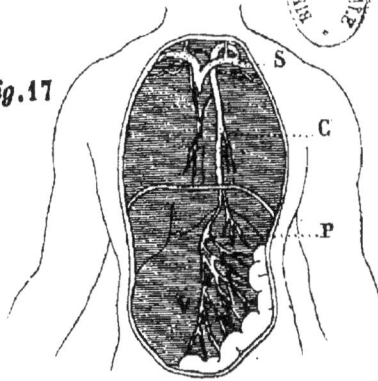

Fig. 11, A dent incisive , B dent canine , C dent molaire , D couronne, E collet , F racine. — *Fig.* 12 , capsule dentaire , D le cône
de première formation. — *Fig.* 13, dents de remplacement dans les
os maxillaires. — *Fig.* 14, structure des molaires : E émail, I ivoire.
— *Fig.* 15, endosmomètre. — *Fig.* 16, Villosité intestinale du
chien vue au microscope : E épithélium , A vaisseau chylifère. —
Fig. 17, circulation du chyle : V chylifères , P citerne de Pecquet,
C canal thoracique , S veine sous-clavière gauche.

DU SANG.

——◆◇◆——

DU SANG. — Définititon. — Le sang est le liquide nourricier du corps.

État physique. — Examiné à l'œil nu, le sang est de couleur rouge, vermeille ou brune ; dans le premier cas il porte le nom de sang rouge, et dans le second celui de sang noir. Ces différences de coloration tiennent aux gaz qu'il renferme. Effectivement si l'on fait passer du sang noir dans une éprouvette contenant du gaz oxygène, le sang devient rouge ; il reprend sa couleur noire lorsqu'on le fait passer dans une éprouvette contenant du gaz acide carbonique. On peut démontrer ce fait plus simplement encore ; pour cela il suffit, quand on fait une saignée, de recueillir du sang noir dans un verre ; quelques instants après, la surface du liquide absorbe l'oxygène de l'air et devient rouge, tandis que le reste de la masse sanguine conserve sa couleur brune caractéristique que l'on aperçoit par transparence au travers du vase.

Le sang est alcalin, d'une saveur légèrement salée, sa densité est de 1,05 centièmes, celle de l'eau étant prise pour unité.

Examen microscopique. — Examiné sous la lentille du microscope, le sang est composé d'un liquide clair, transparent jaunâtre, appelé sérum ou sérosité, dans lequel nagent une quantité prodigieuse de petits globules rosés (*fig.* 18).

La sérosité tient en dissolution de l'albumine et des sels.

Les globules sanguins sont des disques circulaires, si parfaitement aplatis comme des pièces de monnaie qu'on les trouve souvent empilés les uns sur les autres ; leur diamètre est chez l'homme de $\frac{1}{120}$ de millimètre (1), ils sont légèrement colorés en rouge à leur centre.

Coagulation. — Le sang tiré des vaisseaux et recueilli dans un vase se transforme au bout de deux à dix minutes en une masse gélatineuse presque solide ; on a donné à ce phénomène le nom de coagulation. Le caillot, qui remplit exactement le vase, se resserre peu à peu sur lui-même et laisse sortir de son intérieur la sérosité qu'il renferme, de sorte que vingt-quatre heures après la saignée, le vase dans lequel on a recueilli le sang est rempli d'une sérosité jaunâtre au milieu de laquelle nage le caillot rétréci. Ce second phénomène porte le nom de séparation du sang en ses éléments : sérum et globules ; nous l'expliquerons tout à l'heure, lorsque nous connaîtrons la composition chimique du sang.

Composition chimique du sang. — D'après Dumas et Lecanu, le sang renferme sur 100 parties 87 parties de sérum et 13 parties de globules.

(1) Donné, *Cours de microscopie.*

Les 87   parties de sérum contiennent :

    79   parties d'eau ;

     7   id.   d'albumine ;

     1   id.   de gaz et de sels.

Les 13   parties de caillot renferment :

  12,5   parties d'albumine ;

   0,3   id.   de fibrine ;

   0,2   id.   d'hématosine.

Total.... 100

L'hématosine est la matière colorante rouge du sang, elle renferme dix pour cent en poids de peroxyde de fer, de sorte qu'un cheval, dont les vaisseaux renferment 25 kilogrammes de sang possède 13 grammes 1/2 de fer métallique (1), tandis qu'un homme n'en a que 5 grammes environ.

On trouve dans le sang des gaz :

               oxygène,

               acide carbonique,

               et azote ;

et des sels :

chlorures
     de sodium,
     de potassium,
     d'ammonium ;

carbonates
     de chaux,
     de soude,
     de magnésie,
     de fer ;

(1) Colin, *Physiologie comparée.*

phosphates $\left\{\begin{array}{l}\text{de chaux,}\\\text{de soude,}\\\text{de magnésie,}\end{array}\right.$

du sulfate de potasse, etc., etc.

Connaissant la composition chimique du sang, nous comprendrons facilement le phénomène de la coagulation.

Lorsque le sang est en circulation dans les vaisseaux, la fibrine et l'albumine sont à l'état de dissolution ; mais dès que ce liquide cesse de circuler, la fibrine se coagule et emprisonne les globules et le sérum qu'il solidifie.

Le caillot ainsi formé se resserre peu à peu, laisse sortir le sérum par expression, comme on fait sortir l'eau d'une éponge, et la fibrine constitue avec les globules le caillot rétréci que l'on remarque 24 heures après dans le milieu du vase. Pour s'en convaincre, il suffit de placer ce caillot dans un linge et de le laver avec patience ; l'eau entraîne peu à peu les globules et il reste dans le linge une masse blanchâtre filamenteuse : c'est la fibrine.

Pour obtenir la fibrine avec plus de facilité, on recueille le sang dans un vase assez large et on le mélange rapidement, on le fouette avec une verge, en se coagulant, la fibrine s'accroche sous la forme de longs filaments aux petits bâtons qui forment la verge et il suffit alors de la plonger dans l'eau pendant quelques minutes pour que cette substance soit d'une blancheur parfaite.

Usages du sang. — Dans le jeune âge, le sang fournit aux organes les matériaux dont ils ont besoin pour s'accroître ; chez les adultes, il répare les pertes des organes et entretient leur jeu ; il fournit les éléments de toutes les sécrétions, et nourrit les muscles, c'est pourquoi Bordeu lui donnait le nom de chair coulante.

Sous le rapport nutritif les globules jouent un rôle très-important, ils sont plus nombreux chez les individus forts, bien nourris et en bonne santé que chez les sujets chétifs ou malades.

Outre ses fonctions nutritives, le sang exerce sur tous les organes une excitation particulière qui entretient la vie.

Pour démontrer l'excitation vitale du sang, on fait une saignée à un animal, lorsque les 3/4 environ de la masse sanguine sont sortis des vaisseaux, l'animal chancelle, tombe, se débat et expire. Il est donc évident que le sang produit une excitation qui entretient la vie.

On a cherché, dans le cas d'hémorragie accidentelle, à opérer la transfusion du sang; ce moyen a quelquefois réussi, mais les essais ne sont pas encore assez satisfaisants pour considérer la transfusion comme un fait pratique acquis à la science.

CIRCULATION. — **Définition.** — La circulation est une fonction qui a pour but de distribuer le sang rouge dans tous les organes et de ramener le sang noir dans les poumons, où il reprend les propriétés nutritives qu'il a perdues. Le centre de ce double mouvement est le cœur.

Du cœur. — Le cœur est un muscle creux placé dans la partie gauche de la poitrine (*fig.* 20). Sa forme est celle d'un cône renversé; il est divisé en deux parties par une cloison verticale de sorte que l'on peut distinguer un cœur droit et un cœur gauche. Chaque côté du cœur est divisé en deux compartiments, par une membrane transversale ; la cavité supérieure est appelée oreillette ; l'inférieure porte le nom de ventricule.

Chaque oreillette est en communication avec le ventricule correspondant par l'ouverture auriculo-ventriculaire, munie de valvules (*fig.* 19).

Le cœur gauche sert à la circulation du sang rouge, et le cœur droit à la circulation du sang noir ; conséquemment c'est dans les vaisseaux qui sont en rapport avec le cœur gauche que circule le sang rouge. En effet, l'oreillette gauche reçoit les 4 veines pulmonaires qui amènent le sang rouge des poumons ; et du ventricule gauche naît l'artère aorte qui porte le sang rouge dans tout le corps.

Dans l'oreillette droite viennent aboutir les deux veines caves, et du ventricule droit naît l'artère pulmonaire qui lance le sang noir dans les poumons.

Structure du cœur. — Le cœur est formé de fibres musculaires, il y a des fibres particulières à chaque cavité, et des fibres communes qui rendent les mouvements parfaitement réguliers et isochrones. A l'intérieur, il est tapissé par une séreuse simple appelée endocarde qui favorise le glissement du sang ; à l'extérieur, il est recouvert par le péricarde, membrane séreuse à double feuillet qui facilite les battements de l'organe.

Structure des vaisseaux. — Le sang circule dans trois espèces de vaisseaux : 1° les artères, 2° les veines, 3° les vaisseaux capillaires. Les artères charrient le sang rouge, elles sont formées de trois membranes superposées : à leur face interne une membrane séreuse, qui est le prolongement de l'endocarde ; au milieu, une couche de tissu fibreux jaune, élastique, appelée tunique propre des artères ; à l'extérieur, une couche de tissu cellulaire qui fait adhérer l'artère aux organes voisins. Les veines charrient le sang noir ; elles ne sont formées que de deux membranes : la membrane séreuse et le tissu cellulaire, leurs parois minces laissent voir par transparence la couleur du sang dont la circulation est favorisée par des replis appelés valvules, placés à l'intérieur des vaisseaux. Entre les artères et les veines se trouvent des vaisseaux très-petits appelés vaisseaux capillaires, ils forment un réseau très-compliqué traversé par le sang. Au travers des parois minces de ces vaisseaux s'effectuent les fonctions nutritives. C'est dans le réseau capillaire de la nutrilition, répandu dans toutes les parties du corps, que s'effectue la transformation du sang rouge en sang noir, et dans le réseau capillaire respiratoire, placé dans les poumons, que se fait la transformation du sang noir en sang rouge (*fig.* 23).

Distribution générale des vaisseaux sanguins. — La circulation du sang rouge commence dans les veines pulmonaires qui sortent des poumons et s'ouvrent au nombre de 4 dans l'oreillette gauche ; de l'oreillette gauche, le sang passe dans le ventricule gauche qui donne naissance à l'artère aorte (*fig.* 24).

L'aorte se dirige de bas en haut puis elle se recourbe de haut en bas et forme la crosse de l'aorte, d'où naissent plusieurs vaisseaux importants au nombre desquels il faut compter les deux carotides qui traversent le cou dans sa longueur pour porter le sang dans la tête, et les deux artères sous-clavières qui, pénétrant dans les membres supérieurs, forment l'artère brachiale, divisée elle-même en deux branches : la cubitale et la radiale ; c'est sur la radiale que l'on tâte ordinairement le pouls.

Après avoir formé la crosse de l'aorte, ce vaisseau descend dans la poitrine et prend le nom d'aorte thoracique, elle fournit des divisions aux poumons, et des artères intercostales pour chaque paire de côtes. Ensuite l'aorte traverse le diaphragme et pénètre dans l'abdomen sous le nom d'aorte abdominale. Elle fournit alors 1° le tronc cœliaque qui envoie des divisions à l'estomac, au foie, à la rate et au pancréas ;

2° Les artères mésentériques supérieures et inférieures pour l'intestin grêle et le gros intestin ;

3° Les artères rénales pour les reins. Enfin l'aorte arrive au niveau des hanches, et se divise en deux branches appelées artères iliaques. Chaque iliaque se divise en iliaque interne qui se distribue dans le bassin, et en iliaque externe qui sort du ventre et pénètre dans la cuisse sous le nom d'artère fémorale ; la fémorale fournit les vaisseaux de la jambe et du pied.

Après avoir traversé toutes ces divisions, le sang pénètre dans le réseau capillaire de la nutrition. Il nourrit les organes et se transforme en sang noir, qui entre dans les veines. Celles-ci sont en nombre double des artères qu'elles accompagnent dans leur trajet, ce qui leur a valu le nom général de veines satellites. Elles se réunissent de proche en proche et forment les deux veines caves supérieures et inférieures qui versent le sang noir dans l'oreillette droite du cœur.

On se rappelle aussi que les veines intestinales se

réunissent en un gros tronc appelé veine porte qui se ramifie dans le foie à la manière d'une artère. Après avoir traversé le foie, le sang de la veine porte est repris par les veines sus-hépatiques qui le versent dans la veine cave inférieure.

De l'oreillette droite, le sang passe dans le ventricule droit, et, de là, est lancé dans l'artère pulmonaire qui se divise en deux branches, une pour chaque poumon.

L'artère pulmonaire porte le sang noir dans le réseau capillaire respiratoire, dans lequel le sang noir se transforme en sang rouge pour recommencer le mouvement circulatoire que nous avons esquissé.

Circulation dans le cœur. — Les anciens ne connaissaient que la circulation veineuse, parce qu'il n'avaient examiné les vaisseaux que sur des animaux morts. Au moment où la vie s'éteint, la dernière contraction du cœur chasse le sang jusque dans les veines, de sorte que les artères sont vides de sang et ne paraissent renfermer que de l'air, de là le nom d'artères (αηρ, air, τηριυ, conserver) qui leur avait été donné.

En 1619, Harvey, médecin de Charles Ier, roi d'Angleterre, découvrit que le cœur est le siége d'un mouvement de contraction ou systole, et d'un mouvement de dilatation ou diastole.

La contraction commence à la base du cœur et se continue jusqu'à son sommet avec une interruption très-courte. Il y a d'abord contraction des oreillettes : dans ce mouvement, les oreillettes chassent le sang qu'elles contiennent dans les ventricules, les ventricules se contractent à leur tour et poussent le sang dans l'intérieur

4

des artères. Après la contraction des ventricules, les quatre cavités se relâchent, puis entrent dans une contraction nouvelle.

Il y a donc trois temps dans les mouvements du cœur : contraction des oreillettes, contraction des ventricules, et dilatation générale.

Si pendant ces mouvements, on applique l'oreille sur la région cardiaque, on perçoit deux bruits distincts : le premier est sourd le second est plus clair. M. Chauveau a démontré que le premier bruit correspond au mouvement des valvules auriculo-ventriculaires, lorsqu'elles s'appliquent l'une contre l'autre, et que le second est dû au claquement des valvules sigmoïdes lorsqu'elles se remplissent de sang pour s'opposer au retour de ce liquide dans le cœur.

La contraction des oreillettes chasse le sang qui pénètre par l'ouverture auriculo-ventriculaire dans le ventricule, ce dernier se contracte à son tour, et le sang reflue vers les ouvertures des oreillettes qui se ferment immédiatement pour s'opposer à son passage. Cette occlusion des ouvertures auriculo-ventriculaires (fig. 19) s'effectue à l'aide de soupapes membraneuses appelées valvules auriculo-ventriculaires ; ces valvules s'appliquent l'une contre l'autre comme les deux parties d'une fenêtre et empêchent toute communication avec les oreillettes. De plus, le choc du sang ne peut faire remonter les valvules dans les oreillettes, car elles sont maintenues à la face interne du cœur par des cordages flottants qui leur permettent seulement de s'appliquer l'une contre l'autre.

Ainsi le sang, pressé de toutes parts par la contraction ventriculaire, pénètre dans l'intérieur des artères.

Immédiatement après leur naissance, les artères se dirigent de bas en haut, de sorte que le sang tend à redescendre dans les ventricules par son propre poids. Pour s'opposer à ce mouvement, les artères sont pourvues à leur origine de trois valvules appelées sigmoïdes, en forme de nid de pigeon, qui, lorsqu'elles s'appliquent l'une contre l'autre, s'opposent merveilleusement à la descente du sang.

Circulation dans les artères. — En pénétrant dans l'artère aorte, le sang imprime au liquide contenu dans l'intérieur de ce vaisseau un mouvement que nous allons analyser.

Pour cela, il faut se rappeler que les liquides transmettent intégralement et dans tous les sens les pressions qu'ils reçoivent en un point quelconque de leur surface. Le choc de l'ondée sanguine, se transmet dans le sens longitudinal et transversal ; longitudinalement, cette pression a pour effet de faire cheminer le sang, de le pousser dans les plus petites artères, et même dans les vaisseaux capillaires.

La pression transversale produit des effets plus curieux encore, elle se transmet jusqu'aux parois de l'artère qui cèdent en vertu de leur élasticité. Cette dilatation est bientôt suivie d'un retrait du vaisseau sur lui-même. Ces successions de dilatations et de rétrécissements se manifestent dans toute la longueur des artères ; elles constituent le phénomène du pouls.

Le pouls bat 60 fois par minute chez l'homme en bonne

santé (soit 86,400 fois par jour); chez le cheval il ne bat que 38 fois par minute.

Certains auteurs ont reconnu dans les artères un mouvement de contractilité qui s'ajoute au premier pour chasser le sang avec une force considérable. D'après Poiseulle, la force avec laquelle le sang est lancé dans l'artère carotide fait équilibre chez le cheval à une colonne de mercure de 159 millimètres; cette force varie du reste avec l'épaisseur des parois ventriculaires qui est deux à trois fois plus considérable dans le cœur gauche que dans le cœur droit; car celui-ci n'a qu'à lancer le sang dans les poumons, tandis que le cœur gauche l'envoie dans toutes les parties du corps.

Circulation capillaire. — Nous avons vu que le sang, chassé dans tous les organes par les artères, ne peut entrer dans les veines qu'en traversant le réseau très-délié des vaisseaux capillaires. L'impulsion du cœur se propage jusque dans l'intérieur de ces vaisseaux, et fait cheminer le sang qui ne tarde pas à entrer dans les veines. La circulation capillaire est encore favorisée par l'élasticité des artères, et peut-être même par la capillarité.

Circulation dans les veines. — Une fois dans les veines, le sang se meut de la circonférence au centre. Comme nous l'avons déjà dit, les veines sont généralement en nombre double des artères, de sorte qu'elles renferment moins de sang proportionnellement à leur calibre, et que la circulation y est moins rapide, surtout lorsque le sang remonte des membres inférieurs jusqu'au cœur.

Harvey comparait le cœur à une pompe foulante dont

l'impulsion se continue à travers les vaisseaux capillaires
j'usque dans les veines. De plus le cœur agirait encore
selon lui à la manière d'une pompe aspirante sur le sang
noir. En effet, lors que le cœur a chassé le sang qu'il
contenait, il est vide; la diastole survient, les quatre
cavités se dilatent, il se forme un vide qui attire le sang
contenu dans les veines comme le vide opéré dans un
corps de pompe a pour effet l'ascension de l'eau contenue
dans le réservoir.

Les veines présentent du reste une disposition anato-
mique qui favorise la circulation d'une manière fort remarquable; elles sont parsemées de valvules, véritables
replis de la membrane séreuse (*fig.* 21), qui divisent la
colonne sanguine, diminuent son poids et la rendent plus
facile à élever. Enfin les mouvements accélèrent singulièrement la circulation et la favorisent jusqu'à un certain
degré; chacun sait que quand nous marchons d'un pas
précipité, la face devient rouge, parce que la circulation
devient plus rapide; il est démontré également que la
contraction musculaire, la dilatation et le resserrement
de la poitrine et de l'abdomen, accélèrent la circulation.

Sous l'influence de ces diverses causes, le sang chemine
dans l'organisme avec une rapidité incroyable. Ainsi,
Héring, de Stuttgard, en injectant dans une des veines
du cou d'un cheval, du cyanure de potassium, a retrouvé
cette substance dans la veine opposée, au bout de 20 à 30
secondes. On peut conclure de cette expérience que chez
le cheval le sang fait sa révolution complète en une
moyenne de 25 à 30 secondes.

54

Questionnaire.

Qu'est-ce que le sang; à quoi doit-il sa coloration rouge ou noire?

Quel est l'aspect du sang examiné sous la lentille du microscope?

Qu'entend-on par coagulation du sang?

Qu'est-ce que la séparation du sang en ses éléments?

Quelle est la composition chimique du sang?

Quelle est la matière qui lui donne sa couleur rouge?

Quels sont les usages de ce liquide?

Qu'est-ce que le cœur?

De combien de parties se compose-t-il?

Quels sont les vaisseaux qui sont en rapport avec le cœur droit; avec le cœur gauche?

Quelle est la structure du cœur?

Quelle est la structure des artères et des veines?

Qu'appelle-t-on vaisseaux capillaires?

Combien y a-t-il de réseaux capillaires; nommez-les?

Quelle est la distribution générale de l'aorte?

Quelle est la disposition générale des veines?

Quel est le trajet du sang rouge dans le corps de l'homme?

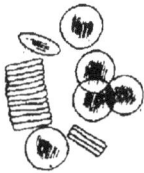

Fig.18.

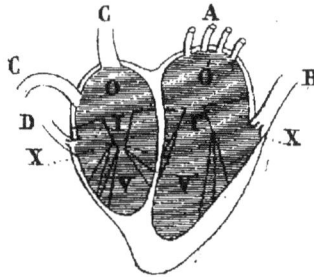

Fig.19

Fig.20.

Fig.21.

Fig. 18, Globules sanguins vus au microscope. — *Fig.* 19, Coupe théorique du cœur : O oreillette droite , V ventricule droit , O' oreillette gauche, V' ventricule gauche, 1 valvules auriculo-ventriculaires fermées, I' valvules ouvertes , A veines pulmonaires, B artère aorte, CC veines caves , D artère pulmonaire , XX valvules sigmoïdes. — *Fig.* 20, face antérieure du cœur.—*Fig.* 21, coupe théorique d'une veine et des valvules qui divisent la colonne sanguine.

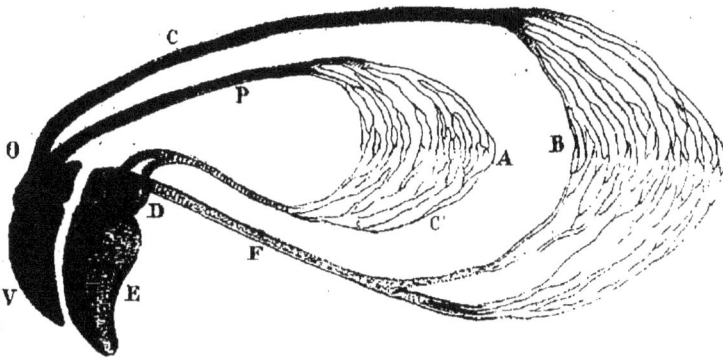

Fig. 22.

Fig. 23.

Fig. 22, Trajet du sang. A réseau capillaire respiratoire, C' veines pulmonaires, D oreillette gauche, E ventricule gauche, F aorte ; B réseau capillaire de la nutrition, C veines caves, O oreillette droite, V ventricule droit, P artère pulmonaire. — *Fig*. 23, Réseau capillaire. A artère, V veine, R réseau capillaire.

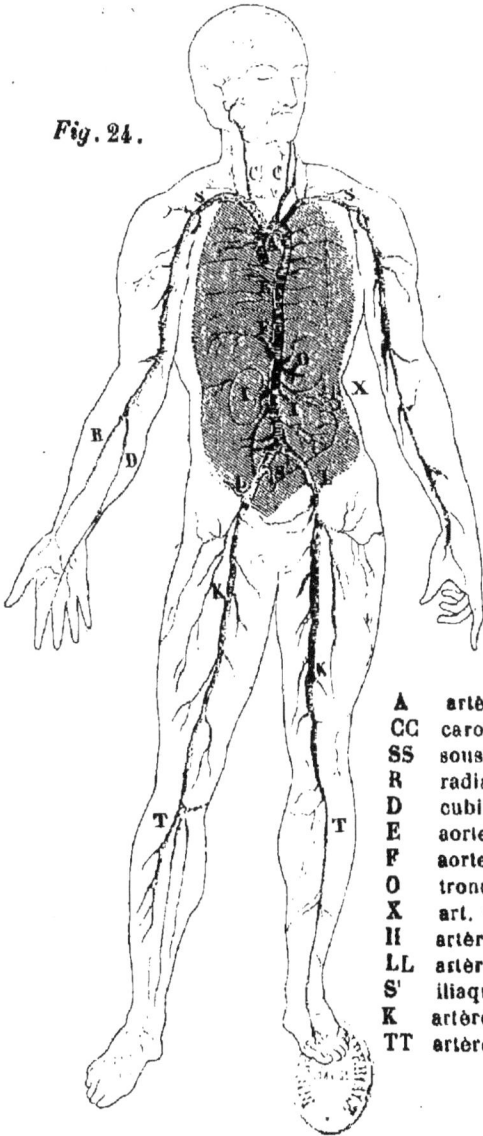

Fig. 24.

A	artère aorte.
CC	carotides.
SS	sous-clavières.
R	radiale.
D	cubitale.
E	aorte thoracique.
F	aorte abdominale.
O	tronc cœliaque.
X	art. mésentériques.
H	artères rénales.
LL	artères iliaques.
S'	iliaque interne.
K	artère fémorale.
TT	artères tibiales.

Quel est celui du sang noir ?

Quel est l'auteur de la découverte de la circulation ?

Décrivez la circulation dans le cœur, dans les artères, dans les veines.

Quelle est la force avec laquelle le sang circule dans l'artère carotide ?

Quelle est la rapidité du cours du sang ?

DE LA RESPIRATION

Définition. — La respiration est une fonction qu
a pour but de revivifier le sang noir, de lui rendre s;
coloration rouge et ses propriétés nutritives.

Description de l'appareil respiratoire. — L'apparei
respiratoire est composé d'organes essentiels et accessoires.

Les organes essentiels sont le nez, le pharynx, le
larynx, la trachée, les bronches et les poumons.

Les organes accessoires sont les parties qui forment la
cage du thorax.

Nous avons décrit le pharynx, nous parlerons plus tard
du larynx et du nez ; commençons par conséquent la
description de l'appareil respiratoire par la trachée.

Trachée (*fig.* 25). — La trachée est un canal cylin-
droïde qui va du larynx, au milieu de la poitrine. Ce
canal a pour base des cerceaux cartilagineux incomplets,
réunis en arrière par une membrane musculaire. Les
cerceaux sont unis les uns aux autres par un tissu fibreux dont les filaments s'entrecroisent comme les lames
d'une paire de ciseaux et permettent à la trachée de
s'allonger, ou de se raccourcir, selon que la tête s'élève
ou s'abaisse.

La face interne de la trachée est tapissée d'une membrane muqueuse enduite d'un mucus qui s'oppose au desséchement de cette membrane, toujours en contact avec l'air.

Extérieurement, la trachée est adhérente aux organes voisins par le tissu cellulaire. Vers le milieu de la poitrine, le canal trachéen se divise en deux tubes appelés bronches qui se ramifient à l'infini comme les branches d'un arbre. Les bronches et les rameaux bronchiques ont la même structure que la trachée : ce sont des cerceaux cartilagineux tapissés d'une membrane muqueuse ; mais les segments cartilagineux deviennent de plus en plus minces, et disparaissent dans les canalicules bronchiques. Ces petits canaux se ramifient encore ; la membrane muqueuse qui les forme s'amincit, et se termine par un cul-de-sac diverticulé, appelé vésicule pulmonaire (*f.*26). Les parois de chaque vésicule pulmonaire sont traversées par le réseau capillaire de la respiration, servant d'intermédiaire à l'artère pulmonaire qui amène le sang noir dans les poumons, et aux veines pulmonaires qui transportent le sang rouge dans le cœur.

Connaissant la structure d'une vésicule pulmonaire, nous comprendrons facilement celle du poumon ; il suffit pour cela de grouper les unes à côté des autres des milliers de vésicules pulmonaires, réunies entre elles par le tissu cellulaire ; c'est cette agglomération de cellules qui forme les poumons.

Poumons (*fig.* 25). — Les poumons sont des organes mous, spongieux, perméables à l'air, de couleur variable selon le genre de mort auquel l'individu a succombé;

ils sont rosés, lorque la mort a été occasionnée par ef-
fusion du sang.

Au nombre de deux, l'un droit, l'autre gauche, ils remplissent presque à eux seuls la cavité de la poitrine, et
présentent chacun la forme d'un demi-cône irrégulier,
attaché aux bronches vers leur milieu. Les poumons
sont enveloppés d'une membrane séreuse appelée plèvre.

Il y a deux plèvres, une pour chaque poumon; elles
présentent, comme toutes les séreuses, un feuillet viscéral
qui adhère aux poumons, et un feuillet pariétal qui est
accolé à la face interne des côtes. L'intérieur du sac
pleural est humecté d'une sérosité qui facilite les mouvements d'expansion des poumons.

Organes accessoires de la respiration (*fig.* 27).—
Les organes accessoires sont formés par la cage osseuse du thorax, complétée par des parties molles. Le
thorax a pour base les vertèbres dorsales au nombre de
12, sur lesquelles sont articulées 12 paires de côtes.

Les côtes sont des arcs osseux contournés sur eux-
mêmes; postérieurement, elles sont articulées avec les
vertèbres dorsales, et antérieurement elles sont prolongées par des cartilages élastiques. Sept de ces cartilages
sont articulés avec le sternum, et les côtes auxquelles ils
correspondent portent le nom de vraies côtes. Les cartilages des cinq dernières sont reliés les uns aux autres, et
les côtes auxquelles ils correspondent portent le nom de
fausses côtes. Quant au sternum, c'est un os plat qui
ferme en avant la cage thoracique.

Cet appareil osseux est complété par des parties molles : ce sont les muscles intercostaux qui unissent les côtes les unes aux autres, et le diaphragme, cloison musculaire, qui sépare la poitrine de l'abdomen, et qui ne permet aucune communication entre ces deux cavités.

Du mécanisme de la respiration. — La respiration se compose de deux mouvements, l'inspiration et l'expiration ; le premier a pour but l'introduction de l'air dans les poumons, et le second chasse une partie de l'air contenu dans l'intérieur de ces organes.

Inspiration. — L'inspiration se divise en deux parties : l'inspiration costale et l'inspiration diaphragmatique.

Inspiration costale. — Parmi les muscles qui entourent la poitrine, les uns sont inspirateurs et les autres expirateurs. Lorsque les muscles inspirateurs se contractent, ils rapprochent les côtes les unes des autres, et si nous examinons le mouvement dans son ensemble, nous remarquons que les côtes se relèvent de bas en haut, et de dedans en dehors, de manière à agrandir d'un côté à l'autre l'étendue de la cage thoracique. Dans ce mouvement d'élévation, les côtes impriment à leurs cartilages de prolongement, un mouvement de torsion qui écarte le sternum, et agrandit la poitrine d'arrière en avant. On peut démontrer avec facilité ce mouvement de dilatation, il suffit de s'entourer la poitrine d'un cordon, et de faire une forte inspiration ; le thorax se dilatera de 4 à 5 centimètres sur toute sa circonférence, ce que l'on constate par l'écartement des deux extrémités du cordon.

Inspiration diaphragmatique. — Nous avons vu que

le muscle diaphragme sépare la poitrine de l'abdomen.
A l'état de repos, ce muscle présente une voûte convex'
du côté des poumons. Quand il se contracte, il se raccour'
cit, s'aplatit, et augmente de haut en bas l'étendue de la
poitrine ; dans ce mouvement, l'estomac, le foie et les
autres organes en contact avec le diaphragme sont refoulés
dans la cavité de l'abdomen qui fait saillie en avant.

Ainsi, en résumé, l'inspiration costale et diaphragmatique augmente l'étendue de la poitrine d'un côté à
l'autre, d'arrière en avant et de haut en bas. Nous reviendrons dans quelques instants sur ces faits.

Expiration.—Dans l'expiration, l'étendue de la poitrine
diminue, et une partie de l'air contenu dans cette cavité
est chassée au dehors.

Ce mouvement s'effectue sous l'influence de la contraction des muscles expirateurs qui abaissent les côtes ; les
cartilages qui ont subi un mouvement de torsion reviennent sur eux-mêmes, et le diaphragme reprend sa position
première, pour recommencer le même mouvement.

Connaissant ces mouvements, nous allons étudier les
effets qu'ils produisent sur les poumons.

L'anatomie constate dans la structure du poumon l'absence de fibres musculaires, ce qui explique pourquoi cet
organe n'est susceptible d'aucun mouvement. Cependant
il jouit d'une assez grande élasticité ; mais sa dilatation
est passive, et c'est là ce qu'il faut bien comprendre.
Rappelons-nous d'abord que les poumons sont recouverts
et protégés par les plèvres, membranes séreuses vides
d'air, de sorte que par leur surface externe, les poumons
sont soustraits à la pression atmosphérique. Leur face

interne au contraire, est soumise à la pression de l'air par les vésicules pulmonaires, les bronches et la trachée : il résulte de cette particularité que les poumons sont appliqués à la face interne des côtes par la pression de l'atmosphère, absolument comme la cloche de la machine pneumatique est adhérente à son plateau, quand on a fait le vide dans son intérieur. Conséquemment les poumons étant appliqués contre les côtes couvertes par la plèvre, ils suivent les mouvements des parois costales et du diaphragme. Lorsque la poitrine s'agrandit, les poumons se dilatent, l'air contenu dans leur intérieur se raréfie, il n'y a plus équilibre entre la pression de l'air intérieur et de l'air atmosphérique, qui alors entre par le nez dans les poumons en quantité suffisante pour rétablir l'équilibre.

Dans l'expiration, les poumons sont extérieurement pressés de toutes parts et laissent sortir une partie de l'air qu'ils renferment.

Phénomènes chimiques de la respiration. — Changements éprouvés par l'air. — L'air que nous respirons est un mélange de 79 parties d'azote, de 21 parties de gaz oxygène, de 4 à 5 dix-millièmes d'acide carbonique et d'une quantité variable de vapeur d'eau. En pénétrant dans les poumons, l'air subit des modifications importantes et lorsqu'il est expiré, on remarque qu'il ne renferme plus que 16 à 17 °/₀ d'oxygène au lieu de 21.

La quantité d'azote a légèrement augmenté, mais l'acide carbonique s'est accru dans la proportion de 4 à 5 p. °/₀: cela n'est pas étonnant, car d'après les recher-

ches de **M.** Lassaigne un cheval produit en une heure
219 litres d'acide carbonique.

En outre, l'air expiré est plus chaud et renferme une
quantité assez considérable de vapeur d'eau provenant du
sang ; on a donné à cette évaporation le nom de transpiration pulmonaire.

On peut se convaincre facilement de ce fait en hiver
par l'examen de l'air expiré : la vapeur se condense au
sortir de l'appareil respiratoire sous forme de brouillard
qui se congèle, quand la température est très-basse.

Changements éprouvés par le sang. — Un des changements les plus importants éprouvés par le sang pendant
la respiration est le changement de couleur. En entrant
dans les poumons le sang était noir, à sa sortie, il est
d'un beau rouge vermeil ou rutilant.

Le sang rouge est plus chaud que le sang noir ; la
différence est de 1 degré ; le premier renferme moins
d'eau que le second ; cette déperdition a donné naissance à la transpiration pulmonaire dont nous avons
parlé. Enfin, on trouve dans la composition chimique de
ces deux liquides des différences remarquables indiquées
dans le tableau suivant :

	Oxygène	Acide carbonique
Sang noir......	1 %	5 %
Sang rouge......	2 %	6 %

On voit donc que le sang rouge renferme plus de gaz
que le sang noir ; l'oxygène a augmenté dans la propor-

tion de 1 à 2 et l'acide carbonique dans celle de 5 à 6 ; c'est donc l'absorption de l'oxygène qui a donné au sang sa teinte vermeille, en se portant sur les globules, dont il change la couleur.

La quantité d'oxygène absorbée pendant la respiration est très variable ; elle est évaluée d'après les recherches de MM. Regnault et Reiset, à un gramme un décigramme par kilogramme du poids de l'animal et par heure.

De sorte qu'un cheval du poids de 450 kilogrammes consomme en 24 heures 11,880 grammes d'oxygène représentant 8,296 litres de ce gaz (1).

La quantité d'acide carbonique exhalée est également très-considérable elle est évaluée chez l'homme, par Allen et Pepys à 22 pouces cubes par minute ou 44 centilitres.

Le gaz oxygène se mélange par endosmose au sang contenu dans les vaisseaux :

Ce phénomène est facile à démontrer : il suffit pour cela de placer du sang noir dans une vessie, l'air ne tarde pas à en traverser les parois, et le sang noir se transforme en sang rouge.

L'endosmose s'exerce donc entre les gaz comme entre les liquides ; dans la respiration c'est entre l'oxygène et l'acide carbonique que cette action se produit.

Dans les poumons l'absorption de l'oxygène se fait sur une très-grande surface : M. Colin a calculé d'après Hales que chez le cheval elle égale 5 fois celle de la peau.

(1) Colin, *Traité de Physiologie.*

Dans l'homme la capacité des poumons est d'environ 3 litres, chaque inspiration fait pénétrer dans nos poumons 1/2 litre d'air environ, ce qui fait qu'à raison de 16 inspirations nous mettons en circulation dans notre poitrine 8 litres d'air par minute.

Il est important de laisser à la poitrine la liberté dont elle jouit naturellement, car un homme dont la poitrine nue inspire 3 litres d'air dans une forte inspiration, n'en inspire plus que 2 litres lorsque la poitrine est serrée par les vêtements.

Historique. — Les anciens pensaient que l'air, en pénétrant dans notre poitrine, avait pour effet de rafraichir le sang.

Lavoisier a eu la gloire de démontrer au contraire que la respiration est une combustion dans laquelle l'oxygène de l'air se combine avec le carbone et l'hydrogène du sang ; mais cet illustre physicien avait placé le siége de cette combustion dans l'appareil respiratoire exclusivement. Des chimistes célèbres, parmi lesquels nous devons citer Liebig, ont achevé d'élucider la question ; ils ont établi que la combustion ne se produit pas seulement dans les poumons mais encore dans tous les organes.

Cette double combustion, pulmonaire et générale, produit l'acide carbonique exhalé par l'air expiré. Nous pouvons par conséquent conclure de tout ce que nous avons dit que la respiration consiste en une absorption de gaz oxygène et une exhalation de gaz acide carbonique.

Enfin il est bien démontré aujourd'hui que ces deux phénomènes sont accompagnés d'un troisième fort curieux:

la destruction des matières grasses et sucrées qui tra·
versent les poumons.

Nous avons déjà dit, que les matières grasses et sucrées
rendues solubles par le travail digestif sont absorbées par
les chylifères, par les veines intestinales et portées dans
les veines caves où elles se mêlent au sang noir.

En effet, lorsqu'on analyse le sang noir au moment où
il entre dans les poumons, on le trouve chargé d'une
quantité considérable de matières grasses et sucrées, que
l'on ne rencontre plus dans le sang rouge à sa sortie de
l'appareil respiratoire ; on pense que ces matières formées
de carbone, d'hydrogène et d'oxygène, tous éléments
combustibles, sont brûlées par l'oxygène de l'air au moment où ce gaz traverse les poumons. Cette combustion
est la principale source de la chaleur animale. C'est ce
qui explique le dégagement d'acide carbonique, de vapeur
d'eau et l'augmentation de chaleur du sang rouge.

On sait que les combinaisons chimiques effectuées
même dans les verres à expérience, sont toujours l'objet
d'un dégagement de chaleur ; c'est à la même source qu'il
faut attribuer le dégagement de calorique qui accompagne
les phénomènes respiratoires.

Chaleur animale. — On appelle chaleur animale celle
que les animaux produisent par le jeu de leurs organes.
Les anciens plaçaient la source de cette chaleur dans le
cœur ; nous savons d'après ce que nous venons de voir,
que la chaleur animale est le résultat de la combustion
qui s'opère dans les poumons, ainsi que dans tous les
organes du corps.

5

Animaux à sang chaud et à sang froid. — Les animaux à sang chaud sont ceux qui ont une température fixe, indépendante de la température du milieu dans lequel ils sont placés. Tous les mammifères ont une température fixe, celle du corps de l'homme est de 37 à 38 degrés au-dessus de zéro. En état de santé, cette température ne change pas d'une manière notable, quelles que soient les conditions atmosphériques dans lesquelles nous sommes placés. Dans les mers glaciales, l'homme a pu supporter un froid de 40 degrés au-dessous de zéro; sous la zône équatoriale, il supporte 45 à 50 degrés au-dessus de zéro; dans ces conditions extrêmes la température intérieure du corps ne s'abaisse ou ne s'élève que de 1 degré.

Les animaux à sang froid sont ceux qui ont une température variable et dépendante de la température du milieu où ils sont placés. La grenouille et les poissons sont des animaux à sang froid, leur température est supérieure de 1 ou 2 degrés à la température du milieu dans lequel ils se trouvent.

Equilibre de température. — La température fixe est maintenue au chiffre de 38 degrés chez l'homme par des circonstances qu'il est important d'examiner. Pendant l'été le corps tend à s'échauffer et pour faire équilibre à cette élévation de température on remarque que la respiration est plus lente, l'appétit moins grand, de sorte que la combustion respiratoire est moins active, et il y a une production de chaleur moins grande dans l'intérieur de notre corps.

Lorsque la chaleur devient plus intense, le corps se couvre de sueur; cette évaporation occasionne une perte de calorique qui maintient parfaitement l'équilibre et devient la source de l'appétence spéciale qui se manifeste pendant l'été pour les liquides.

En hiver les conditions inverses se produisent, le corps tend à se refroidir : c'est pourquoi la respiration devient un peu plus rapide afin de produire une quantité de chaleur plus grande, l'appétit est plus vif et nous recherchons instinctivement les matières, grasses et sucrées ; ces matières augmentent l'activité de la combustion respiratoire, et déterminent une production de chaleur plus considérable.

Enfin sous l'influence du froid, les fonctions digestives acquièrent aussi plus de puissance; ce qui permet aux organes de digérer plus de matières grasses. On voit par là comment les Groenlendais et les Esquimaux peuvent faire usage d'huile de poisson pour leur boisson journalière. C'est même grâce à la digestion de cette grande quantité de matières combustibles, que les peuples du Nord résistent à des froids de 30 à 40 degrés au-dessous de zéro.

Asphyxie. — On appelle asphyxie la suspension de la respiration. Cet accident amène rapidement la mort, si l'on n'arrive pas à rétablir les mouvements respiratoires.

Il y a plusieurs sortes d'asphyxies qui débutent par des phénomènes variables. Si par exemple on place un oiseau sous la machine pneumatique et qu'on y opère le vide, la respiration s'accélère, l'animal chancelle, se débat et meurt au bout de 40 secondes. Si l'on produit l'asphyxie en serrant fortement la gorge avec une corde, ou par la pendaison, au bout d'une minute l'animal ouvre fortement les naseaux, la poitrine se dilate avec force et la mort

survient au bout de 5 à 6 minutes après d'affreuses con-
vulsions.

Dans ce cas, le sang n'étant plus revivifié; sort des
poumons avec sa couleur noire et va pour ainsi dire
jouer le rôle d'un véritable poison sur tous les organes
dont les fonctions s'arrêtent aussitôt.

Questionnaire.

Qu'est-ce que la respiration?

Décrivez la trachée, les bronches, les vésicules pulmonaires et les poumons.

Quelles sont les membranes qui enveloppent les poumons?

Décrivez la cage thoracique.

Qu'est-ce que l'inspiration?

En combien de mouvements la divise-t-on?

Qu'est-ce que l'expiration?

Comment se fait la dilatation des poumons?

Quelle est la composition chimique de l'air?

Quelles sont les modifications que l'on remarque dans
l'air expiré?

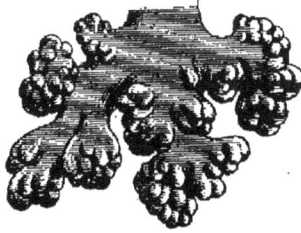

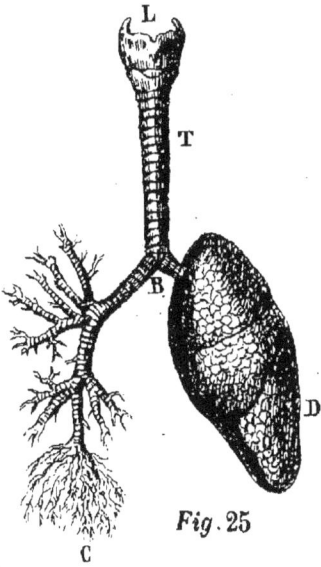

Fig. 25

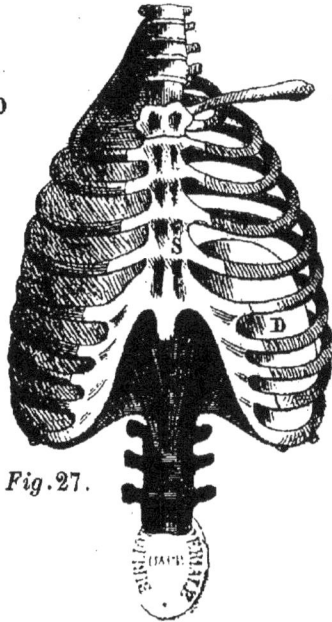

Fig. 27.

Fig. 25 , L larynx, T trachée , B bronches , C canalicules bronchiques , D poumon. — *Fig.* 26 , vésicules pulmonaires vues au
microscope. — *Fig.* 27, Thorax , D diaphragme , S sternum.

Quelles sont les modifications qui surviennent dans le sang sous l'influence de la respiration ?

Quelle est la quantité d'oxygène absorbée pendant la respiration, quelle est la quantité d'acide carbonique exhalée ?

Quelle est la quantité d'oxygène qui existe dans le sang noir ?

Quelle est la quantité de ce gaz dans le sang rouge ?

Quelles sont les quantités d'acide carbonique que l'on trouve dans le sang noir et dans le sang rouge ?

Comment s'effectue la pénétration de l'oxygène au travers des parois des cellules pulmonaires ?

Quelle est la capacité des poumons de l'homme ?

Combien y a-t-il d'inspirations par minute chez l'homme ?

Combien entre-t-il d'air dans la poitrine à chaque inspiration ?

En quoi consiste essentiellement l'acte de la respiration ?

Que deviennent les matières grasses et sucrées en traversant les poumons ?

Qu'appelle-t-on chaleur animale, quelle en est la source ?

Qu'appelle-t-on animaux à sang chaud et à sang froid ?

Quelle est la température du corps de l'homme ?

Quelle est celle du corps de la grenouille ?

Quelles sont les conditions qui favorisent notre équilibre de température ?

Qu'est-ce que l'asphyxie ?

SÉCRÉTIONS ET ASSIMILATION.

EXHALATION. — On appelle exhalation, la propriété dont jouissent certaines membranes, de laisser sortir
à leur surface la sérosité du sang contenu dans les vaisseaux qui les traversent.

L'exhalation s'effectue dans le tissu cellulaire et les
membranes séreuses. Les membranes qui forment ces
tissus sont humectées, à leur face interne, par un liquide clair, jaunâtre; c'est la sérosité du sang qui sort
des vaisseaux par endosmose, comme nous l'expliquerons tout à l'heure. Cette exhalation est accompagnée
d'une résorption compensatrice. En effet nous avons
vu que la sérosité avait pour objet de favoriser le mouvement, le glissement des organes les uns sur les autres.

Lorsque ce liquide a rempli son rôle, il devient plus
épais; c'est alors que l'endosmose s'exerce entre la sérosité usée et le sérum du sang. De cette façon, le liquide
séreux se rencontre toujours en quantité égale, dans le
tissu cellulaire, et dans les membranes séreuses Si l'équilibre vient à être rompu entre l'exhalation et la résorption, le liquide s'accumule dans les cellules, ou
dans les séreuses, et donne naissance à un état maladif
appelé hydropisie.

Outre l'exhalation de sérosité, on remarque encore l'exhalation graisseuse, qui dépose dans le tissu cellulaire la graisse, principe alimentaire mis en réserve pour les besoins ultérieurs de l'animal.

SÉCRÉTIONS. — On appelle sécrétion la propriété dont jouissent les glandes de retirer du sang des produits spéciaux, comme le lait, l'urine, la bile, la salive, les larmes, les ongles, les cornes, etc. Nous commencerons l'étude des sécrétions, par la sécrétion muqueuse.

Nous avons déjà parlé de la structure des membranes muqueuses : on se rappelle qu'on trouve dans leur intérieur de petits culs-de-sac, appelés follicules (*fig.* 28), dont les parois renferment une grande quantité de vaisseaux sanguins. Ces follicules sécrètent un liquide visqueux, filant et incolore, appelé mucus. Le mucus entretient la souplesse des membranes muqueuses et les protége contre les corps avec lesquels elles peuvent être en contact. C'est lui qui empêche le suc gastrique de corroder la membrane interne de l'estomac.

Connaissant la structure des follicules muqueux, nous comprendrons facilement la structure de toutes les glandes conglomérées ; elles sont formées par une infinité de follicules simples réunis sur un canal excréteur commun (*fig.* 30). Ces follicules, parsemés d'une grande quantité de vaisseaux, sont réunis entre eux par le tissu cellulaire.

Sécrétions cutanées. — La peau est le siége de deux sécrétions, la sécrétion sébacée, et la sécrétion sudoripare.

Structure de la peau.—La peau se compose de deux couches, le derme et l'épiderme (*fig.* 29).

Derme. — Le derme est la partie profonde de la peau ; il est principalement formé de fibres cellulaires, tissées, et entrecroisées de manière à constituer une membrane blanche, épaisse, résistante et élastique. Le derme est un corps vivant, il reçoit une quantité considérable de vaisseaux et de nerfs ; il renferme un peu de tissu fibreux élastique qui lui donne la propriété de se contracter lentement sous l'influence du froid. La face profonde du derme est réunie aux organes sous cutanés par le tissu cellulaire ; sa surface externe est couverte par l'épiderme ; enfin le derme renferme des glandes sébacées et sudoripares dont nous parlerons tout à l'heure. Mélangé avec l'écorce du chêne, le derme se combine avec le tannin que renferme cette écorce et forme le cuir.

Épiderme. — L'épiderme est une membrane mince, dépourvue de vaisseaux. Il est sécrété par le derme sous la forme de cellules arrondies et remplies de liquide ; mais au fur et à mesure que ces cellules atteignent la surface de la peau, le liquide qu'elles contiennent s'évapore, et les cellules épidermiques se desséchant, abandonnent le corps sous la forme de petites plaques blanches. Par sa face profonde, l'épiderme est adhérent au derme.

Sécrétion sébacée. — On trouve dans le derme des follicules qui ont une grande analogie avec ceux que nous avons décrits dans les membranes muqueuses ; ces glandes sécrètent une matière grasse onctueuse, d'un blanc jaunâtre, qui a quelque analogie avec le suif ; cette substance, appelée matière sébacée, a pour but d'assouplir la peau. Les follicules sébacés se rencontrent abondamment sur le nez, à la base des poils et des cheveux dont ils graissent la surface. La matière qu'ils sécrètent s'accumule quelquefois dans les follicules et sort, lorsqu'on les comprime avec les doigts, sous la forme de filaments blanchâtres que l'on considère à tort comme des vers.

Sécrétion sudoripare. — On trouve encore, dans l'épaisseur du derme, d'autres glandes en forme de tubes; ces glandes sont appelées sudoripares ou sudorifères (*fig.* 29). Elles sont formées par un tube contourné en spirale qui traverse la peau, s'enroule, se pelotonne sur lui-même, dans la profondeur du derme et se termine en cul-de-sac. Cet enroulement a pour objet d'augmenter l'étendue de la surface sécrétoire. Le produit de sécrétion de ces glandes porte le nom de transpiration insensible, lorsqu'il ne mouille pas le corps, et le nom de sueur lorsque la peau se trouve mouillée, comme cela se remarque fréquemment en été. La sueur est composée d'eau, d'acide acétique et de sels divers. Outre la sécrétion de la sueur, il est démontré que la peau est le siége d'une véritable respiration, elle absorbe par endosmose le gaz oxygène et dégage une certaine quantité de gaz acide carbonique.

La transpiration cutanée est une fonction très-importante. Un expérimentateur patient, Sanctorius, a calculé que les cinq huitièmes des matières ingérées sont éliminés par les transpirations cutanées et pulmonaires. Lavoisier a calculé que l'homme perd en vingt-quatre heures 1 kilogramme 450 grammes de matières par la transpiration cutanée.

La transpiration cutanée ne peut être arrêtée sans danger ; elle entraîne avec elle une grande partie des matériaux impurs que renferme le sang ; aussi lorsque cette fonction est arrêtée par un refroidissement, la dépuration du sang cesse brusquement et ce changement devient quelquefois le point de départ de maladies graves.

Pour démontrer l'importance de la respiration cutanée, M. H. Bouley, professeur à l'école d'Alfort, a recouvert de goudron le corps de plusieurs chevaux : ces animaux sont morts huit ou dix jours après cette opération.

Nous parlerons plus tard de la peau comme organe du toucher.

Nous avons décrit en parlant des annexes de l'appareil digestif, les glandes salivaires, le foie, le pancréas ; nous rappellerons que sous le rapport de l'organisation ces glandes rentrent dans la catégorie des glandes conglomérées dont la structure a été étudiée.

Sécrétion urinaire. — L'urine est sécrétée par deux glandes appelées reins (*fig.* 31). Les reins sont placés dans la cavité de l'abdomen, de chaque côté de la région lombaire. Ce sont des glandes tubuleuses ; lorsqu'on les incise, on y remarque trois parties distinctes, la substance corticale, la substance rayonnée et le bassinet.

La substance corticale est formée par des tubes pelotonnés sur eux-mêmes et terminés en culs-de-sac. Dans la substance rayonnée, ces tubes deviennent droits et convergent tous vers le centre, disposition qui a valu à celte partie le nom qu'elle porte. La troisième partie est une cavité de couleur jaunâtre, appelée bassinet, dans lesquelles s'ouvrent les tubes urinaires. Enfin du bassinet naît un canal, appelé uretère, qui conduit l'urine dans la vessie. On voit donc que certaines glandes possèdent un réservoir dans lequel les liquides sécrétés s'accumulent pendant un certain temps ; les reins et le foie sont dans ce cas. Cependant pour le foie il y a des animaux assez voisins par leur organisation, qui présentent de grandes différences : ainsi, le bœuf a une vésicule biliaire, tandis que le cheval n'en possède pas.

Origine des produits sécrétés — Tous les produits sécrétés viennent du sang; les glandes sont de véritables agents fabricateurs qui retirent de ce liquide les éléments dont elles ont besoin pour fabriquer le lait, la salive, la bile, etc. Certains produits cependant existent tout formés dans le sang. M. Dumas a démontré que, si l'on enlève les reins à un animal, on trouve dans le sang une quantité considérable d'urée, matière azotée qui est éliminée par la sécrétion rénale. On avait conclu de ce fait que les produits sécrétés existent tout formés dans le sang : d'après cette théorie, les glandes seraient de simples filtres qui laisseraient sortir la salive ou la bile; mais leur rôle est plus complet, elles fabriquent aux dépens du sang les produits qu'elles sécrètent. Ajoutons que toutes les sécrétions contribuent d'une manière active à la dépuration du sang.

Sécrétion glucogénique. — M. Claude Bernard a découvert, il y a quelques années, que le foie jouit de la propriété de sécréter ou de former du sucre ; on a donné à cette fonction le nom de sécrétion glucogénique.

On démontre la sécrétion glucogénique du foie en soumettant un chien au régime exclusif de la viande, qui ne renferme pas de matière sucrée. Deux mois après, on tue l'animal, on analyse le foie et on trouve qu'il renferme une certaine quantité de sucre qui a été formée par le foie aux dépens du carbone, de l'hydrogène et de l'oxygène du sang.

Cette matière sucrée passe par les vaisseaux et traverse les poumons, où elle est utilisée à la combustion respiratoire.

NUTRITION. — Nous avons défini la nutrition, une fonction qui a pour but de développer et d'entretenir le corps de l'être vivant. Cette fonction se compose de deux mouvements distincts, l'un appelé assimilation, l'autre mouvement de décomposition.

Assimilation. — L'assimilation est la transformation du sang en la substance même de nos organes.

Les organes sont composés de quatre principaux corps, le carbone, l'hydrogène, l'oxygène et l'azote. Ces corps simples pénètrent dans notre économie par diverses voies. Le carbone y entre sous forme de matières grasses et sucrées, ou avec les aliments végétaux. L'hydrogène et l'oxygène, entrent dans le sang sous la forme d'eau, et en outre ce dernier gaz est absorbé en grande quantité par les poumons ; quant à l'azote, nous le puisons principalement dans les matières animales, et dans les graines des céréales. Ces matériaux entrent dans le sang par trois voies principales : 1° l'absorption pulmonaire, 2° l'absorption veineuse et chylifère, 3° l'absorption lymphatique dont il nous reste à parler.

Il existe dans l'intérieur du corps un nombre considérable de vaisseaux appelés vaisseaux blancs, ou lymphatiques, parce que la lymphe qu'ils charrient est un liquide coagulable, transparent, dans lequel nagent une infinité de globules blancs d'un diamètre plus grand que les globules sanguins. Ces vaisseaux naissent dans toutes les parties du corps par de petits canaux très-fins, terminés en culs-de-sac, comme les vaisseaux chylifères.

Tous les lymphatiques des membres inférieurs viennent aboutir au réservoir sous-lombaire ou citerne de Pecquet, dans laquelle viennent se rendre aussi les vaisseaux chylifères. De la citerne de Pecquet naît le canal thoracique, qui remonte le long de la colonne vertébrale et reçoit les lymphatiques de la poitrine, des membres supérieurs et de la tête. Enfin le canal thoracique se jette dans la veine sous clavière gauche qui s'ouvre dans la veine cave, de sorte que les produits de l'absorption lymphatique et chylifère se mélangent avec le sang.

Décomposition. — La lymphe est donc un liquide absorbé dans toutes les parties de l'organisme, on pense qu'elle est formée par les produits usés du corps. En effet nos organes se composent d'un certain nombre d'éléments; dans leur jeu presque continuel, il y a des matériaux qui s'usent : on pense que ces produits usés sont absorbés par les lymphatiques qui les portent dans le sang, où, une partie d'entre eux se combinant avec l'oxygène de l'air, peut encore servir à la nutrition, pendant que l'autre partie est éliminée par les sécrétions.

Ainsi le sang résulte de trois liquides, le chyle, la lymphe et les produits absorbés par les veines intestinales. Ces liquides se mélangent, se combinent avec l'air et se transforment en sang revivifié : celui-ci est chassé dans tous les organes qu'il nourrit ; et donne naissance aux tissus musculaire, osseux, etc. On ignore encore comment cette assimilation s'effectue ; mais on sait qu'elle est placée sous l'influence directe du système nerveux.

Pour le prouver, il suffit de couper le cordon nerveux qui se distribue dans un membre ; ce dernier, ne tarde pas à maigrir, et il finit par s'atrophier d'une manière complète, quoique le sang y circule encore.

L'assimilation n'a pas la même activité à toutes les époques de la vie. Dans le jeune âge, elle est très-puissante, elle fournit amplement au développement de tous les tissus, et le corps grandit ; le mouvement de décomposition est alors peu important. A l'âge adulte, lorsque le corps a achevé son développement, il y a à peu près équilibre entre le mouvement d'assimilation et celui de décomposition. Enfin dans la vieillesse, le mouvement de décomposition prend le dessus ; c'est alors que le corps maigrit et que la peau se couvre de rides, jusqu'au moment où un organe venant à se rouiller, ses fonctions se ralentissent, s'altèrent et amènent la fin commune à tous les êtres organisés.

L'assimilation s'effectue dans le réseau capillaire de la nutrition ; chaque fibre est enveloppée par un nombre plus ou moins considérable de vaisseaux très-minces,

que le sang traverse pour s'assimiler à nos différents tissus. Pendant cette opération, le sang rouge perd sa
couleur caractéristique, il devient noir et pénètre dans
les veines. Les causes qui favorisent la circulation, facilitent aussi l'assimilation ; les mouvements par exemple
rendent l'assimilation plus parfaite, aussi remarque-t-on
en général que les personnes qui marchent beaucoup ont
les muscles des jambes plus développés que les personnes
inactives ; les ouvriers qui travaillent des bras les ont
plus forts que les autres. Ce développement se fait quelquefois remarquer sur toute une moitié du corps : chez
les forgerons par exemple, le côté droit prend des propor-
tions plus considérables, parce qu'il exécute plus de mouvements que le côté gauche.

Tous les organes s'accroissent donc par l'exercice ;
ainsi sous l'influence du travail intellectuel, le sang afflue dans le cerveau, la nutrition de cet organe devient
plus complète, il augmente de volume et de densité et
l'on acquiert au bout d'un certain temps une facilité remarquable pour le travail. C'est dans le jeune âge surtout que cet accroissement s'effectue. A l'âge adulte,
vers 28 ans, les os du crâne se soudent et si le cerveau
peut encore augmenter de densité, il ne peut plus augmenter de volume.

De là résulte la nécessité de se livrer de bonne heure à
un travail assidu, pour développer les facultés intellectuelles que la Providence nous a accordées.

L'assimilation produit encore de curieux effets que l'on
remarque dans la réparation des blessures. Si par exemple, vous coupez un ver de terre en deux parties,

les plaies se ferment, chaque moitié s'allonge et donne naissance à un ver complet. Lorsqu'une astérie est coupée en trois ou quatre pièces, chaque fragment s'accroît et finit par former une astérie nouvelle. Ces faits ont été signalés pour la première fois par Trembley qui les avait observés sur l'hydre d'eau douce.

Lorsque les crabes perdent leurs pattes, elles repoussent ; mais elles n'acquièrent plus le volume qu'elles avaient auparavant. Si vous coupez la queue d'un lézard elle se régénère parfaitement. Enfin, dans le cas de fracture des os chez les animaux mammifères, la puissance assimilatrice produit encore d'admirables effets. Les deux fragment osseux se ramollissent, se couvrent de bourgeons charnus qui se soudent ; la matière calcaire se dépose dans ce tissu vivant, et l'os se reforme d'une manière complète.

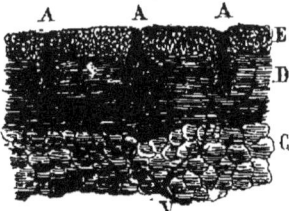

Fig. 28.

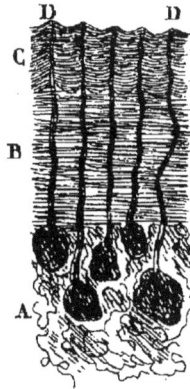

Fig. 29.

Fig. 30

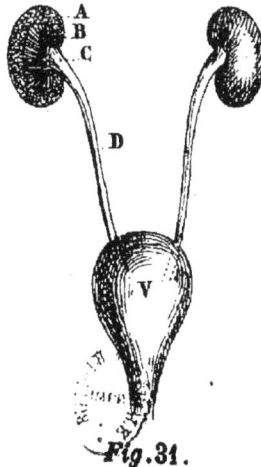

Fig. 31.

Fig. 28, coupe d'une membrane muqueuse , AAA follicules muqueux. — *Fig.* 29, coupe de la peau , A tissu cellulaire sous cutané, B derme, C épiderme, DD glandes sudoripares.— *Fig.* 30, Un fragment de la parotide vu au microscope. —*Fig.* 31, appareil de sécrétion urinaire , A substance corticale du rein. B substance rayonnée, C bassinet, D uretère, V vessie.

Questionnaire.

Qu'appelle-t-on exhalations ?

Dans quelles parties du corps s'effectuent-t-elles ?

Qu'est-ce que la résorption ?

Qu'appelle-t-on sécrétions ?

Quelle est la structure des organes sécréteurs ?

Quels sont les usages du mucus ?

Quelle est la structure de la peau ?

Qu'est-ce que la sécrétion sébacée ?

Quelle est l'importance de la transpiration cutanée ?

Quels sont les organes qui sécrètent la sueur ?

Quelle est la structure des reins ?

D'où viennent les produits sécrétés ?

Quel est le rôle des glandes dans les sécrétions ?

Qu'appelle-t-on sécrétion glucogénique ?

Qu'est-ce que la nutrition, de combien de mouvements se compose-t-elle ?

Quels sont les corps simples qui entrent dans la composition de tous les organes ?

Par quelles voies ces corps pénètrent-ils dans l'organisme ?

82

Qu'est-ce que l'absorption lymphatique?

Où se rendent les produits de l'absorption lympha-tique?

Quelle est la puissance de l'assimilation aux différents âges de la vie?

Quelle est l'action du système nerveux sur l'assimilation?

Dans quels vaisseaux s'effectue l'assimilation?

Quelle est l'influence des mouvements sur le développement des organes?

Expliquez les efforts de l'assimilation pour la réparation des plaies.

LOCOMOTION.

Fonctions de relation. — Les fonctions de relation ont pour but de mettre les animaux en rapport entre eux et avec le monde extérieur.

Ces fonctions sont divisées en deux groupes, celles qui dépendent de la sensibilité, et celles qui se rattachent au mouvement; nous parlerons d'abord de ces dernières.

Fonction de locomotion. — Les mouvements s'effectuent à l'aide de deux sortes d'organes, les organes actifs et les organes passifs. Les organes actifs sont les muscles, les organes passifs sont les os et les articulations.

Squelette. — On appelle squelette l'ensemble des os qui forment la charpente du corps. Le squelette est divisé en trois parties : la tête, le tronc et les membres.

Tête. — La tête est divisée en deux parties : le crâne et la face. Le crâne est formé de huit os, dont quatre pairs et quatre impairs. Les quatre os pairs sont les deux pariétaux qui forment les parois supérieures et latérales du crâne, et les deux temporaux qui forment la base de la région de la tempe et de l'oreille (*fig.* 33). Les quatre os impairs sont le frontal, l'occipital, le sphénoïde et l'ethmoïde.

Le frontal ferme le crâne en avant ; l'occipital est placé à la partie postérieure : il sert à l'articulation de la tête avec le cou et présente le trou occipital par lequel la moelle épinière sort du crâne. Le sphénoïde est placé à la partie inférieure du crâne et l'ethmoïde sépare le crâne des cavités nasales.

La face est formée par quatorze os, dont douze pairs et deux impairs (*fig*. 34). Les douze pairs sont : les deux nasaux qui forment la base de la partie saillante du nez ; les deux lacrymaux, placés à l'angle interne de l'œil ; les deux os malaires qui constituent les pommettes ; les deux sus-maxillaires, qui portent les dents de la mâchoire supérieure ; les deux cornets inférieurs placés dans les cavités nasales ; enfin les deux palatins qui forment la voûte du palais.

Les deux os impairs sont le vomer qui sépare les cavités nasales en deux parties, et le maxillaire inférieur articulé avec les temporaux.

On trouve aussi parmi les os de la tête un appareil osseux appelé hyoïde. L'hyoïde est formé de cinq pièces osseuses articulées entre elles et réunies au temporal par des prolongements cartilagineux. Cet os a des fonctions très-importantes : en avant il supporte la langue, et en arrière, l'appareil vocal ou le larynx.

Tronc (*fig*. 32).—Le tronc a pour base la colonne vertébrale sur laquelle sont articulées les côtes et le bassin.

Colonne vertébrale. — La colonne vertébrale se compose de trente-trois vertèbres. Les vertèbres sont formées d'un cylindre osseux, appelé corps de la vertèbre, auquel s'ajoutent deux pièces désignées sous le nom d'ailes qui, en se réunissant, circonscrivent le trou vertébral. La succession des vertèbres constitue la colonne vertébrale et l'ensemble des trous vertébraux forme le canal vertébral qui loge la moelle épinière (*fig.* 35).

Les vertèbres sont surmontées de sept éminences ou apophyses ; il y a : une apophyse épineuse, deux apophyses transverses et quatre apophyses articulaires. Les apophyses épineuses sont dirigées en arrière et forment l'épine dorsale ; les apophyses articulaires servent à l'articulation des vertèbres entre elles ; les apophyses transverses, comme l'indique leur nom, ont une direction transversale de chaque côté de la vertèbre : elles servent à l'insertion des muscles. Les corps vétébraux sont joints les uns aux autres par des disques de tissu fibreux : ils présentent de chaque côté un trou, appelé trou de conjugaison, par lequel sortent les nerfs qui naissent de la moelle épinière.

La colonne vertébrale est divisée en cinq régions : la région cervicale, la région dorsale, la région lombaire, la région sacrée et la région coccygienne.

La région cervicale est formée de sept vertèbres ; la première appelée atlas (de ατλας, montagne sur laquelle on croyait le ciel appuyé), soutient la tête ; elle est articulée avec l'occipital et sert aux mouvements d'élévation et d'abaissement de la tête sur le cou. La seconde appelée axis (de *axis*, essieu), présente l'apophyse odontoïde qui entre dans l'atlas avec lequel elle s'articule ; cette articulation permet les mouvements de rotation de la tête sur le cou.

Les vertèbres dorsales sont au nombre de douze ; elles ont deux surfaces qui servent à l'articulation des côtes.

Les vertèbres lombaires, au nombre de cinq, forment la base de la région des reins. La région sacrée comporte cinq autres vertèbres soudées en un seul os appelé sacrum.

Les vertèbres coccygiennes, au nombre de quatre, sont très-peu développées chez l'homme.

Côtes. — Les côtes sont des arcs osseux contournés sur eux-mêmes ; elles sont articulées en arrière avec les vertèbres dorsales, et prolongées en avant par des appendices cartilagineux. Il y a chez l'homme douze paires de côtes ; les sept premières sont appelées vraies côtes, ou côtes sternales, parce que leur cartilage de prolongement s'articule avec le sternum ; les cinq autres portent le nom de fausses-côtes, ou côtes asternales, parce que leurs cartilages s'appuient les uns contre les autres et ne parviennent pas jusqu'au sternum.

Le sternum est un os plat qui complète en avant la cage thoracique : en bas il est terminé par un appendice cartilagineux appelé appendice xiphoïde.

Bassin. — Inférieurement, le tronc a pour base deux os pairs, appelés os du bassin ou os coxaux. Chaque coxal se compose de trois parties : l'ilium qui sert de base à la hanche ; le pubis, qui forme en avant la ceinture du bassin ; et l'ischium qui forme la pointe de la fesse.

Au point de jonction de ces trois os se trouve la cavité cotyloïde (de κοτυλη, écuelle), qui sert à l'articulation du coxal avec le fémur.

Membres. — Ils sont au nombre de deux paires : les membres supérieurs et les membres inférieurs. Les membres supérieurs sont divisés en quatre régions : l'épaule, le bras, l'avant-bras et la main.

Épaule. — L'épaule est formée par deux os, le scapulum et la clavicule.

Le scapulum ou omoplate est un os plat, de forme triangulaire, fixé aux côtes et aux vertèbres par plusieurs plans musculaires. Sa surface externe présente une crête saillante, appelée épine de l'omoplate, terminée par la tubérosité de l'acromion, qui s'articule avec la clavicule. En dessous de cette tubérosité s'en trouve une autre appelée apophyse coracoïde, ainsi nommée parce qu'on l'a comparée à un bec de corbeau ; un peu plus bas se remarque la cavité glénoïde qui sert à l'articulation de l'épaule et du bras.

La clavicule est un os contourné en S qui joint l'épaule au sternum.

Bras. — Le bras ne renferme qu'un seul os appelé humérus, il s'articule en haut avec l'omoplate et en bas avec les deux os de l'avant-bras.

Avant-bras. — L'avant-bras est formé de deux os : le radius et le cubitus ; le premier est en dehors, le second occupe le côté interne de l'avant-bras, et forme la pointe du coude. Ces deux os sont articulés en haut avec l'humérus, en bas avec la main ; en outre le radius et le cubitus sont articulés entre eux. Dans les mouvements de supination et de pronation, c'est à dire lorsque la paume de la main est tournée vers le ciel ou vers la terre, le ra-

radius se meut sur le cubitus comme une porte sur ses gonds.

Main. — La main comprend trois régions : le carpe, le métacarpe et les doigts.

Le carpe ou poignet se compose de huit petits os, disposés sur deux rangées parallèles et articulés entre eux. Les os carpiens de la rangée supérieure sont articulés avec les os de l'avant-bras ; ceux de la rangée inférieure sont articulés avec le métacarpe. Le métacarpe est formé de cinq os appelés métacarpiens : ces os réunis par des muscles constituent la paume de la main.

Doigts. — Chaque métacarpien porte trois phalanges, qui forment les doigts ; on distingue la première, la seconde et la troisième phalange, appelées aussi par Chaussier phalange, phalangine, phalangette : celle-ci porte l'ongle. Le pouce n'a que deux phalanges.

Membres inférieurs. — Ils sont divisés en trois parties : la cuisse, la jambe et le pied.

Cuisse. — La cuisse n'a qu'un seul os appelé fémur; c'est le plus gros et le plus long des os du corps : en haut il présente une tête pour s'articuler avec le bassin ; en bas il s'articule avec la jambe : cette dernière articulation est protégée par un os appelé rotule (de *rotula*, petite roue).

Jambe. — La jambe se compose de deux os, le tibia et le péroné ; le plus important est le tibia, articulé avec le fémur et le pied ; le péroné est articulé avec le tibia et le pied.

Pied.—Le pied est divisé, comme la main, en trois ré-

gions: le tarse, le métatarse, et la région digitée. Le tarse
se compose de sept os ; les plus remarquables sont le cal-
canéum (de *calcar*, éperon), qui forme la saillie du talon,
et l'astragale, qui s'articule avec le tibia. Le métatarse
se compose de cinq os appelés métatarsiens qui offrent
la même disposition que les métacarpiens et portent chacun trois phalanges, sauf le pouce qui n'en a que deux.

Structure des os. — Les os sont formés de deux
substances : la substance compacte et la substance spongieuse.

La substance compacte ou éburnée (de *ébur*, ivoire)·
est une matière blanche très-dure, creusée d'une infinité
de petits canaux ; la substance spongieuse est composée
de fibres osseuses entrecroisées et donnant naissance à un
tissu léger et élastique.

Il y a trois espèces d'os : les os longs, les os plats
et les os courts. Les os longs sont ceux dans lesquels la
longueur l'emporte sur les autres dimensions ; ils sont
caractérisés par l'existence d'un canal médullaire qui
renferme la moelle. Tous les os longs, comme l'humérus,
sont formés d'un corps et de deux têtes ; en le sciant
dans sa longueur, on remarque au centre une cavité,
appelée étui médullaire, remplie de tissu graisseux, connu
sous le nom de moelle. Le corps de l'os est formé d'une
couche épaisse de substance compacte. Les deux têtes
sont formées de tissu spongieux, enveloppé d'une couche
mince de substance compacte (*fig.* 36).

La nature avait à résoudre ici un problème important :
il fallait renfler les os longs à leurs extrémités, sans
augmenter le poids du squelette. C'est pourquoi les têtes

osseuses sont formées de tissu spongieux recouvert d'une couche mince de tissu compact, qui joint la solidité à la légèreté.

Les os courts et les os plats sont formés également d'une couche de tissu spongieux recouvert, sur les diverses faces de l'os, par de la substance compacte.

Composition chimique des os. — Les os renferment un tiers de substance organisée et deux tiers de substance inorganique, formée de carbonate et de phosphate de chaux.

La matière organique est une trame cellulaire, qui par l'ébullition se transforme en gélatine.

Pour vérifier la composition chimique des os, on plonge ceux-ci dans de l'eau ac dulée ; la matière calcaire se dissout, et il ne reste que la trame organique qui est souple et flexible.

Si l'on prend un os et qu'on le brûle, la matière organique se consume, et l'os perd le tiers de son poids.

Formation des os. — Pour arriver à leur développement complet, les os passent par trois états : l'état muqueux, l'état cartilagineux et l'état osseux. Si l'on examine le jeune poulet dans l'œuf qui lui sert de berceau, on remarque que ses os sont transparents, mous, flexibles, et ne se composent que de matière organique : c'est l'état muqueux. Plus tard l'os devient blanchâtre, des corpuscules cartilagineux se déposent dans son intérieur : c'est l'état cartilagineux. Enfin, la matière calcaire se dépose dans le tissu cartilagineux qui passe à l'état osseux.

La matière osseuse se forme par points circonscrits appelés noyaux et l'ossification marche en s'irradiant. Il y a des os qui se développent par un seul noyau d'ossification : les pariétaux sont dans ce cas ; dans le jeune âge, on distingue parfaitement le noyau d'ossification.

La plupart des os longs se développent par trois noyaux d'ossification (*fig.* 37) : un pour le corps et un pour chaque extrémité ; les deux extrémités portent le nom d'épiphyses ; elles sont réunies au corps de l'os par du tissu cartilagineux, ce qui permet de les séparer facilement. Dans l'âge adulte, le tissu cartilagineux s'ossifie, et les épiphyses sont soudées au corps de l'os.

Développement des os. — Les os sont entourés d'une membrane fibreuse blanche, appelée périoste, qui y adhère d'une manière assez intime et a quelque importance dans leur développement. Duhamel a remarqué qu'en mêlant aux aliments des animaux une certaine quantité de garance, les os se coloraient en rouge, principalement sur leur surface. On conclut de ce fait que les os se développent de dehors en dedans et que le périoste est l'agent principal de leur formation.

M. Flourens a multiplié et confirmé les expériences de Duhamel, en plaçant sous le périoste des lames d'or et des fils de platine qui au bout d'un certain temps se sont retrouvés dans l'intérieur du corps de l'os ; il a été plus loin : il a enlevé, par une incision faite au périoste, la partie moyenne d'une côte, dont il a maintenu les extrémités à leur distance normale ; le périoste s'est enflammé, et s'est rempli d'un tissu cartilagineux au milieu duquel l'os s'est peu à peu reconstitué. Enfin les os sont creusés de trous, appelés trous nourriciers, par lesquels pénètrent des vaisseaux et des nerfs qui servent à la nutrition interstitielle du tissu osseux, et à la résorption des matériaux usés.

La nutrition des os ne s'effectue pas toujours de la même manière aux différents âges de la vie.

Dans le jeune âge, la matière organique prédomine, les os sont beaucoup plus élastiques et les fractures sont rares; dans la vieillesse au contraire, c'est la matière calcaire qui se trouve en excédant, les os deviennent secs et se brisent plus facilement.

Articulations. — On appelle articulations les points de jonction des os entre eux. Il y a trois sortes d'articulations : les articulations mobiles , les articulations fixes et les articulations mixtes.

Structure des articulations mobiles (*fig.*38).—Pour s'articuler, les os sont renflés sous forme de tête. Cette disposition augmente l'étendue des mouvements, qui sont d'autant plus grands que les surfaces articulaires sont plus larges. Les surfaces articulaires sont souvent hérissées de saillies, ou creusées d'anfractuosités qui s'engrènent réciproquement, comme les pièces d'une charnière, de manière à permettre certains mouvements à l'exclusion de tous les autres. Les surfaces articulaires sont couvertes d'une membrane cartilagineuse dont les filaments sont placés comme ceux de la trame du velours ; cette disposition contribue puissamment à amortir les pressions.

L'intérieur de l'articulation est tapissé par une membrane séreuse, appelée synoviale, qui sécrète un liquide filant, jaunâtre, appelé synovie (de συν, avec, et ωον, œuf), parce que ce liquide ressemble au blanc d'œuf; il joue

dans les articulations le même rôle que l'huile dans les
rouages de nos machines.

Enfin les os sont réunis entre eux par des ligaments.
Il y en a deux espèces : les ligaments funiculaires et les
ligaments capsulaires. Les premiers sont de véritables
cordes fibreuses, très-résistantes, placées de chaque côté
des articulations. Les ligaments capsulaires sont de simples manchons fibreux qui entourent toute l'articulation.

Les articulations jouissent d'une grande solidité, due
à la puissance des moyens d'union qui les entourent.
Cette solidité est encore augmentée par la pression
atmosphérique. En effet, les surfaces articulaires sont
tapissées d'une membrane séreuse (on se rappelle que
les séreuses sont des cavités vides), par conséquent les
surfaces articulaires sont accolées l'une contre l'autre
par la pression atmosphérique, enfin elles sont environ-
nées de muscles et de tendons qui ajoutent encore à leur
solidité.

Chaussier a donné aux articulations des noms variés,
en rapport avec les noms des os qui les forment. L'articulation du scapulum avec l'humérus porte le nom de
scapulo-humérale ; celle du coxal avec le fémur, le nom
de coxo-fémorale ; celle du fémur avec le tibia, le nom
de fémoro-tibiale, etc., etc.; toutes ces articulations permettent des mouvements étendus.

Articulations fixes. — Les articulations fixes ont encore reçu le nom de sutures : elles sont très-simples : les
os qui les forment sont hérissés de dentelures qui s'engrènent de manière à ne permettre aucun mouvement.

Celles-ci sont réunies entre elles par du tissu fibreux. Les articulations fixes se remarquent surtout au point de jonction des os du crâne ; elles donnent à cette boîte osseuse une élasticité qui tend à amortir les chocs.

Articulations mixtes. — Ces articulations se rencontrent exclusivement dans la jonction du corps des vertèbres. Les corps vertébraux sont réunis entre eux par un disque de tissu fibro-cartilagineux, formé par l'association des tissus fibreux et cartilagineux. Ces disques présentent à leur centre une pulpe blanche, éminemment élastique, qui permet aux corps vertébraux de se mouvoir légèrement les uns sur les autres. Ces articulations jouissent d'une grande solidité. Dans les efforts violents auxquels les animaux se livrent, on voit parfois une vertèbre écrasée entre deux autres, sans que les articulations du corps des vertèbres se disjoignent, à cause de la solidité de leurs moyens d'union.

Muscles. — Le système locomoteur actif se compose de muscles. Les muscles sont connus vulgairement sous le nom de chair ; ce sont les organes qui se contractent sous l'influence de la volonté et produisent tous les mouvements de notre corps.

Les muscles sont composés de fibres pleines, parallèles les unes aux autres et dont le diamètre est d'un millième de millimètre ; ces fibres présentent des renflements et des rétrécissements analogues à ceux des grains d'un chapelet ; elles sont réunies par le tissu cellulaire en faisceaux appelés faisceaux primitifs qui sont striés transversalement ; la réunion d'un grand nombre de fais-

ceaux forme un muscle. Les muscles présentent souvent
un corps et deux extrémités ; ceux des membres sont
renflés vers leur milieu et rétrécis à leurs extrémités,
qui s'insèrent sur les os.

Au point d'insertion des muscles sur les os, on remarque des crêtes saillantes, des tubérosités ou des em-
preintes digitales, qui multiplient la surface d'implantation
et lui donnent une plus grande solidité. En général les
muscles prennent leur origine sur un os et s'insèrent sur
un autre os, qui est mobile par rapport au premier. Les
insertions se font à l'aide de fibres musculaires ou le plus
souvent au moyen de cordes fibreuses appelées tendons.
Ces attaches sont d'une solidité remarquable : les tendons
confondent leurs fibres avec celles du périoste et pénètrent
même dans les anfractuosités que les os présentent à leur
surface.

Les fibres musculaires s'insèrent sur les tendons d'une
manière assez curieuse ; elles présentent à leurs extrémités « une sorte de petit moignon conique tourné du
côté du tendon. Le tendon présente, de son côté, une
petite cupule dans laquelle est reçu le faisceau primitif (1). »

Les muscles sont souvent maintenus dans la position
qu'ils occupent, par des membranes fibreuses résistantes,
appelées aponévroses. Ces membranes enveloppent principalement les muscles des membres, qu'elles protégent
dans les nombreux efforts qu'ils doivent effectuer. Le
nombre des muscles est assez considérable ; on en compte trois cent cinquante dans le corps humain.

(1) **Béclard**, *Anatomie générale*.

Contraction musculaire. — La propriété la plus remarquable de la fibre musculaire est celle de se contracter,
et de se raccourcir, pour produire le mouvement.

Après la contraction, le muscle se relâche pour entrer
en repos et, au besoin, se contracter de nouveau. Le rac-
courcissement que le muscle subit en se contractant a été
mesuré par différents auteurs : il est évalué à 1/3 ou 1/4
de la longueur des fibres qui entrent dans la composition
du muscle.

Haller a remarqué que pendant la contraction musculaire, les fibres se croisaient en zig-zag. MM. Pré-
vost et Dumas ont constaté que le sommet de l'angle de
plissement correspond à l'insertion des filets nerveux sur
les fibres musculaires ; d'un autre côté, M. Wéber assure
que les fibres musculaires sont plissées lorsqu'elles sont
relâchées et qu'elles deviennent droites pendant la contraction

La contraction musculaire est placée sous l'influence
du système nerveux ; effectivement, si on coupe le cordon
nerveux qui se rend dans un membre, celui-ci se paralyse,
complétement ; cependant l'électricité peut remplacer mo-
mentanément l'influence nerveuse ; en effet, si l'on met
en communication les deux extrémités du membre paralysé
avec les deux pôles d'un appareil électrique , les muscles
reprennent leur contraction , qui n'est plus dirigée par la
volonté.

Plusieurs physiologistes ont constaté également que le
sang exerce une influence marquée sur la contraction
musculaire l'artère qui se rend dans un membre étant
liée, celui-ci se paralyse au bout de quelques heures.

On a cherché à expliquer la contraction musculaire par l'action de courants électriques, difficiles à mettre en évidence. Si la nature de cette contraction reste obscure, il n'en est pas de même de sa source : elle émane de la volonté transmise aux muscles par les anses nerveuses, qui entourent chaque fibre musculaire.

Mécanisme des mouvements.—Les mouvements des animaux s'effectuent conformément aux principes de la mécanique ; les os sont des leviers mis en action par les muscles. Par exemple, dans la flexion de l'avant-bras sur le bras le point d'appui est dans l'articulation du bras avec l'avant-bras au point A (*fig.* 39) ; la puissance est le biceps, muscle fléchisseur, et l'application de la puissance se trouve à l'insertion de ce muscle sur l'avant-bras, au point P ; la résistance est l'avant-bras et la main qu'il faut soulever. On voit donc que la flexion de l'avant-bras sur le bras s'effectue par un levier du troisième genre ; le bras de levier de la puissance est beaucoup plus petit que celui de la résistance. C'est, en général, par un levier du troisième genre que les mouvements de flexion s'effectuent.

Dans l'extension de l'avant-bras sur le bras (*fig.* 40), le point d'appui est toujours dans l'articulation huméroradiale ; la résistance est la main qu'il faut abaisser avec l'avant-bras ; la puissance est formée par le triceps, muscle extenseur qui s'insère à la pointe du coude ; ce mouves'effectue comme la généralité des mouvements d'extension, par un levier du premier genre. Le bras de levier de la puissance est beaucoup plus court que celui de la résistance.

7

Comme on le voit, par les deux exemples que nous avons choisis pour types, les bras de levier de la puissance sont beaucoup plus courts que ceux de la résistance ; par conséquent, pour produire un mouvement, les muscles doivent développer une grande force ; mais en mécanique, ce que l'on perd en force, on le gagne en vitesse : donc en mécanique animale, tout est disposé pour favoriser la vitesse des mouvements aux dépens de la puissance que les muscles doivent déployer pour leur donner naissance. Dailleurs les muscles ne développeraient sur les os toute leur puissance que s'ils étaient insérés perpendiculairement à leur surface. Or c'est ce qui n'a jamais lieu, leurs insertions se faisant presque toujours obliquement, dans le sens même des os, d'où résulte la nécessité de développer une force plus grande pour produire les mouvements.

Les muscles fléchisseurs sont généralement plus nombreux que les extenseurs, parce qu'ils ont à vaincre le poids des organes qu'ils doivent mettre en mouvement.

Mouvements de l'homme. — L'homme est pourvu de quatre membres : les membres supérieurs portent les mains qui, sous l'influence de la volonté, servent à accomplir des actions variées, dirigées par l'intelligence ; les membres inférieurs sont terminés par les pieds, qui servent à la station bipédale.

La station est l'immobilité du corps ; elle est produite par la contraction des muscles extenseurs du cou qui maintiennent la tête droite et relevée ; les muscles extenseurs de la colonne vertébrale se contractent pour empêcher le corps de se pencher en avant, enfin ceux de la cuisse et de la jambe en maintiennent les rayons osseux et empêchent les articulations de fléchir sous le poids du corps. Les fléchisseurs se contractent également, pour faire équilibre à l'action des extenseurs et pour empêcher le corps de se renverser en arrière. Dans cette action, la verticale passant par le centre de gravité, qui correspond au milieu du bassin, tombe sur la base de sustentation formée par les deux pieds. Cette position ne peut donc subsister sans la contraction simultanée d'une foule de muscles et, lorsqu'elle se prolonge, elle produit plus de fatigue que la marche.

Marche. — Dans la marche, le centre de gravité se déplace par les oscillations du corps, de manière que la verticale passant par ce centre rencontre le pied qui s'appuie sur le sol ; à ce moment, le membre du côté opposé est projeté en avant, et le bras du même côté est porté instinctivement en arrière pour maintenir l'équilibre.

Muscles involontaires. — Outre les muscles dont nous venons de parler et qui sont rouges, on trouve dans les parois intestinales et la vessie des muscles gris, dont les fibres sont régulières, sans renflements ni rétrécissements et sans striation transversale. Ces muscles reçoivent leurs nerfs du grand sympathique et se contractent sans l'intervention de notre volonté.

Questionnaire.

Qu'appelle-t-on fonctions de relation?

Comment les divise-t-on?

Qu'appelle-t-on organes actifs et passifs de la locomotion?

Qu'est-ce que le squelette; comment le divise-t-on?

Quels sont les os qui forment le crâne?

Quels sont les os qui forment la face?

Qu'est-ce que la colonne vertébrale?

Quelle est la constitution d'une vertèbre?

En combien de régions divise-t-on la colonne vertébrale?

Combien y a-t-il de vertèbres dans chacune de ces régions?

Qu'est-ce que le canal vertébral?

Quel nom portent les deux premières vertèbres, à quels mouvements servent-elles?

Décrivez les côtes et le sternum.

Qu'est-ce que le bassin, de combien d'os se compose-t-il?

Comment se divisent les membres supérieurs?

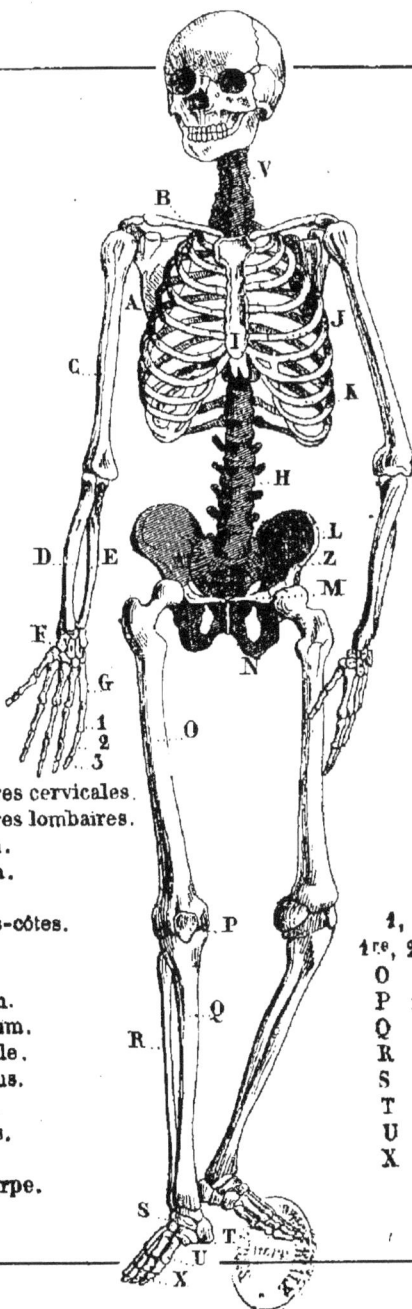

Fig. 32

V	vertèbres cervicales.
H	vertèbres lombaires.
Z	sacrum.
I	sternum.
J	côtes.
K	fausses-côtes.
L	ilium.
M	pubis.
N	ischium.
A	scapulum.
B	clavicule.
C	humérus.
D	radius.
E	cubitus.
F	carpe.
G	métacarpe.

1, 2, 3,	
1re, 2e, 3e phalange.	
O	fémur.
P	rotule.
Q	tibia.
R	péroné.
S	tarse.
T	calcanéum.
U	métatarse.
X	phalanges.

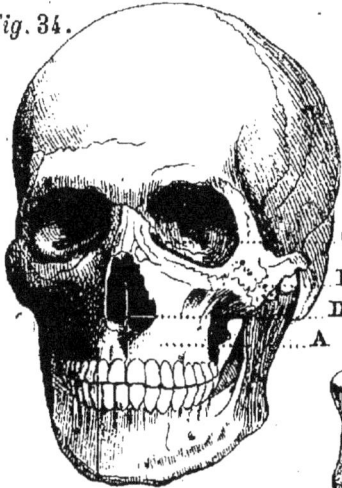

Fig. 34.

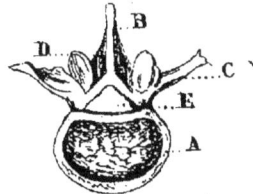

Fig. 35.

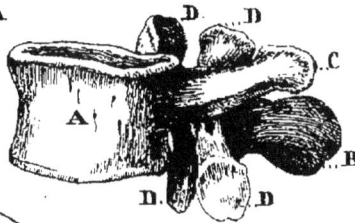

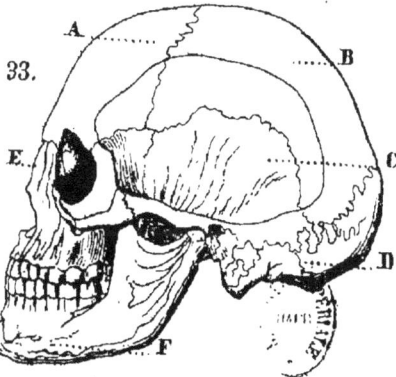

Fig. 33.

Fig. 33, A frontal, B pariétal, C temporal, D occipital, E os nasal, F maxillaire inférieur. — *Fig.* 34, A maxillaire supérieur, B os
malaire, C os lacrymal, D vomer.— *Fig.* 35, Dans ces deux figures,
A corps de la vertèbre, B apophyse épineuse, C apophyse transverse, D apophyse articulaire, E trou vertébral.

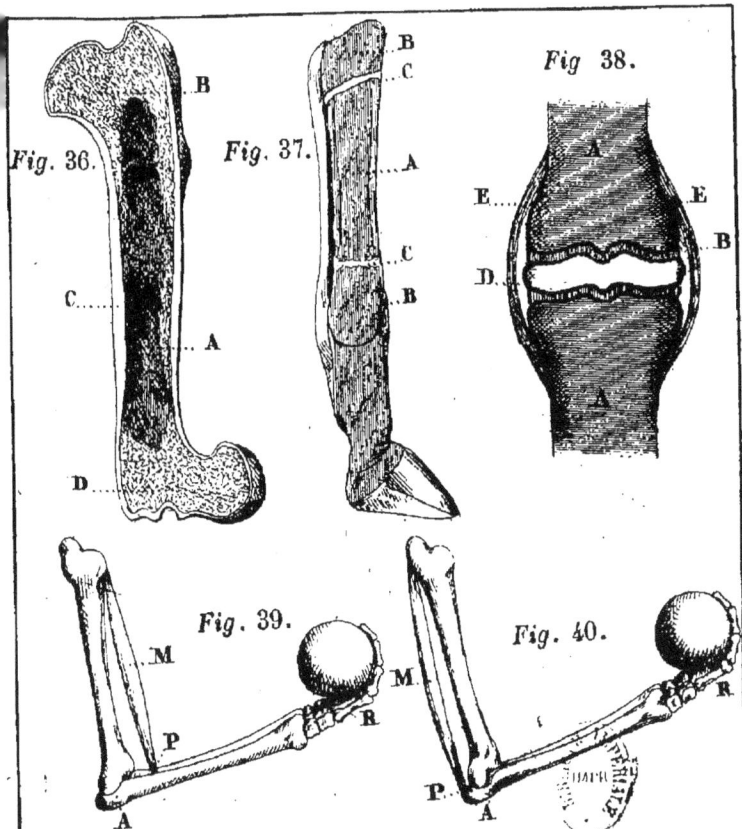

Fig. 36, humérus du cheval scié dans sa longueur ; A le canal médullaire, C la substance compacte, B, D têtes de l'humérus formées de tissu spongieux. — *Fig.* 37, pied de veau scié dans sa longueur, A corps du métacarpe, BB épiphyses jointes au corps de l'os par du tissu cartilagineux C. — *Fig.* 38, Coupe théorique d'une articulation. AA têtes osseuses, B tissu cartilagineux qui recouvre les surfaces articulaires, D membrane synoviale, EE ligaments funiculaires. — *Fig.* 39, flexion de l'avant-bras sur le bras, M. muscle fléchisseur, A point d'appui, P point d'application de la puissance, R résistance. — *Fig.* 40, Extension de l'avant-bras sur le bras, M muscle extenseur, A point d'appui, P point d'application de la puissance, R résistance.

En combien de régions divise-t-on les membres inférieurs ?

Combien entre-t-il de substances dans la formation
des os ?

Quelle est la stucture d'un os long ?

Quel est le rôle du tissu spongieux ?

Quelle est la composition chimique des os ?

Par combien d'états passent les os pour arriver à leur
développement complet ?

Qu'appelle-t-on articulations ?

Quelle est la structure des articulations mobiles ?

Qu'appelle-t-on sutures ?

Quelle est la structure des articulations mixtes ?

Qu'appelle-t-on muscles ?

Quelle est leur structure ?

Qu'appelle-t-on tendons ?

Quels sont les effets de la contraction musculaire ?

Expliquez le mécanisme des mouvements de flexion et
d'extension de l'avant-bras sur le bras.

Comment se fait la station chez l'homme ?

Expliquez la marche.

PHONATION.

Définition. — On appelle phonation (de φωνή, voix) la propriété dont jouissent certains animaux de produire des sons ou des cris. Sous ce rapport il est indispensable de diviser les animaux en deux groupes : dans le premier nous placerons ceux qui n'ont pas une respiration pulmonaire ; dans le second au contraire nous comprendrons ceux qui respirent par des poumons.

Les animaux articulés, qui sont généralement dépourvus de respiration pulmonaire, ont un squelette extérieur, et chez eux la production du son est toujours le résultat du frottement des parties dures du squelette les unes contre les autres Le cri produit dans ce cas est toujours analogue à celui que fait entendre une scie ou une lime que l'on frotte sur un morceau de fer.

La sauterelle et le grillon ont les jambes des pattes postérieures garnies d'une infinité de petites pointes dures, qui les transforment en une véritable scie (*fig.* 41). Lorsque la sauterelle crie, elle frotte par mouvements saccadés, ses jambes sur les ailes dures ou élytres qui lui recouvrent le corps, et de ce frottement résulte un bruit tout à fait analogue à celui d'une scie. Il est facile de

s'assurer de ce fait en s'approchant avec précaution des
endroits qu'elle habite ; l'observateur pourra constater
alors que dans certaines espèces, les pattes restent im-
mobiles tandis que les ailes , agitées de mouvements
rapides, frottent contre les pattes et produisent le résultat que nous avons déjà signalé.

Tout le monde connaît le criocère du lys. Ce petit
insecte rouge que l'on rencontre communément sur les
feuilles de cette plante fait entendre, lorsqu'on l'approche
de l'oreille, un bruit bien distinct qui est dû au frottement du dernier anneau de l'abdomen contre les élytres.
Dans d'autres espèces , comme les capricornes, le cri résulte du frottement du thorax sur l'abdomen au point où
ces parties s'articulent l'une avec l'autre.

Les insectes diptères, comme la mouche, dont le bour-
donnement nous incommode souvent , possèdent en
dessous de la base des ailes un curieux appareil pour la
production du son. Il consiste en deux petites écuelles
membraneuses placées l'une contre l'autre, de manière à
laisser entre elles une certaine quantité d'air (*fig.* 42).
En dessous de ces organes appelés cuillerons se trouve un
petit filament nommé balancier, terminé par un renflement qui lui donne assez bien l'aspect d'une baguette de
tambour. Lorsque la mouche vole, le balancier vibre avec
rapidité et produit en frappant sur les cuillerons un bour-
donnement analogue à celui d'un tambour qu'on entend
dans le lointain.

Chez les animaux qui ont une respiration pulmonaire
l'organe de la production du son est placé sur le trajet de
l'appareil respiratoire.

Il consiste en une boîte appelée larynx (*fig*. 43), formée par cinq cartilages, savoir : le cartilage thyroïde, qui forme la base de la saillie appelée pomme d'Adam ; le cricoïde, placé immédiatement en dessous ; les deux aryténoïdes fermant le larynx en arrière et le cartilage épiglottique qui forme la base de l'épiglotte et s'abaisse sur l'ouverture du larynx pour la fermer au moment de la déglutition.

La boîte laryngienne occupe la région de la gorge située entre le pharynx et la trachée ; elle est soutenue par l'os hyoïde sur lequel elle s'appuie.

Les cartilages du larynx sont articulés entre eux et mis en mouvement par des muscles. Parmi les muscles, il y en a deux, à peu près du volume du petit doigt, qui se trouvent dans l'intérieur du larynx. Ils sont recouverts par la muqueuse, qui tapisse l'appareil respiratoire et constituent les cordes vocales (*fig*. 44). Les cordes vocales renferment aussi du tissu fibreux jaune, élastique ; elles rétrécissent l'intérieur du larynx et laissent entre elles une ouverture connue sous le nom de *glotte*.

Quand l'air sort de la poitrine avec force, il est chassé par la trachée, traverse l'ouverture de la glotte ; là, il fait vibrer les cordes vocales et produit la voix, de même que les vibrations qui se produisent entre les lèvres, lorsqu'on les contracte, donnent naissance au sifflement.

Lorsque la voix est produite, différents organes ajoutent leur action à celle du larynx, pour lui donner soit une plus grande intensité, soit plus de netteté.

La poitrine, par exemple, joue un rôle immense dans la phonation ; son action est la même que celle des caisses sur lesquelles sont tendues les cordes des violons et des basses. Si les cordes de ces instruments étaient simplement tendues sur un planche, elles rendraient très-peu de son. Lorsqu'au contraire, on les fait vibrer sur une caisse, les vibrations se répercutent dans l'air que celle-ci contient, et acquièrent une grande intensité. Les sons sont d'autant plus aigus que la caisse est plus petite, et d'autant plus graves que la caisse est plus grande.

Chez l'homme et chez les animaux mammifères, la disposition est à peu de chose près la même.

Ce qui prouve que les vibrations sonores se répercutent dans la poitrine et que leur intensité augmente, c'est que dans les maladies graves de cet organe, la voix perd de son timbre au fur et à mesure que l'affection fait des progrès et que les poumons perdent de leur perméabilité.

L'homme jouit de la propriété d'articuler les sons avec une netteté remarquable. La langue appuyée sur l'os hyoïde joue un très-grand rôle dans la production de la voix articulée ou parole. Les cavités nasales remplissent aussi le rôle de caisse sonore ; en effet, chez les ventriloques, qui ferment l'ouverture des fosses nasales en relevant le voile du palais, on remarque que la voix perd beaucoup de son timbre. Les vibrations sonores ne retentissant plus que dans la poitrine, la voix paraît venir des profondeurs d'une cave ou de l'autre côté d'un mur. Elle présente un timbre affaibli très-caractéristique, qui augmente progressivement de force au fur et à mesure que le ventriloque rend au voile du palais la position qu'il occupe normalement.

Enfin la langue, les dents, les lèvres et la disposition

du palais, contribuent d'une manière spéciale à l'articulation des sons.

Chez les oiseaux, il y a deux larynx, un supérieur placé en arrière de la langue, l'autre inférieur situé au point de bifurcation des bronches : c'est dans ce dernier que se produit le son. En outre on observe quelquefois, chez le mâle, une dilatation très remarquable de la trachée ; aussi la voix de ces animaux est-elle beaucoup plus grave chez le mâle que chez la femelle. C'est également la différence de développement du larynx de l'homme et de la femme qui fait que chez celle-ci la voix a un timbre relativement beaucoup plus aigu.

De chaque côté du larynx : se trouve une glande assez volumineuse dont la fonction est encore inconnue, c'est la glande thyroïde, qui acquiert un volume considérable dans l'affection connue sous le nom de goître.

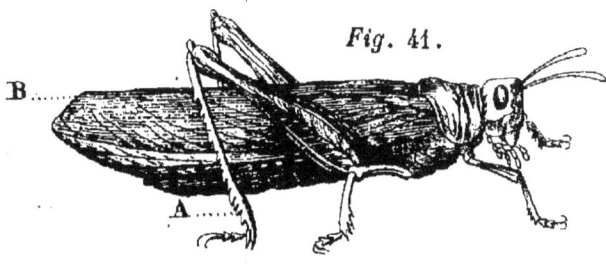

Fig. 41.

Fig. 42.

Fig. 44.

Fig. 43.

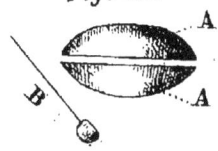

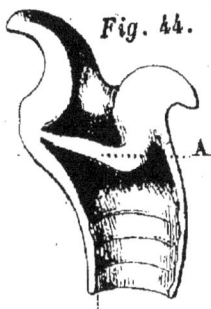

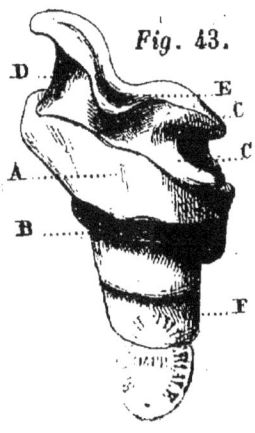

Fig. 41, A jambes du criquet, B les ailes sur lesquelles l'animal
frotte les pattes pour produire le cri. — *Fig.* 42, Appareil de la
production du son chez la mouche, AA cuillerons, B balancier. —
Fig. 43, Larynx du cheval, A cartilage thyroïde, B cricoïde,
CC aryténoïdes, D épiglotte, E ouverture du larynx, F. trachée. —
Fig. 44, Coupe du larynx du cheval, A une des cordes vocales.

Questionnaire.

Qu'est-ce que la phonation ?

Comment se produit le son chez la sauterelle et chez la mouche ?

Qu'est-ce que le larynx, quelle en est la structure ?

Qu'appelle-t-on cordes vocales ?

Expliquez la production de la voix chez les mammifères ?

Quel rôle joue la poitrine dans la phonation ?

Qu'est-ce que la parole ?

Quel est le rôle des cavités nasales, de la langue et des dents dans l'émission de la parole ?

SYSTÈME NERVEUX.

Définition — Le système nerveux est un appareil organique qui préside à toutes les fonctions. L'homme et les animaux vertébrés possèdent deux systèmes nerveux : le système nerveux cérébro-spinal, et le système nerveux grand sympathique.

Système nerveux cérébro-spinal. — Du système nerveux cérébro-spinal dépendent toutes les fonctions qui s'effectuent sous l'influence de la volonté; on l'a appelé cérébro-spinal (de *cerebrum*, cerveau, et *spina*, épine) parce que les parties principales sont le cerveau et la moelle épinière, qui est logée dans l'épine dorsale. Le système nerveux cérébro-spinal se compose de parties centrales, l'encéphale et la moelle épinière, donnant naissance à des nerfs qui se distribuent dans toutes les parties du corps (*fig.* 45).

L'encéphale (de εν, dans, κεφαλη, tête) est contenu dans la cavité du crâne; on y distingue trois parties principales : le cerveau, le cervelet, et la moelle allongée.

Cerveau (*fig.* 46). — Le cerveau est la partie la plus volumineuse de l'encéphale; il remplit toute la partie supérieure du crâne. Chez l'homme, il a la forme d'une demi-sphère plus aplatie en avant qu'en arrière ; la face supérieure est arrondie, l'inférieure au contraire est presque plate.

Le cerveau est partagé incomplètement, d'avant en arrière, en deux lobes ou hémisphères, par un sillon longitudinal, profond, appelé grande scissure du cerveau. A la base de cet organe, les deux lobes sont réunis l'un à l'autre par une couche de substance blanche appelée mésolobe ou corps calleux.

La surface extérieure du cerveau est hérissée de saillies appelées circonvolutions, qui sont séparées les unes des autres par des sillons flexueux nommés anfractuosités.

La face inférieure du cerveau repose sur le plancher de la cavité crânienne; on remarque à la partie antérieure les couches olfactives, qui donnent naissance aux nerfs olfactifs; plus en arrière, les couches optiques qui donnent naissance aux nerfs optiques ; enfin plus en arrière encore, les pédoncules cérébraux, qui concourent à la formation de la moelle allongée.

Le cerveau est formé d'un assez grand nombre de parties enchâssées les unes dans les autres, comme les pièces d'une boîte et présentant dans leur milieu trois cavités appelées ventricules cérébraux. Il y en a un au centre de chaque lobe et un médian, placé à la base du cerveau, entre les deux premiers : on le désigne sous le nom de troisième ventricule.

La substance du cerveau est blanche au centre, et grise à l'extérieur ; nous reviendrons sur ce fait en parlant de la structure du système nerveux.

Cervelet. — Le cervelet (*fig.* 46) est placé sous la partie postérieure du cerveau. Il est partagé superficiellement en trois lobes, par deux scissures peu profondes. On distingue un lobe médian peu développé chez l'homme et deux lobes latéraux.

Le cervelet ne présente pas à proprement parler de circonvolutions. Sa surface est simplement hérissée de stries parallèles, qui semblent indiquer que cet organe résulte de la juxtaposition d'une infinité de lamelles nerveuses ; il est formé de deux substances, l'une blanche au centre et l'autre grise à l'extérieur ; la substance blanche présente par rapport à la matière grise une disposition arborisée, à laquelle les anciens ont donné le nom d'arbre de vie.

Le cervelet donne naissance à deux pédoncules cérébelleux, qui concourent à la formation de la moelle allongée. A sa base il présente une cavité appelée quatrième ventricule.

Moelle allongée. — La moelle allongée est formée par deux pédoncules cérébraux, qui prennent naissance vers le milieu de la face inférieure du cerveau, et se dirigent en bas et en arrière vers le cervelet ; de ce dernier, naissent les deux pédoncules cérébelleux qui se réunissent aux deux premiers, pour former la moelle allongée ; après leur réunion, ces quatre pédoncules sont entourés par le pont de varole ou protubérance annulaire, bandelette blanche qui naît du cervelet et qui entoure la moelle allongée, à la manière d'un bracelet. La moelle allongée se dirige alors vers le trou occipital, sort du crâne, et pénètre dans le canal vertébral sous le nom de moelle épinière. Dans ce trajet, la moelle allongée donne naissance à dix paires de cordons nerveux dont nous parlerons tout à l'heure.

Le fait le plus important que nous ayons à signaler dans la structure de cet organe, est celui auquel on a donné le nom d'entrecroisement des fibres de la moelle ou décussation ; ce phénomène se remarque sur une étendue de trois centimètres environ, au point où les pédoncules cérébraux entrent dans la constitution de la moelle allongée, et pour une partie seulement des fibres qui la forment.

Moelle épinière. — La moelle épinière consiste en un long cordon blanc, cylindrique, s'étendant du trou occipital jusqu'au sacrum. Ce cordon présente deux renflements : l'un au niveau des bras, au point où prennent naissance les nerfs qui se rendent dans les membres supérieurs ; l'autre au niveau du bassin, au point où la moelle épinière donne naissance aux nerfs qui vont se distribuer dans les membres inférieurs. A son extrémité inférieure, la moelle épinière s'effile et donne naissance à une quantité assez considérable de nerfs, d'où lui est venu le nom de queue de cheval, à cause de sa ressemblance avec une queue de cheval garnie de crins. On distingue sur la moelle épinière des sillons qui indiquent que cet organe est formé de plusieurs parties accolées entre elles, comme la moelle allongée d'où elle dérive.

La moelle épinière donne naissance aux nerfs spinaux, dont nous parlerons plus loin.

Nerfs. — Les nerfs sont des cordons blancs, qui naissent du cerveau, de la moelle allongée ou de la moelle épinière, pour se distribuer dans toutes les parties du corps ; on les divise en nerfs crâniens et en nerfs spinaux.

Nerfs crâniens. — Les nerfs crâniens sont ceux qui naissent du cerveau et de la moelle allongée ; ils sortent par les différents trous dont le crâne est percé pour leur livrer passage.

Ces nerfs sont au nombre de douze paires se composant :

La 1re des nerfs *olfactifs.*

La 2me id.   *optiques.*

La 3me id.   *oculo-moteurs communs.*

La 4me id. .   *pathétiques.*

La 5me du nerf *trifacial.*

La 6me id.   *oculo-moteur externe*

La 7me du nerf *facial.*

La 8me du nerf *auditif.*

La 9me id.   *glosso-pharyngien.*

La 10me des nerfs *pneumo gastriques.*

La 11me id.   *accessoires de Willis.*

La 12me du nerf *grand hypoglosse.*

De ces douze paires, les plus remarquables sont : 1° les nerfs de la première paire ou nerfs olfactifs, qui naissent des couches olfactives, placées en avant du cerveau, traversent la lame criblée de l'ethmoïde et se distribuent dans la muqueuse qui tapisse les cavités nasales ; 2° les nerfs de la deuxième paire ou nerfs optiques ; ils naissent des couches optiques, se dirigent l'un vers l'autre et forment en s'entrecroisant le chiasma des nerfs optiques, de façon que le nerf qui naît du côté droit du cerveau se rend dans l'œil gauche et celui du côté gauche dans l'œil

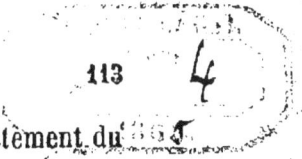

droit. Ces deux premières paires naissent directement du cerveau ; les dix autres, de la moelle allongée ; parmi ces dernières nous citerons plus particulièrement la troisième paire ou les nerfs oculo-moteurs-communs, qui se rendent dans les muscles de l'œil ; la cinquième paire ou nerf trifacial qui présente, à sa naissance, un renflement ganglionnaire, puis se divise en plusieurs rameaux, parmi lesquels on remarque le rameau maxillaire supérieur, qui se répand dans les muscles, les dents et la peau de la mâchoire supérieure ; le rameau maxillaire inférieur, qui se distribue dans les dents, les muscles et la peau de la mâchoire inférieure ; et le rameau lingual, qui se rend dans la langue pour percevoir les impressions gustatives ; enfin les nerfs de la dixième paire ou nerfs pneumo-gastriques ; ils naissent de la moelle allongée, sortent du crâne, suivent le cou de haut en bas, pénètrent dans la poitrine, fournissent des divisions au cœur et aux poumons, traversent le diaphragme et répandent leurs ramifications dans le foie et l'estomac. Ces nerfs ont des fonctions importantes ; si on les coupe, la respiration cesse et la mort se produit par asphyxie.

Nerfs spinaux. — Les nerfs spinaux proviennent de la moelle épinière : on en compte trente-et-une paires chez l'homme.

Ils naissent par une double racine : l'une antérieure, simple et motrice ; l'autre postérieure, ganglionnaire et sensitive (*fig.* 47).

Ces deux racines s'unissent, et forment des cordons nerveux qui sortent par les trous de conjugaison et vont

8

se répandre dans les muscles et la peau du cou, du tronc et des membres.

Dans leur trajet, les nerfs suivent en général la même direction que les artères, et portent quelquefois le même nom ; le nerf brachial fournit des divisions dans le membre supérieur ; le nerf fémoral, se ramifie dans la cuisse, la jambe et le pied.

Structure du système nerveux. — Les nerfs sont formés de tubes à parois minces et transparentes, remplis par un liquide blanchâtre qui se coagule à l'air libre en une masse granulée et marbrée, composée d'albumine et de matières grasses.

La moelle épinière et le cerveau sont formés eux-mêmes par une agglomération de ces tubes nerveux.

Quant à la substance grise que l'on remarque sur la surface du cerveau et du cervelet, elle provient d'un dépôt de corpuscules ou vésicules rosés qui se mêlent à la substance blanche.

Enveloppes du cerveau. — L'encéphale et la moelle épinière sont enveloppés et protégés par trois membranes, qui sont de dehors en dedans, la dure-mère, l'arachnoïde et la pie-mère.

Dure-mère. — La dure-mère est une membrane fibreuse, blanche, qui tapisse l'intérieur du crâne et du canal vertébral ; elle est unie au périoste, et présente dans le crâne des prolongements qu'il est intéressant d'examiner.

L'un de ces prolongements consiste en une lame fibreuse, blanche, qui remplit la grande scissure du cerveau et porte, à cause de sa forme, le nom de faulx du cerveau. La substance cérébrale est de consistance molle et pulpeuse ; les moindres pressions exercées sur sa surface peuvent troubler les fonctions du système nerveux.

Si le cerveau avait été d'une seule pièce, le poids de l'hémisphère gauche aurait suffi pour gêner les fonctions de l'hémisphère droit, lorsque, par exemple, l'homme est couché sur ce dernier côté. C'est donc par une sagesse providentielle que le cerveau a été divisé en deux parties, et que la grande scissure a été remplie par une lame fibreuse, fortement tendue, qui supporte au besoin le poids de l'hémisphère accidentellement placé au-dessus de l'autre.

Un autre repli circulaire, appelé tente du cervelet, sépare presque entièrement le cerveau du cervelet, et empêche les pressions du premier sur le second.

Pie-mère. — La pie-mère est la plus interne des trois enveloppes ; c'est une membrane cellulaire, d'une extrême ténuité et adhérente à la substance cérébrale.

Arachnoïde.—L'arachnoïde est une membrane séreuse à double feuillet. Elle est placée entre la dure-mère et la pie-mère, et enveloppe l'encéphale et la moelle épinière, comme le péricarde enveloppe le cœur.

Cette membrane offre un repli qui pénètre dans les quatre ventricules et les tapisse complètement; elle sécrète un liquide connu sous le nom de céphalo-rachidien, qui humecte l'intérieur des deux feuillets et facilite les déplacements du cerveau, lorsque le corps est mis en mouvement. La sécrétion exagérée de ce liquide produit l'hydrocéphale.

Fonctions du système nerveux. — Les fonctions du système nerveux s'exercent de trois manières différentes : de la circonférence au centre, du centre à la circonférence et dans le centre lui-même. Lorsque nous nous brûlons le doigt par exemple, la sensation est transmise de la circonférence au centre ; du doigt au cerveau ; c'est le premier cas. Le cerveau apprécie la nature de la sensation, et envoie aux muscles de la main l'ordre de se contracter pour échapper à l'action du corps qui la brûle ; c'est le second cas, dans lequel l'action s'exerce du centre à la circonférence. Enfin dans le centre même s'effectuent les opérations intellectuelles.

Fonctions du cerveau. — Pour étudier les fonctions du cerveau, il faut, à l'exemple de M. Flourens, ouvrir la boîte crânienne, et détruire les hémisphères, couches par couches. Les grands mammifères ne résistent pas longtemps à cette mutilation.

C'est à peine si le cheval y survit une demi-journée ; mais la poule peut résister pendant plusieurs mois.

Lorsque la destruction, est opérée la vie ne cesse pas immédiatement ; la respiration, la circulation et la digestion continuent encore pendant un certain temps ; mais l'animal a perdu l'usage de ses sens, il ne voit plus, n'entend plus, et ne sent plus ; si on le frappe, il ne cherche pas à s'enfuir. Il ne se meut plus spontanément : si on le pousse, il marche ; si on lui présente de la nourriture, il ne la prend pas ; mais si on la lui introduit dans la bouche, il l'avale machinalement. C'est ainsi que M. Flourens est arrivé à conserver pendant quelques mois des poules privées de leur cerveau.

La plupart des physiologistes admettent que la sensibilité générale n'est point anéantie par la destruction des hémisphères cérébraux ; cependant dès qu'un cheval a le cerveau enlevé, c'est à peine s'il est affecté par de profondes piqûres ou de grandes incisions pratiquées à la peau (1).

D'après ces expériences, on considère le cerveau comme l'organe centralisateur de toutes les perceptions, comme le point de départ de la volonté, enfin comme le siége de l'instinct et de l'intelligence. Aussi remarque-t-on en général, chez l'homme, que l'intelligence est d'autant plus grande que le cerveau est plus développé.

Le poids moyen du cerveau humain est de 1 kilogr. 200 grammes. Celui de Georges Cuvier pesait 1 kilogr. 856 grammes, celui de Napoléon pesait plus encore.

De savants phrénologues ont divisé le cerveau en un certain nombre de cases, qui auraient chacune leurs fonctions particulières ; ces cases, investies de fonctions spéciales, correspondraient à certaines facultés ou aptitudes, et annonceraient leur présence par des bosses plus ou moins prononcées à la surface du crâne. Ce système de localisation a été poussé très-loin par le docteur Gall et par Spurzhein. Celui-ci distingue des organes servant à la ruse, à l'orgueil, à la prudence, à la bonté, à l'imitation, au sens de la peinture, etc., etc.

Tous les physiologistes ne partagent pas cette manière

(1) Colin, P. C.

de voir; ils ont en effet remarqué qu'en détruisant le cerveau couche par couche, toutes les facultés s'éteignent peu à peu, et ne sont point par conséquent localisées dans certains points circonscrits de la masse cérébrale.

Les hémisphères cérébraux ont sur les sensations et sur les mouvements, une action croisée très-manifeste. M. Flourens a constaté que la destruction de l'hémisphère droit entraîne la perte de la vue du côté opposé. Cette action croisée est si complète que, dans le cas de lésion du cerveau, si c'est le lobe droit qui est comprimé, c'est le côté gauche du corps qui est paralysé et *vice versâ*.

Fonctions du cervelet.--M. Flourens a fait de nombreuses expériences pour arriver à la détermination des fonctions du cervelet. « J'ai supprimé, dit-il, par couches successives le cervelet d'un pigeon ; arrivé aux couches moyennes, l'animal opérait des mouvements brusques et déréglés. Placé sur le dos, il ne savait plus se relever; loin de rester calme et d'aplomb comme il arrive aux pigeons privés des lobes cérébraux, il s'agitait follement. » Ce savant physiologiste conclut de ce fait que le cervelet est l'agent coordinateur des mouvements. Le cervelet a, comme le cerveau, une action croisée très-évidente.

Fonctions de la moelle allongée. — Les fonctions de la moelle allongée sont très-complexes. Cette partie du système nerveux donne naissance à un grand nombre de nerfs, dont les plus importants sont les nerfs pneumogastriques, qui président aux fonctions digestives et respiratoires. Or, comme la respiration ne peut être longtemps interrompue sans entraîner la mort, il en résulte que la destruction de la moelle allongée, au point où naissent les nerfs pneumo-gastriques, amène en quelques minutes la mort par asphyxie.

Lorque cette destruction est opérée dans les parties centrales, la mort est foudroyante.

On rencontre, en effet, vers le milieu de cet organe un point d'une sensibilité extraordinaire, dont la lésion amène rapidement l'extinction de la vie. Si par exemple on pique le cerveau et le cervelet d'un cheval, l'animal ne meurt pas immédiatement, mais dès que l'aiguille pénètre dans la partie moyenne de la moelle allongée, le corps est saisi d'une contraction subite, les membres se raidissent et la vie s'éteint instantanément; il semble que ce soit le siége de l'âme, ce principe immatériel qui échappe à nos sens, mais qu'il serait impossible de ne pas reconnaître, lors même que la Religion ne nous en aurait pas révélé l'existence. Les physiologistes ont donné à cette partie de la moelle allongée le nom de nœud vital.

La moelle allongée est le siége de la sensibilité tactile; elle n'a pas d'action croisée comme le cerveau et le cervelet.

Fonctions de la moelle épinière. — La moelle épinière conduit au cerveau les impressions recueillies par les nerfs spinaux et leur transmet les ordres de la volonté.

Charles Bell a démontré qu'elle est formée de deux parties : l'une postérieure et sensitive ; l'autre antérieure et motrice. De plus, la moelle épinière joue parfois le rôle des centres nerveux, pour la production de certains mouvements, que l'on remarque dans le corps des suppliciés, dont la tête a été tranchée. Ces mouvements ont reçu le nom de mouvements réflexes. En effet, si l'on coupe la tête à un animal quelconque et que l'on excite les muscles du tronc avec le doigt ou avec la main armée d'une épingle ou d'un bistouri, l'excitation provoquée dans les muscles par la piqûre se transmet à la moelle épinière, qui envoie aux muscles la force dont ils ont besoin pour se contracter. Ces mouvements se font sentir pendant trente minutes sur les jeunes rats décapités. Enfin on a constaté que les mâchoires s'ouvrent encore chez les jeunes chiens vingt-deux minutes après la décapitation.

Fonctions des nerfs. — Les nerfs sont des cordons qui transmettent au cerveau les impressions qu'ils reçoivent, et aux organes dans lesquels ils se rendent les ordres de la volonté, qui émane des lobes cérébraux. On démontre facilement ces fonctions en coupant le cordon nerveux qui se rend dans un membre; on peut alors piquer celui-ci, le brûler, ou le déchirer, sans que le sujet ressente la moindre douleur, car la paralysie en est complète.

Sous le rapport de leurs fonctions, les nerfs peuvent être divisés en trois groupes : 1° les nerfs de sensibilité spéciale, qui ne sont impressionnés que par les agents spéciaux en vue desquels ils ont été créés ; ainsi le nerf optique est impressionné par la lumière, les piqûres, les brûlures et les déchirures ne manifestent point de sensibilité à sa surface; mais les rayons lumineux trop intenses lui produisent une sensation douloureuse ; les autres nerfs spéciaux sont les nerfs olfactifs, auditifs et gustatifs ; 2° les nerfs exclusivement moteurs, comme le nerf oculo-moteur externe et le nerf oculo-moteur-commun ; 3° enfin il y a des nerfs mixtes destinés à transmettre tout à la fois la sensibilité et le mouvement, comme les nerfs spinaux qui présentent à leur naissance deux racines : l'une postérieure ganglionnaire et sensitive ; l'autre motrice. Ces nerfs se distribuent dans les muscles du tronc, des membres et dans la peau qui recouvre ces parties.

Le nerf de la cinquième paire est également un nerf mixte, il présente, en sortant de la moelle allongée, un renflement ganglionnaire, et se distribue dans les muscles et la peau de la face, auxquels il donne la sensibilité et le mouvement.

Du grand sympathique. — Le grand sympathique est un système nerveux ganglionnaire, étendu de la tête au coccyx. Il est formé par une série de ganglions pairs, placés comme un chapelet de chaque côté de la colonne vertébrale, et reliés entre eux par des filets. Les filets du grand sympathique sont formés, comme ceux du système nerveux cérébro-spinal, de tubes creux remplis de matière nerveuse ; les ganglions (de γαγγλιον, renflement) de grosseur variable sont formés de tubes nerveux très-fins, enroulés en pelotes inextricables,

Pour faciliter l'étude du grand sympathique, on l'a divisé en plusieurs portions : céphalique, cervicale, thoracique et abdominale.

Portion céphalique. — Elle est formée de plusieurs ganglions dont les plus remarquables sont : le ganglion ophthalmique, le ganglion naso palatin, et le ganglion sous-maxillaire, qui sont reliés entre eux et au cordon cervical supérieur par des filets minces se rattachant au système nerveux cérébro-spinal.

Portion cervicale. — La portion cervicale est formée par le ganglion cervical supérieur placé au-dessous de l'atlas, et réuni au ganglion cervical inférieur par le cordon cervical, qui accompagne l'artère carotide et le nerf pneumo-gastrique.

Portion thoracique. — Cette partie qu'on appelle encore sous-costale par la position qu'elle occupe chez les animaux, est formée d'un cordon étendu de chaque côté de la colonne vertébrale, sous l'articulation des côtes. Ce cordon présente, au niveau de chaque côte, un ganglion qui échange de nombreux filets, par les trous de conjugaison, avec le système nerveux cérébro-spinal.

Portion abdominale. — Elle se compose de deux parties : le cordon sous-lombaire et les nerfs planchniques.

Le cordon sous-lombaire se rend dans le bassin et se distribue aux organes qu'il renferme.

Quant aux nerfs splanchniques, ils se divisent à l'infini ; l'une de ces divisions a reçu le nom de plexus-solaire, à cause de la grande quantité de rayons divergents qu'elle présente. Tous ces rameaux se distribuent aux organes contenus dans la cavité de l'abdomen.

Fonctions. — Le grand sympathique préside aux mouvement qui s'effectuent sans l'intervention de notre volonté, comme les contractions du cœur et des intestins ; il joue un grand rôle dans les fonctions nutritives et échappe par une vue providentielle, à l'action souvent irréfléchie de notre volonté.

On acquiert facilement une preuve de l'importance des fonctions du grand sympathique en coupant chez le cheval le cordon cervical d'un seul côté; quelques minutes après, la peau de la face et du cou, supérieure à la section, se couvre d'une sueur abondante parfaitement limitée sur la ligne médiane du corps.

Questionnaire.

Qu'est-ce que le système nerveux ?

Combien y a-t-il de systèmes nerveux chez l'homme et les vertébrés ?

Qu'est-ce que le systène nerveux cérébro-spinal ; de combien de parties se compose-t-il ?

Qu'est-ce que l'encéphale ?

Décrivez le cerveau, le cervelet et la moelle allongée.

Décrivez la moelle épinière.

Combien y a-t-il de nerfs crâniens ; nommez-les.

Quelles sont les paires nerveuses les plus importantes à connaître ?

Combien y a-t-il de nerfs spinaux ?

Par combien de racines prennent-ils naissance ?

Quelle est la structure du système nerveux ?

124

Par combien de membranes le cerveau et la moelle épinière sont-ils enveloppés ?

Quelles sont les fonctions de ces membranes ?

Quelles sont les fonctions du cerveau ?

Quel est le rôle du cervelet ?

Quelles sont les fonctions de la moelle allongée ?

Qu'entend-on par action croisée du cerveau ?

Quelles sont les fonctions de la moelle épinière ?

Qu'appelle-t-on mouvements réflexes ?

Qu'appelle-t-on nerfs de sensibilité spéciale ?

Qu'appelle-t-on nerfs moteurs et nerfs mixtes ? citez des exemples.

Qu'est-ce que le grand sympathique ?

Décrivez ce système nervéux.

Quelles en sont les fonctions ?

ORGANES DES SENS.

Définition. — Les organes des sens sont des appareils qui mettent les animaux en rapport avec les objets qui les environnent. L'homme et les animaux possèdent cinq sens : le toucher, la gustation, l'olfaction, la vision et l'audition.

L'exercice de chacun de ces sens comprend trois actes distincts : l'impression, la transmission et la perception.

L'impression a son siége dans les organes des sens ; la transmission s'effectue à l'aide des cordons nerveux jusqu'au cerveau, qui perçoit la nature de l'impression.

TOUCHER

Définition. — La peau qui couvre toute la surface de notre corps, jouit de la propriété de percevoir diverses impressions, celle de la chaleur et du froid par exemple ; cette sensibilité générale porte le nom de tact. Dans certains points déterminés du corps, comme la main de

l'homme, la trompe de l'éléphant, ou la lèvre supérieure
du cheval, la peau présente une structure plus délicate
qui lui permet d'acquérir des notions exactes sur l'état de
la surface et sur la forme des corps avec lesquels elle est
en contact : cette sensibilité, localisée dans un point cir-
conscrit du corps, porte le nom de toucher.

Ainsi le tact est une sensibilité générale et le toucher
est le tact localisé et perfectionné dans un organe spécial.

Pour servir à ces deux fonctions, la peau présente une
délicatesse d'organisation sur laquelle nous nous arrête-
rons quelques instants.

Structure de la peau. — La peau est formée de deux
couches : le derme et l'épiderme (*fig.* 49).

Derme. — Le derme est la couche profonde de la peau;
il est formé de fibres de tissu cellulaire entrecroisées,
comme les filaments du drap, de manière à former une
couche épaisse de un à trois millimètres, élastique,
souple, mais résistante.

Par sa face profonde le derme adhère aux organes sous-
jacents, à l'aide du tissu cellulaire ; sa face supérieure est
hérissée de papilles ou prolongements coniques très-développés, notamment à la face interne de la main, où ils
sont disposés avec une certaine régularité sous forme de
lignes parallèles. Le derme est un corps vivant, il reçoit
une quantité considérable de vaisseaux et de nerfs, qui
viennent s'épanouir, pour la plupart, à la surface des
papilles dermiques, sous formes d'anses réunies les unes
aux autres.

Épiderme. — L'épiderme couvre le derme ; il ne

renferme ni vaisseaux ni nerfs, ce n'est donc pas un corps vivant, c'est un produit de sécrétion, formé par la surface du derme, sous la forme de cellules remplies de liquide ; au fur et à mesure que de nouvelles cellules se forment, les plus anciennes s'élèvent progresssivement ; le liquide qu'elles contenaient s'évapore, les cellules s'aplatissent et finissent par se transformer en petites écailles ou squames blanches qui se détachent successivement du corps, comme cela se remarque surtout à la surface de la tête, et sur toutes les parties qui ne sont pas lavées journellement.

Il y a donc, commé on le voit, une différence très-grande entre la disposition des cellules profondes et des cellules superficielles, qui forment l'épiderme. Frappé de ce fait, Malpighi a cru reconnaître dans la structure de la peau trois couches distinctes : le derme, le corps muqueux, et l'épiderme formé par les cellules desséchées. Il avait établi cette distinction en observant l'épiderme de la peau des nègres, dont les cellules épidermiques les plus profondes présentent une coloration noire très-manifeste, due au dépôt d'un pigment noir, extrait du sang et déposé dans l'intérieur des cellules au moment de leur formation.

Les anatomistes modernes ont étudié de nouveau la question et l'on convient généralement aujourd'hui que la peau ne renferme que deux couches : le derme et l'épiderme ; le corps muqueux de Malpighi qui renferme le pigment n'étant autre chose que la couche la plus profonde des cellules épidermiques remplies de liquide.

Le derme mélangée avec l'écorce du chêne, se combine

avec le tannin et forme le cuir ; soumise à l'ébullition , cette membrane se transforme complètement en gélatine ; aussi, dans les mégisseries, recueille-t-on avec soin les débris de peau qui sont employés à la préparation de la colle-forte.

Les papilles dermiques sont plus développées à la face interne de la main et à la plante des pieds que dans toutes les autres parties du corps ; ces saillies, couvertes à leur surface par un grand nombre de filaments nerveux , constituent autant de sentinelles avancées qui nous rendent un compte exact de la nature des objets que nous touchons.

Les nerfs qui se rendent dans la peau du tronc et des mains viennent de la moelle épinière ; les impressions perçues sont transmises, par ces cordons nerveux et par la moelle épinière, jusqu'au cerveau , qui apprécie la nature de la sensation.

La main est admirablement conformée pour le toucher; elle est formée d'un grand nombre de petits os articulés et mis en mouvement par des muscles , de manière que cet organe modifie sa forme et se moule pour ainsi dire sur les objets dont nous désirons connaître les qualités extérieures.

Modification de la sécrétion épidermique. — Formation des cheveux et de la corne (*fig.* 50).— Les cheveux sont le résultat d'une modification de la sécrétion épidermique. Aux différents points où la peau doit donner naissance à un poil, elle présente une cavité en cul-de-sac, qui pénètre jusque dans les parties les plus profondes du derme ; au fond de cette cavité, appelée follicule pileux, se remarque une papille conique présentant la même

organisation que les papilles dermiques. Cette papille
sécrète le poil comme les papilles dermiques sécrètent
l'épiderme.

Le poil serait donc formé de cellules épidermiques
accolées ; le fait est qu'on y distingue deux parties :
une substance médullaire , qui correspond aux cellules
épidermiques les plus profondes , et une couche superficielle qui tient lieu de l'épiderme desséché. Le poil
présente à sa base une cavité conique à l'aide de laquelle
il s'implante sur la papille qui le sécrète ; l'extrémité libre
sort du tube ou follicule pileux, dans l'intérieur duquel on
remarque une ou plusieurs glandes sébacées , qui graissent les cheveux.

La grosseur et la souplesse des poils dépendent du
volume des follicules pileux, de l'épaisseur de la peau,
du tempérament des animaux et de la température sous
laquelle ils vivent. Pendant l'hiver, le poil est plus gros
que pendant l'été. Ces observations ont permis à l'homme
de devenir le rival de la nature en modifiant, à son pro-
fit, certaines espèces animales. C'est ainsi, par exemple ,
qu'en maintenant dans des écuries chaudes diverses races
de moutons , l'on est arrivé, dans certaines contrées fa-
vorisées déjà par leur climat, à obtenir des laines d'une
grande finesse, avec lesquelles on fabrique de fort beaux
tissus.

Les ongles et les cornes se forment à peu près de la
même manière que les poils ; seulement les papilles sont
placées les unes à côté des autres dans une même cavité ce qui permet aux produits de leur sécrétion de se
souder au moment de leur formation.

9

Questionnaire.

Qu'appelle-t-on tact ?

Qu'appelle-t-on toucher ?

Quelle est la structure de la peau ?

Quels sont les nerfs qui servent à l'exercice du toucher ?

Comment se forment les cheveux ?

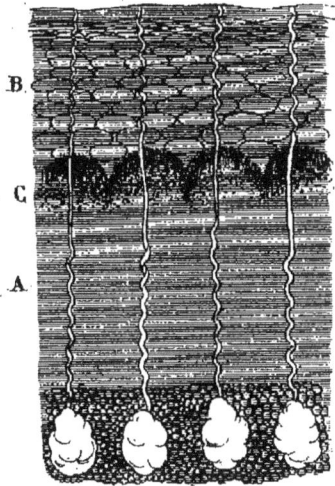

Fig. 49.

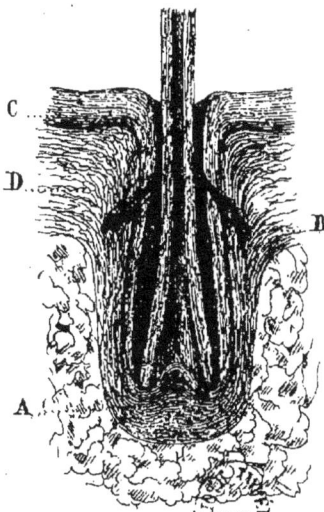

Fig. 50.

Fig. 49, Structure de la peau, **A** derme, **B** épiderme, **C** papilles dermiques — *Fig.* 50, **A** papille qui sécrète le poil, **B** glande sébacée, **D** derme, **C** épiderme.

GUSTATION

————— ◆◆◆ —————

Définition. — La gustation est la faculté de percevoir les saveurs. Ce sens important a son siége à la surface de la langue et de la membrane muqueuse qui tapisse la bouche.

La langue est un organe musculaire implanté sur l'os hyoïde, qui lui donne une certaine fixité, en même temps qu'il la met en mouvement. Elle est recouverte par une membrane muqueuse, qui offre une grande analogie de structure avec la peau. Effectivement, le derme de la membrane muqueuse qui couvre la langue, est hérissé de papilles qui ont l'aspect de points saillants ou de petits boutons rougeâtres, appelés papilles gustatives. A la surface des papilles, l'épithélium de la membrane muqueuse s'amincit considérablement, et facilite ainsi la pénétration des substances sapides et leur contact avec les rameaux nerveux.

Les papilles gustatives renferment, comme les papilles dermiques, une quantité considérable de cordons nerveux provenant du rameau lingual de la cinquième paire et du glosso-pharyngien, ou nerf de la neuvième paire encépha_lique. Les auteurs ne sont pas encore parfaitement d'accord sur les fonctions de ces nerfs ; les expériences de Magendie prouvent que le rameau lingual de la cinquième paire sert aux fonctions gustatives. Cette opinion paraît rationnelle, le rameau lingual se distribuant dans les parties antérieures de la langue où les papilles gustatives sont plus nombreuses. Cependant, d'autres expérimentateurs prétendent que le glosso-pharyngien est chargé de percevoir les saveurs; il est donc probable que ces deux nerfs concourent à l'exercice de cette fonction.

Les matières qui produisent les saveurs sont peu connues ; pour qu'une substance soit sapide, il faut qu'elle soit soluble dans l'eau ou dans la salive. Ces matières solubles pénètrent avec facilité l'épithélium de la muqueuse, et se mettent en contact avec les rameaux des nerfs gustatifs qui transmettent au cerveau les impressions qu'ils ont reçues.

Enfin, l'exercice de cette fonction est intimement liée à celle de l'odorat, car il suffit souvent de se boucher le nez, pour que la saveur d'un aliment passe inaperçue. On peut faire usage de ce moyen, lorsqu'on est obligé d'avaler des médicaments qui vous répugnent, comme l'huile de foie de morue par exemple. La sensation gustative disparaît alors complètement et reprend son empire dès que les narines livrent passage à l'air. On peut observer le même phénomène, lorsqu'on est enrhumé du cerveau ; les cavités nasales sont bouchées par le gonflement, qui est le résultat de l'inflammation, et par la sécrétion exagérée du mucus; dans ce cas, les aliments paraissent dépourvus de saveur.

Le sens du goût est très développé chez les animaux qui vivent à l'état sauvage ; il est moins parfait chez ceux qui sont réduits à l'état de domesticité. Le goût se pervertit quelquefois d'une singulière façon ; ainsi l'on voit les animaux herbivores, comme le cheval, manger de la terre, et le bœuf rechercher avec avidité de la viande crue, comme nous en avons été témoin dans quelques cas.

Questionnaire.

Qu'est-ce que la gustation ?

Dans quelles parties du corps s'effectue la gustation ?

Qu'appelle-t-on papilles gustatives ; quelle est leur structure ?

Quels sont les nerfs de la gustation ?

Quelle relation existe-t-il entre le sens de la gustation et de l'olfaction ?

OLFACTION.

Définition — L'olfaction est la faculté de percevoir les odeurs contenues dans des huiles essentielles volatiles, que les corps odorants dégagent dans l'atmosphère.

L'olfaction a son siége dans les cavités nasales. Les cavités nasales sont des anfractuosités osseuses formées, en avant par les os nasaux, lacrymaux et sus-maxillaires ; en bas par les os palatins, en haut par le frontal, et en arrière par le sphénoïde et l'ethmoïde. Elles sont divisées, d'avant en arrière, en deux parties égales par le vomer. Les cavités nasales renferment, de chaque côté, trois lames osseuses repliées sur elles-mêmes, comme des cornets de papier, d'où leur est venu par analogie le nom de cornets. Les cornets sont distingués, suivant la position qu'ils occupent, en cornets supérieurs, moyens et inférieurs ; les deux premiers sont formés de lames osseuses appartenant à l'os ethmoïde ; le troisième est un os particulier, que nous avons signalé sous le nom de cornet inférieur (*fig.*51). L'ensemble de cet appareil osseux est prolongé en avant par des appendices cartilagineux qui, recouverts de peau, forment la partie mobile du nez et les ouvertures connues, chez l'homme sous le nom de narines, et de naseaux, chez les animaux.

Cet appareil diverticulé est recouvert intérieurement, dans toutes ses parties, d'une membrane muqueuse, épaisse, très-vasculaire et garnie à sa surface de cils vibratiles et de prolongements ou papilles, qui lui donnent un aspect velouté ; cette membrane a reçu le nom de pituitaire.

Les nerfs olfactifs naissent des couches olfactives, placées en avant de la face inférieure du cerveau. Ces nerfs passent comme dans un écumoir au travers des trous de la lame criblée de l'ethmoïde, et vont se répandre dans la muqueuse pituitaire, qui est toujours enduite d'un mucus abondant et constamment lubréfiée par les larmes qu'amène dans le nez le canal nasal. Cet appareil parfaitement disposé pour percevoir les odeurs, est placé sur le trajet de l'appareil respiratoire ; l'air que nous respirons traverse les cavités nasales avant de se rendre dans le pharynx, baigne tous les replis anfractueux des cornets et impressionne les cordons des nerfs olfactifs, qui transmettent au cerveau les impressions qu'ils ont reçues. `

Il est probable que dans cette action, les odeurs se mélangent au mucus nasal pour se mettre plus facilement en contact avec la pituitaire.

L'organe par lequel s'exerce l'odorat devait être placé au-dessus de la bouche pour nous donner certaines notions sur la nature bonne ou mauvaise de nos aliments.

Les animaux ont les cavités nasales beaucoup plus développées que l'homme et la faculté de sentir est chez eux beaucoup plus parfaite. L'homme ne sent pas un éléphant à dix mètres de distance, tandis que ce dernier, quand il

est placé sous le vent , nous sent à plus de cent mètres ;
le chien flaire également le gibier à de grandes distances.
Les animaux sauvages , guidés par un instinct supérieur
à celui que nous possédons , supérieur aussi à celui que
nous remarquons dans les espèces réduites à l'état de
domesticité, distinguent très-bien à leur odeur les plantes
alimentaires des végétaux vénéneux.

Lorsque les animaux pâturent , ils laissent le plus souvent intactes les parties de terrain où se trouvent des
plantes vénéneuses, comme les renoncules par exemple ;
tandis que les vaches qui ne quittent pas l'étable ne distinguent pas les végétaux vénéneux et peuvent être empoisonnées par les renoncules , comme nous en avons
recueilli plusieurs exemples.

Il n'en est pas de même des chevaux , qui évitent avec
soin de toucher au colchique d'automne , très-répandu
dans les foins des prairies basses et humides.

C'est surtout chez les animaux carnivores que la faculté
de sentir est très-développée : leurs cornets sont plus
vastes, plus diverticulés, c'est-à-dire repliés un plus
grand nombre de fois sur eux-mêmes , ce qui explique la
facilité avec laquelle les chiens éventent le gibier à une
grande distance. Nous devons ajouter du reste , pour
compléter nos observations , que chez le chien le sens de
l'odorat se développe par un dressage bien dirigé. Si, par
exemple, on laisse courir un chien dans la campagne, il
cherche en courant çà et là et en se plaçant le nez contre
terre ; si, au contraire, on le force à se tenir près de
soi, dans son impatience de découvrir le gibier, il lève le
nez et aspire l'air, qui lui en apporte de loin les émana-

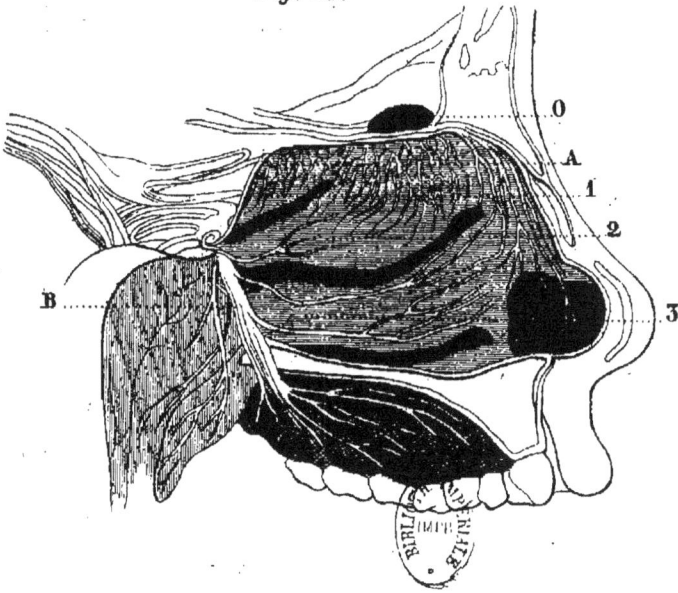

Fig. 51.

Fig. 51, Coupe des cavités nasales de l'homme. 1 cornet supérieur, 2 cornet moyen, 3 cornet inférieur. A les rameaux olfactifs, B branche de la cinquième paire qui envoie ses divisions dans le nez et le palais, O couche olfactive.

tions ; dans ce cas l'olfaction se développe par l'éducation et acquiert une grande délicatesse.

Enfin pour terminer, nous ajouterons que les couches olfactives sont également beaucoup plus développées chez les animaux que chez l'homme ; elles forment souvent des parties presque séparées du cerveau, que l'on désigne sous le nom de lobes olfactifs. Chez les poissons, l'olfaction s'effectue principalement par l'intermédiaire de l'eau qui pénètre dans les cavités nasales.

Questionnaire.

Qu'est-ce que l'olfaction ?

Quelle est la structure des cavités nasales ?

Qu'appelle-t-on cornets ?

Quels sont les nerfs qui se rendent dans les cavités nasales ?

VISION

Définition. — Le sens de la vue a pour organes les yeux. L'œil est composé de parties essentielles et accessoires; l'organe essentiel est le globe de l'œil; les organes accessoires sont l'orbite, les muscles de l'œil, les paupières et l'appareil sécréteur des larmes.

Globe oculaire. — Le globe de l'œil est formé de membranes et de milieux. Les membranes sont la sclérotique, la cornée transparente, la choroïde, la rétine et l'iris (*fig. 52*).

Sclérotique, appelée également **cornée opaque.** — La sclérotique est une membrane fibreuse, blanche, qui enveloppe les trois quarts du globe de l'œil. Elle est percée de deux ouvertures: l'une en avant, dans laquelle s'enchasse la cornée transparente; l'autre en arrière, par laquelle pénètre le nerf optique.

Cornée transparente. — La cornée transparente ou cornée lucide, ferme en avant le globe oculaire; elle est taillée en biseau sur son contour, pour s'enchâsser dans la sclérotique: cette membrane, d'une lucidité parfaite, laisse voir, par transparence, la couleur de l'iris. La cornée transparente est formée de plusieurs feuillets membra-

neux, unis les uns aux autres par le tissu cellulaire ;
cette disposition spéciale donne à cette enveloppe protectrice une résistance dont nous parlerons plus tard.

Choroïde. — A la face interne de la sclérotique se
trouve la choroïde, membrane formée de tissu cellulaire
et de vaisseaux enduits de matière noire, appelée pigment
choroïdien. En avant, la choroïde présente des prolongements appelés procès ciliaires, qui maintiennent le cristallin dans le milieu de l'œil. Chez les animaux, la
choroïde est dépourvue de pigment dans le fond de l'œil ;
elle présente dans cette partie une surface brillante et
nacrée appelée tapis ou tapetum, qui donne aux yeux des
chats un éclat resplendissant dans l'obscurité.

Le pigment choroïdien a pour but d'absorber les rayons
lumineux qui gêneraient la netteté de la vision, s'ils
étaient réfléchis dans l'intérieur de l'organe.

Ce pigment fait entièrement défaut dans les yeux des
albinos et des lapins blancs, qui paraissent rouges, parce
que l'on aperçoit par transparence la couleur du sang
qui circule dans les vaisseaux de l'iris et de la choroïde.

Rétine. — La rétine est une membrane mince, blanchâtre, facile à déchirer, qui se trouve à la face interne
de la choroïde : elle résulte de l'épanouissement du nerf
optique.

Iris. — L'iris est un diaphragme placé derrière la cornée
transparente, c'est l'iris qui donne à l'œil sa coloration
bleue ou noire ; il est percé d'une ouverture appelée
pupille, qui permet l'introduction des rayons lumineux
dans l'intérieur de l'œil.

L'iris renferme des fibres musculaires qui lui donnent la propriété de se dilater ou de se contracter ; ces mouvements produisent le resserrement ou la dilatation de l'ouverture pupillaire, qui permet l'introduction dans l'œil d'une quantité plus grande de rayons lumineux. Pendant le jour, la pupille se resserre ; le soir, elle se dilate et les rayons lumineux pénètrent dans l'œil en quantité beaucoup plus grande. Quand nous descendons dans une cave obscure, nous ne distinguons d'abord rien de ce qu'elle renferme, mais quelques instants après, la pupille se dilate, une grande quantité de rayons lumineux la traverse et facilite la vision.

Milieux de l'œil. — Les milieux de l'œil sont au nombre de trois : l'humeur aqueuse, le cristallin, et l'humeur vitrée.

Humeur aqueuse. — L'humeur aqueuse est un liquide analogue à l'eau, qui remplit la chambre antérieure et la chambre postérieure de l'œil ; la chambre antérieure est l'espace compris entre la cornée transparente et l'iris ; la chambre postérieure est l'espace compris entre l'iris et le cristallin.

L'humeur aqueuse est sécrétée par une membrane appelée membrane de l'humeur aqueuse ; dans le cas de blessure simple, n'affectant que la chambre antérieure de l'œil, l'humeur acqueuse s'écoule, la blessure se ferme, le liquide est sécrété de nouveau, et l'œil peut reprendre ses fonctions comme auparavant.

Cristallin. — Le cristallin est une lentille bi-convexe dont la convexité est plus forte en arrière qu'en avant. Ce corps est formé de couches de consistance gélatineuse, d'autant plus denses qu'elles approchent davantage du centre. Il est enveloppé d'une membrane appelée capsule cristalline et se trouve maintenu, dans le milieu de l'œil, par les replis de la choroïde, appelés procès ciliaires.

Humeur vitrée. — L'humeur vitrée remplit tout l'espace compris entre le cristallin et la rétine. Elle est aussi connue sous le nom de corps hyaloïde, parce qu'on l'a comparée à du verre fondu. Ce corps, d'une transparence admirable, est formé par un liquide clair, enfermé dans des mailles très-fines de tissu cellulaire, qui lui donnent une consistance semi-fluide.

Organes accessoires. — **Orbites.** — L'orbite est une cavité conique formée par les os du crâne et de la face : ce sont le frontal, le sphénoïde, le lacrymal, l'os malaire, et le maxillaire supérieur. Dans le fond de cette cavité osseuse se trouvent plusieurs ouvertures, par lesquelles passent les nerfs optiques, et les cordons nerveux, qui se répandent dans les muscles de l'œil.

Muscles. — Les muscles sont au nombre de six : quatre droits et deux obliques; les quatre muscles droits prennent leur origine au fond de l'orbite et viennent directement s'insérer sur la sclérotique ; lorsqu'ils se contractent, ils font légèrement rentrer l'œil dans l'orbite et le font mouvoir de haut en bas, de bas en haut et de droite à gauche.

Les muscles obliques font tourner l'œil sur lui-même : l'un d'eux prend naissance dans le fond de l'orbite, se dirige de dehors en dedans, glisse sur une poulie cartilagineuse appelée trochlée, d'où lui est venu le nom de muscle trochléateur, puis se dirige de dedans en dehors et s'insère sur la sclérotique ; ce muscle est un des exemples les plus curieux de l'application des lois de la mécanique à la construction des animaux ; la trochlée change la direction de la force, comme la poulie d'un puits.

Paupières. — Les paupières sont des replis cutanés, qui protégent les yeux et nettoient constamment la cornée transparente. A l'endroit où la peau franchit l'arcade orbitaire, elle présente un bourrelet saillant garni de poils appelés sourcils, qui arrêtent les corps étrangers dont la chûte de haut en bas pourrait blesser l'œil. Les paupières elles-mêmes sont garnies de poils appelés cils, qui s'opposent également à l'entrée des corps étrangers. Elles sont munies sur leurs bords libres d'une petite lame cartilagineuse, appelée cartilage tarse, qui remplit le rôle de baguette de rideau, et les maintient parfaitement appliquées sur le bord de l'œil.

Les paupières sont réunies au globe oculaire par une membrane muqueuse appelée conjonctive. Enfin leurs bords sont garnis d'une infinité de petites glandes tubuleuses, appelées glandules de Méïbonius, qui sécrètent une matière jaunâtre, cireuse, s'opposant à l'écoulement des larmes sur la peau de la face.

Appareil sécréteur des larmes (*fig* 54). — Il consiste en une petite glande conglomérée, de couleur gris-rosé, qui est placée à la partie supérieure de l'orbite, à l'angle externe de l'œil. La glande lacrymale donne naissance à sept petits canaux, qui traversent la conjonctive et versent constamment les larmes à la surface du globe oculaire.

Le mouvement des paupières étend les larmes sur la surface de l'œil et nettoie à chaque instant la cornée

lucide qui, par ce mécanisme providentiel, conserve toujours une transparence parfaite.

Les larmes se dirigent par leur propre poids vers l'angle
interne de l'œil, qui est placé sur un plan plus inférieur
que l'angle externe ; à l'angle interne de l'œil se mon-
tre un renflement de la conjonctive, une sorte de petit
bouton, appelé caroncule lacrymale, de chaque côté duquel se trouve une petite ouverture appelée point lacrymal qui donne naissance au canal lacrymal.

Les canaux lacrymaux se rendent dans le réservoir
lacrymal, duquel naît le canal nasal ; celui-ci traverse
les os du nez et verse les larmes dans les cavités nasales.

Sous l'influence de vives émotions, la sécrétion des
larmes devient si abondante que ne pouvant s'engager
dans les canaux lacrymaux, elles s'écoulent sur la face.

Organe très-important, l'œil a été protégé d'une manière spéciale; la saillie des orbites, les sourcils, les paupières et les cils s'opposent à la pénétration des corps
étrangers ; lorsque la cornée transparente reçoit un choc,
le premier feuillet de cette membrane glisse sur le second, le second sur le troisième, et ainsi de suite, d'où
résulte un amortissement considérable de la force qui tend
à percer le globe oculaire.

Enfin l'œil repose sur un coussinet graisseux, qui lui
donne une grande mobilité et le fait fuir sous le choc
susceptible de le crever ou de le blesser grièvement.

Fonctions de l'œil (1). — L'œil est un véritable
appareil d'optique, dans lequel les rayons lumineux

(1) Extrait du cours de physique de M. Nicollet.

suivent une marche analogue à celle qu'ils observent en traversant les lentilles.

Considérons par exemple un objet AB placé à une certaine distance. Le faisceau de lumière émis par le point A peut être divisé en trois parties : 1° une portion des rayons qui le composent tombe sur la sclérotique et est réfléchie ; 2° une partie des rayons qui traversent la cornée transparente est arrêtée par l'iris ; 3° enfin la partie centrale du faisceau, après avoir éprouvé un commencement de convergence, en se réfractant à travers la cornée transparente et l'humeur aqueuse, entre par l'ouverture pupillaire, tombe sur le cristallin, est réfractée par lui comme par une lentille bi-convexe et vient, après avoir éprouvé une dernière réfraction dans l'humeur vitrée, se concentrer définitivement au point A', sur la rétine (f. 53). Les rayons partis du point B se comportent de la même manière et viennent se concentrer au point B' en formant une image renversée sur la rétine, qui transmet au cerveau, par les nerfs optiques, l'impression qu'elle a reçue.

On démontre facilement la formation de l'image renversée dans le fond de l'œil, en prenant un œil de lapin blanc, dont la sclérotique est à peu près transparente et en plaçant devant la cornée un objet fortement éclairé, on voit alors l'image renversée se peindre sur la rétine.

Distance de la vision distincte. — Pour que nous distinguions nettement un objet, il faut que l'image se forme sur la rétine, et, pour arriver à ce résultat, l'objet que l'on regarde doit être placé à une certaine distance appelée *distance de la vision distincte ;* elle est de vingt à vingt-cinq centimètres pour les bonnes vues.

Cependant, on peut voir nettement des objets placés plus près ou plus loin ; mais dans ce cas, les muscles de l'œil se contractent changent la forme de cet organe, raccourcissent ou allongent son diamètre, comme cela se pratique avec une lunette de théâtre. L'œil peut alors distinguer avec une certaine netteté des objets même assez éloignés.

On acquiert une preuve des changements qui s'opèrent dans l'intérieur de l'œil, par la fatigue que l'on ressent dans cet organe, lorsqu'on fixe, pendant un certain temps un objet placé à une assez grande distance.

L'œil est sujet à deux imperfections qu'on appelle presbytisme et myopie.

Presbytisme. — Chez les presbytes, lorsque les objets sont très-rapprochés de l'œil, l'image tend à se former derrière la rétine, ce qui rend la vision confuse ; les presbytes distinguent parfaitement, au contraire, les objets éloignés. Le presbytisme se rencontre fréquemment chez les vieillards ; on l'attribue à la diminution d'épaisseur du cristallin ; il peut être occasionné aussi par un léger aplatissement de l'œil, qui fait que la rétine se rapproche du cristallin. On remédie à ce défaut par l'emploi de lunettes, dont les verres représentent une lentille bi-convexe ; celle-ci augmente la convergence des rayons lumineux, et fait arriver l'image sur la rétine.

Myopie. — Les myopes, au contraire, ne distinguent nettement que les objets très-rapprochés ; chez eux l'image tend à se former en avant de la rétine. On attribue la myopie à une trop grande convexité de la cornée trans-

10

parente et du cristallin ; elle peut résulter aussi de ce que l'œil étant trop volumineux , la distance de la rétine au cristallin est trop grande.

Pour suppléer à cette imperfection , les myopes se servent de lunettes à verres concaves, qui augmentent la divergence des rayons lumineux et ramènent l'image sur la rétine.

Unité de l'impression produite dans les deux yeux. — L'objet que nous regardons imprime son image sur les deux yeux; il y a donc deux images, et cependant, elles ne produisent qu'une seule et même impression. Cette unité visuelle , facile à prouver, tient à une combinaison remarquable dans les axes des yeux. En effet , il suffit de loucher, c'est-à-dire de modifier la relation normale des axes, pour que l'objet que nous regardons produise deux images; on peut encore le démontrer, en plaçant la pointe du doigt entre l'œil et l'orbite ; l'axe de l'un de ces organes se trouve déplacé par rapport à l'autre, et immédiatement il y a double vision.

Angle optique. — On appelle angle optique , l'angle formé par les axes optiques des deux yeux, lorsqu'ils sont dirigés vers un même point. Lorsque ce point s'éloigne, l'angle optique diminue ; il augmente au contraire quand le point se rapproche.

Estimatoin des distances. — Objets rapprochés.— C'est principalement par la grandeur de l'angle optique que nous jugeons de la distance des objets. La comparaison que nous établissons, à chaque instant, entre le degré de convergence des axes des yeux, et la distance des objets, dont la connaissance nous est donnée par le sens du

toucher, fait que , par suite d'une longue habitude , la
conscience des mouvements que nous sommes obligés
d'imprimer à ces axes pour les fixer sur un point donné,
suffit pour nous faire juger de la distance de ce point.
Quand l'enfant en bas-âge commence à percevoir la lumière, tous les objets se trouvent pour lui sur le même
plan; aussi le voit-on tendre la main pour saisir des objets
hors de sa portée tandis qu'il l'avance au-delà de ceux
dont il est très-rapproché.

Objets éloignés. — Quand les objets sont très-éloi-
gnés, l'appréciation de leur distance devient plus incer-
taine, parce que les axes des yeux ne changent plus
sensiblement de position. Nous apprécions alors la distance des objets par l'intensité plus ou moins grande de
la lumière qu'ils projettent, ou le plus ou moins de netteté
avec laquelle nous distinguons leurs diverses parties. C'est
ainsi qu'un objet éloigné paraît plus éloigné encore quand
on le regarde à travers un verre bleu qui en diminue
l'éclat.

Par la même raison , de deux lumières vues pendant la
nuit, la plus éloignée semble la plus rapprochée, pourvu,
toutefois, qu'elle soit la plus brillante.

Les peintres ont soin de donner moins de netteté au
dessin des objets qu'ils veulent faire paraître à une grande
distance.

Les objets interposés jouent aussi un grand rôle dans
l'évaluation des distances : plus ils sont nombreux, plus
la distance de l'arrière plan paraît grande , parce qu'ils
forment autant de points de repère qui servent à la faire
ressortir. Enfin, lorsque la grandeur d'un objet nous est

connue, elle peut nous aider à apprécier la distance qui nous en sépare, cet objet paraissant d'autant plus petit qu'il est plus éloigné. C'est ainsi que l'on juge de la distance d'un navire, par la difficulté plus ou moins grande que l'on éprouve à en distinguer les matelots.

C'est en grandissant ou en diminuant les images fantasmagoriques, qu'on produit dans l'obscurité l'illusion qui fait croire que ces images se rapprochent ou s'éloignent, bien qu'elles restent toujours à la même distance de l'observateur.

Questionnaire.

Qu'est-ce que l'œil?

Quelle est sa structure?

Quelles sont les membranes qui concourent à la formation du globe oculaire?

Qu'appelle-t-on milieux de l'œil?

Quels sont les muscles qui mettent l'œil en mouvement?

Quelle est la disposition de l'appareil lacrymal?

Quelle est la marche des rayons lumineux dans l'intérieur de l'œil?

Qu'est-ce que la myopie?

Qu'est-ce que la presbytie?

Expliquez le mécanisme de la vision?

Fig. 52.

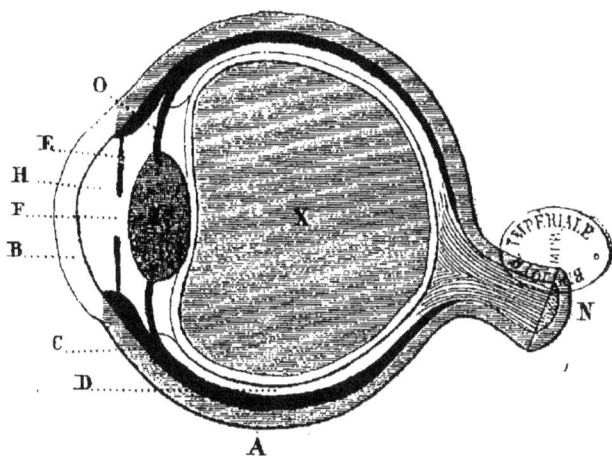

Fig. 53.

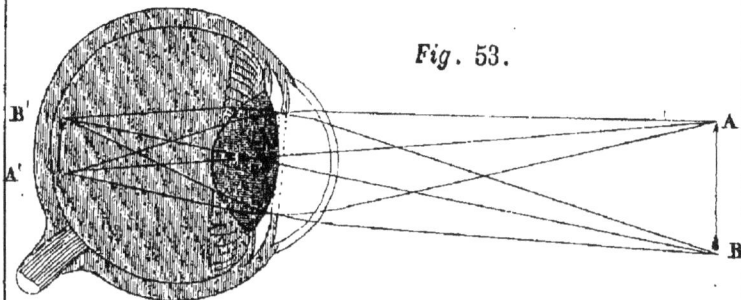

Fig. 52.

A sclérotique.
B cornée transparente.
C choroïde.
D rétine.
E iris.

F pupille.
H humeur a queuse.
I cristallin.
X humeur vitrée.
O procès ciliaires.
N nerf optique.

Fig. 53, Marche des rayons lumineux dans l'intérieur de l'œil.

AUDITION.

Définition. — L'audition est une fonction dont l'objet est de percevoir les sons; elle a pour organe l'oreille.

L'oreille se divise en trois parties : l'oreille externe, l'oreille moyenne et l'oreille interne (*fig.*55).

Oreille externe. — L'oreille externe se compose de la conque ou pavillon et du conduit auditif externe.

Les mouvements vibratoires des corps sonores se transmettent, dans l'atmosphère, comme les ondes qui se forment à la surface d'un liquide, lorsqu'on y jette un caillou. Formé d'une membrane cartilagineuse recouverte de la peau, le pavillon est admirablement disposé pour recueillir les ondes sonores; il présente, chez l'homme, deux parties saillantes, l'une dirigée en avant, l'autre en arrière, sur lesquelles les ondes sonores viennent se heurter pour se précipiter dans le conduit auditif externe.

Le conduit auditif externe est un canal osseux creusé dans le temporal; il est tapissé d'un repli de la peau légèrement modifiée, qui sécrète une matière jaunâtre, cireuse, appelée cérumen.

Le conduit auditif externe est séparé de l'oreille moyenne par la membrane du tympan.

Oreille moyenne. — L'oreille moyenne a reçu le nom de caisse tympanique, parce qu'elle offre quelque analogie avec un tambour. Elle présente effectivement deux membranes : la membrane du tympan en dehors, et la membrane de la fenêtre ronde en dedans.

La membrane du tympan, transparente et de forme ovale, est tendue sur un cercle osseux, appelé cercle tympanal.

La membrane de la fenêtre ronde sépare l'oreille moyenne de l'oreille interne.

L'oreille moyenne est en communication avec le pharynx par la trompe d'Eustache, conduit cartilagineux, infundibuliforme, qui permet l'introduction de l'air dans cette partie de l'appareil auditif.

Enfin l'oreille moyenne renferme la chaîne des osselets de l'ouïe ; ils sont au nombre de quatre : le marteau, l'enclume, le lenticulaire et l'étrier.

Le manche du marteau adhère à la membrane du tympan ; la tête de cet os est articulée avec l'enclume ; celle-ci est articulée avec le lenticulaire et ce dernier avec l'étrier.

L'étrier, ainsi nommé à cause de sa forme, ferme la fenêtre ovale qui établit une seconde communication entre l'oreille moyenne et l'oreille interne.

Les osselets de l'ouïe sont pourvus de muscles qui, en se contractant, changent la position du marteau et produisent une tension plus ou moins grande de la membrane du tympan.

Savart a démontré que dans le cas où les sons se produisent avec une grande intensité, la contraction des muscles augmente la tension de la membrane du tympan, afin que les vibrations sonores puissent se transmettre sans douleur dans l'oreille interne.

L'oreille moyenne communique avec l'oreille interne par deux ouvertures : la fenêtre ovale fermée par l'étrier, et la fenêtre ronde placée en dessous de la première et fermée par une membrane.

L'intérieur de l'oreille moyenne est tapissé d'une muqueuse très-remarquable par sa finesse.

Oreille interne. — L'oreille interne est creusée dans le rocher, partie du temporal qui est la plus dense des os du corps. Ce n'est pas sans raison que la Providence a donnée à cette partie du squelette une densité particulière; le cristal, plus dense que le verre, vibre aussi plus facilement d'où il résulte que la densité du rocher doit avoir pour effet d'augmenter l'intensité des vibrations.

L'oreille interne a reçu le nom de labyrinthe, parce qu'elle est formée de canaux qui décrivent des courbes assez nombreuses.

Il y a deux labyrinthes : le labyrinthe osseux et le labyrinthe membraneux; le premier sert d'étui au second, dans lequel les ondes sonores viennent impressionner le nerf auditif.

Labyrinthe osseux. — Ce labyrinthe est composé de trois parties : le vestibule, les canaux semi-circulaires et le limaçon.

Vestibule. — C'est une cavité ovalaire placée entre les canaux semi-circulaires et le limaçon, avec lesquels il communique.

Canaux semi circulaires. — Ces canaux, au nombre de trois, sont un peu plus gros que des cheveux ; ils représentent les trois quarts d'un cercle, et sont placés au-dessus du vestibule dans lequel ils s'ouvrent par cinq orifices.

Limaçon. — Il est situé au-dessous du vestibule et se compose d'un double canal enroulé sur lui-même en spirale, comme la coquille d'un limaçon, la membrane qui le tapisse sécrète un liquide séreux.

Le labyrinthe osseux est intérieurement revêtu d'une membrane muqueuse très-fine, qui sécrète une humeur appelée lymphe de Cotugno. C'est au milieu de ce liquide que nage le labyrinthe membraneux ; ce dernier commence dans le vestibule, se continue dans les canaux semi-circulaires, mais n'existe pas dans le limaçon. Il est, lui-même, rempli d'un liquide dans lequel on remarque de petits grains de poussière, que Breschet a désignés sous le nom de otoconie ou poussière auditive.

Pour compléter notre description, nous ajouterons que le nerf auditif de la huitième paire, né de la moelle allongée, traverse le conduit auditif interne percé dans le temporal et arrive dans l'oreille interne où il répand ses rameaux qui s'épanouissent, comme les poils d'un pinceau, à la face interne du limaçon, du labyrinthe membraneux et jusque sur les poussières auditives.

Fonctions de l'oreille. — Muller a démontré que les membranes légèrement tendues transmettent facilement les ondes sonores aux corps solides, avec lesquels elles sont en contact. C'est précisément le cas de la membrane du tympan ; elle est soumise par ses deux faces externe

et interne à la pression atmosphérique ; ainsi que nous
l'avons déjà dit , sa tension augmente par la contraction
des muscles des osselets lorsque les sons ont beaucoup
d'intensité, au contraire , quand ils en ont, peu ces muscles se relâchent , la membrane du tympan diminue sa
tension et les ondes sonores , même les plus légères , se
transmettent à l'oreille interne. Elles sont d'abord recueillies par le pavillon qui les transmet dans le conduit
auditif externe ; la membrane du tympan entre en vibra-
tion et communique son mouvement à la chaîne des osselets. Ces vibrations augmentent d'intensité dans la caisse
tympanique et parviennent à la fenêtre ovale. De ce point
elles se transmettent dans le labyrinthe et le limaçon,
où les extrémités du nerf auditif reçoivent l'impression.

La membrane du tympan n'est pas indispensable à la
perception du son ; on a en effet, constaté que sa destruction n'entraîne pas la perte de l'ouïe. Mais il n'en est pas
de même de la chaîne des osselets . l'ouïe s'affaiblissant
singulièrement quand elle est interrompue ; dans ce cas,
la transmission des ondes ne peut s'effectuer que par l'air
contenu dans la caisse du tympan , d'où les vibrations
passent dans la fenêtre ronde et dans le labyrinthe. Les
impressions ressenties par le nerf auditif parviennent
ainsi au cerveau, qui apprécie la nature des sons.

Questionnaire.

De combien de parties se compose l'oreille ?
Qu'est-ce que l'oreille externe ?
Décrivez l'oreille moyenne.
Quelle est la structure de l'oreille interne ?
Combien y a-t-il d'osselets de l'ouïe ?
Quel est le nerf qui se répand dans l'oreille ?
Expliquez le mécanisme de l'audition.

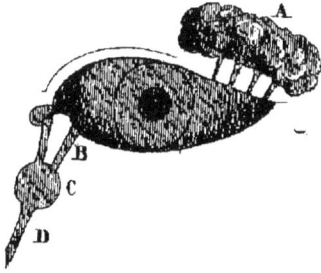

Fig. 54.

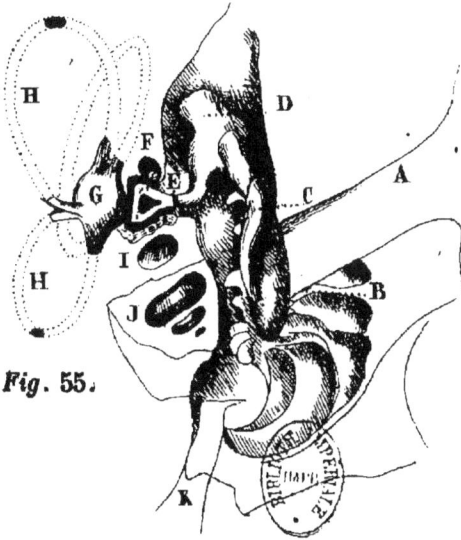

Fig. 55.

Fig. 54, Appareil lacrymal : A glande lacrymale, B canal lacry-mal, C réservoir lacrymal, D canal nasal. — *Fig.* 55, Structure de l'oreille : A conduit auditif externe, B membrane du tympan, C mar-teau, D enclume, E lenticulaire, F étrier, G vestibule, H canaux semi circulaires, I fenêtre ronde, J limaçon, K trompe d'Eustache.

CLASSIFICATIONS

La mémoire la plus fidèle ne suffirait pas à l'étude des cent-vingt mille espèces animales que l'on connaît aujourd'hui, aussi a-t-on cherché de tout temps à classer les animaux, à les réunir par groupes pour en rendre l'étude plus facile. 350 ans avant Jésus-Christ, Aristote a créé en Grèce le premier système de classification basé sur les caractères organiques. Nous dirons en passant qu'on appelle caractère une disposition organique que présentent tous les êtres de la même espèce. C'est ainsi qu'Aristote distinguait des animaux à sang rouge et à sang blanc. Avec les premiers il forme cinq classes :

> les quadrupèdes,
> les oiseaux,
> les serpents,
> les poissons,
> et les cétacés.

Avec les seconds il forme quatre classes :

> les malacozoaires,
> les testacés,
> les crustacés,
> et les insectes

Cet illustre historien de la nature avait déjà pénétré quelques-uns des mystères de la création ; il avait fait des observations exactes, et son système de classification servit de base aux recherches scientifiques pendant près de 2000 ans.

Vers la fin du xviiᵉ siècle, Jean Ray compléta les classifications commencées par Aristote ; il distingue des animaux à respiration pulmonaire et à respiration branchiale, et des animaux à sang chaud et à sang froid. A l'aide de ces caractères, il divise le règne animal en neuf classes :

les quadrupèdes,

les cétacés,

les oiseaux,

les reptiles,

les poissons,

les mollusques,

les testacés,

les crustacés,

et les insectes.

En 1735, apparaît le naturaliste suédois Linné. Son vaste génie embrasse toutes les parties de l'histoire naturelle, et partout il laisse des traces de son passage. Il créa la nomenclature binaire, connue sous le nom de nomenclature linnéenne, forma la classe des mammifères et réunit les animaux en genres, ce qui facilite beaucoup l'étude, en diminuant le nombre des groupes. A partir de ce moment, les animaux furent désignés par deux noms, celui du genre précédant celui de l'espèce ; c'est ainsi qu'il appelle le cheval *equus caballus* et l'âne *equus asinus*.

Linné divise les animaux en douze classes :

    les mammifères,

    les oiseaux,

    les reptiles,

    les poissons,

    les insectes,

    les vers,

    les mollusques,

    les annélides,

    les cirrhopodes,

    les lernées,

    les helminthes,

    et les zoophytes.

Enfin, en 1817, Georges Cuvier eut la gloire d'établir une méthode de classification naturelle. Appliquant aux animaux le principe de la subordination des caractères, observé par de Jussieu dans les classifications végétales, ainsi que ses propres connaissances en anatomie comparée, cet illustre savant divisa le règne animal en quatre embranchements : les vertébrés, les mollusques, les articulés et les zoophytes. Ces quatre embranchements renferment dix-neuf classes qui sont, pour les vertébrés :

    les mammifères,

    les oiseaux,

    les reptiles,

    et les poissons.

Pour les mollusques :

    les céphalopodes,

    les ptéropodes,

    les gastéropodes,

les acéphales,

les brachiopodes,

et les cirrhipèdes.

Pour les articulés :

les crustacés,

les arachnides,

les insectes,

et les annélides.

Pour les zoophytes :

les échinodermes,

les acalèphes,

les vers intestinaux,

les polypes,

et les infusoires.

Quelques modifications ont été introduites dans cette méthode. L'embranchement des articulés a été placé en seconde ligne et M. Milne Edwards y a substitué le nom d'annelés. Les cirrhipèdes ont été rapprochés des articulés ; mais ces améliorations ne diminuent en rien la gloire de Georges Cuvier, qui a fécondé le sillon de la science et légué à la France une réputation que nos savants s'efforcent de soutenir.

Division des classifications.—Un des premiers objets qui se présente à l'esprit, lorsqu'on s'occupe de classification, c'est l'espèce, qui a été définie par Georges Cuvier d'une manière caractéristique. Selon lui, l'espèce est la réunion des individus nés de parents communs, et des individus qui leur ressemblent autant qu'ils se ressemblent entre-eux.

La réunion des espèces forme le *genre*;
celle des genres forme   les *familles*,
celle des familles,   les *tribus*,
celle des tribus,   les *ordres*,
celle des ordres,   les *classes*,
enfin la réunion des classe forme les *embranchements*.

Avant de passer à l'étude de ces différents groupes, nous dirons que les animaux peuvent être classés par deux procédés : les systèmes et les méthodes.

Les systèmes reposent sur l'examen d'un seul organe, et exposent le naturaliste à commettre de grandes erreurs : ainsi en classant les animaux d'après le nombre des membres, on placerait dans la même classe un mammifère et un poisson, la baleine et l'anguille, qui n'ont que deux membres antérieurs.

Au contraire les méthodes reposent sur les caractères puisés dans tous les organes, ce qui permet d'obtenir une classification naturelle, dans laquelle les animaux sont disposés d'après le rang et l'importance qu'ils occupent dans la création ; c'est ainsi qu'a procédé Georges Cuvier.

Division du règne animal en quatre embranchements ; caractères de ces embranchements. — Le règne animal se divise en quatre embranchements :

       les vertébrés,
       les articulés ou annelés,
       les mollusques,
     et les zoophytes.

Les caractères distinctifs de ces embranchements sont pris dans le squelette et le système nerveux :

Les vertébrés ont un squelette intérieur et un système nerveux double, cérébro-spinal et grand sympathique.

Les articulés ou **annelés** ont un squelette externe et un système nerveux, simple, ganglionnaire, disposé en série longitudinale.

Les mollusques qui n'ont point de squelette, ont un système nerveux, simple, ganglionnaire, irrégulièrement épars.

Les zoophytes ou **rayonnés** n'ont pas de squelette, leur système nerveux, lorsqu'il est visible, est simple, ganglionnaire et rayonné.

Division des vertébrés en classes ; caractères de ces classes.—Les vertébrés sont divisés en cinq classes :

>   les mammifères,
>   les oiseaux,
>   les reptiles,
>   les amphibies,
>   et les poissons.

Les caractères distinctifs de ces cinq classes sont empruntés au mode de reproduction, de circulation et de respiration.

Les mammifères sont vivipares avec allaitement, c'est-à-dire qu'ils donnent naissance à des petits vivants ; leur circulation est complète, et leur respiration pulmonaire.

Les oiseaux sont ovipares, leur circulation est complète, et leur respiration pulmonaire.

Les reptiles sont ovipares ou ovo-vivipares ; leur circulation est incomplète , c'est-à-dire qu'il y a mélange du sang rouge et du sang noir ; leur respiration est pulmonaire.

Les amphibies sont ovipares, leur circulation est incomplète ; leur respiration est branchiale dans le jeune âge et pulmonaire à l'âge adulte.

Les poissons sont ovipares , leur circulation est complète, et leur respiration branchiale à tous les âges.

En étudiant l'organisation de ces cinq classes , nous comprendrons mieux les caractères qui les distinguent entre elles.

Questionnaire.

De quelle époque datent les premières classifications ?

Quels sont les naturalistes qui ont contribué à leurs progrès ?

Quelles sont les modifications apportées par Linné et par Georges Cuvier dans les classifications ?

Qu'appelle-t-on caractère ?

Qu'appelle-t-on espèce ?

Quelle différence y a t-il entre une classification naturelle et artificielle ?

En combien d'embranchements Cuvier a-t-il divisé le règne animal ?

Quels sont les caractères de ces embranchements ?

Quelles sont les principales modifications introduites par Milne Edwards dans cette division ?

ORGANISATION GÉNÉRALE
DES MAMMIFÈRES.

Appareil digestif. — Chez les mammifères, les os maxillaires dans lesquels sont implantées les dents, forment la partie solide de la bouche. La mâchoire inférieure est articulée avec la supérieure qui est toujours soudée au crâne. Les mammifères qui possèdent trois sortes de dents, les incisives, les canines et les molaires, ont une dentition complète; ceux qui sont privés de l'une de ces trois espèces de dents ont une dentition incomplète. Le chien et le cheval ont une dentition complète (*fig.* 56). L'éléphant n'a que deux espèces de dents, il porte deux défenses à la mâchoire supérieure et deux ou quatre molaires à chaque mâchoire (*fig.* 57). Les rongeurs n'ont jamais de dents canines, ils ont des incisives et des molaires (*fig.* 58); les édentés n'ont pas d'incisives, quelquefois même ils manquent complètement de dents (*fig.* 59), ainsi que la baleine dont la mâchoire supérieure est garnie de lames flexibles appelées fanons, que nous décrirons plus tard (*fig.* 60).

La forme des dents est toujours en rapport avec la nature des aliments dont les animaux font usage; chez les carnivores, par exemple, comme le chien, le lion, le chat, les dents sont hérissées de pointes aigues et résistantes qui servent à diviser la chair et à briser les os, comme les coins en fer servent à fendre le bois ; en outre les molaires supérieures et inférieures se croisent comme les lames d'une paire de ciseaux.

Les herbivores, comme le cheval et le bœuf, ont les dents aplaties ; leurs molaires sont de véritables meules qui écrasent les grains et divisent les fourrages.

Enfin les omnivores, qui se nourrissent de substances animales et végétales, ont des molaires mamelonnées comme celles de l'homme ; ces dents présentent une disposition intermédiaire entre celles que nous venons d'examiner.

La langue présente aussi des différences importantes. Celle du bœuf est hérissée de papilles cornées qui facilitent la préhension des aliments ; celle du fourmilier est longue et visqueuse.

Le pharynx et l'œsophage ne présentent que des variations de longueur et de largeur qui n'ont aucun intérêt.

La plupart des mammifères ont un estomac simple comme celui de l'homme : le chien, le lion, le porc, le cheval sont dans ce cas. Les ruminants font exception à cette règle, ils ont quatre estomacs : le rumen, le réseau, le feuillet et la caillette (*fig* 61) ; le rôle de chacune de ces parties sera examiné, lorsque nous parlerons de la rumination.

L'intestin des mammifères présente des différences de longueur très-remarquables ; sous ce rapport, les animaux peuvent être divisés en trois groupes : les carnivores, les herbivores et les omnivores. Afin de rendre la comparaison plus sensible, nous prendrons pour type trois sujets de même taille.

Le chien est un animal naturellement carnivore, c'est-à-dire qu'il ne se nourrit que de chair ; son intestin a quatre mètres de longueur.

Chez le mouton, qui est herbivore, la cavité digestive devait prendre plus de développement pour que l'animal pût y loger une plus grande quantité de matières alimentaires, les substances végétales étant beaucoup moins nutritives que la chair, aussi l'intestin mesure-t-il trente-deux mètres de longueur.

L'homme étant omnivore, se nourrit de matières animales et végétales ; son intestin a une longueur moyenne de neuf mètres.

Le duodénum et l'intestin grêle n'offrent pas de différences importantes ; le cœcum est beaucoup plus développé chez les herbivores que chez les carnivores et les omnivores. Enfin chez tous les animaux l'intestin se termine par le rectum et l'anus, excepté chez les monotrèmes, singuliers mammifères qui possèdent un cloaque analogue à celui des oiseaux.

Circulation. — La circulation du sang s'effectue chez les mammifères comme chez l'homme ; il n'y a de différence que dans la forme et le volume des globules sanguins qui sont circulaires chez tous les animaux, sauf chez les camélidés qui ont des globules elliptiques. Le cœur des mammifères est toujours divisé en quatre cavités ; d'où il résulte que, chez eux, il n'y a jamais mélange du sang rouge avec le sang noir : c'est ce qu'on appelle une circulation complète.

Respiration. — Tous les mammifères ont une respiration pulmonaire, comme celle de l'homme ; la structure de l'appareil est identique, il n'y a de différence que dans le volume des poumons et dans le nombre des vésicules pulmonaires qui les forment.

Les sécrétions sont exactement les mêmes ; nous n'avons rien à ajouter à ce que nous avons dit de ces fonctions dans l'espèce humaine ; tous les mammifères ont des glandes salivaires, un foie, un pancréas, et une rate.

Squelette. — Le squelette des mammifères présente des différences assez remarquables. La tête est formée, comme celle de l'homme, de deux parties : le crâne et la face. Il existe dans le développement de ces deux parties un rapport inverse qu'il est utile de faire connaître : plus le crâne est grand, moins la face est développée. On peut se rendre un compte exact du développement comparatif du crâne et de la face par la mesure de l'angle facial. On appelle angle facial, l'angle produit par l'entrecroisement de deux lignes, dont la première s'étend du conduit auditif externe au plancher des fosses nasales ; la seconde part de la saillie du front et vient croiser la première au-dessus de la racine des dents incisives ; dans la race blanche l'angle facial mesure 80 degrés, dans la race nègre il n'en mesure que 70 (*fig. 62 et 63*).

L'homme est de tous les animaux celui qui possède, relativement à sa taille, le crâne le plus vaste ; aussi sa face est-elle aplatie et peu développée. Le cheval, beaucoup plus grand que l'homme, a un crâne moitié plus petit; en revanche, cet animal a des mâchoires très-développées et une face très-saillante.

L'orang-outang, espèce de singe qui atteint six à sept pieds de haut, a le crâne plus développé, relativement à sa taille, que celui du cheval ; aussi remarque-t-on que la face de cet animal est peu saillante, surtout dans le jeune âge, et qu'elle se rapproche un peu de celle des races nègres (*fig.* 64).

Pour le tronc, les différences les plus remarquables du squelette se réduisent à quelques variations dans le nombre des vertèbres dorsales et des côtes. L'homme a douze vertèbres dorsales et douze paires de côtes, le bœuf en a treize, le cheval dix-huit ; nous n'insisterons pas sur ces différences. Les os coccygiens au nombre de trois chez l'homme, deviennent plus nombreux dans le chien et le cheval et forment la région caudale.

Les os du bassin ne présentent de différence que chez les animaux qui ont des os marsupiaux. Les os marsupiaux sont articulés avec le pubis et soutiennent les parois inférieures du ventre; nous en reparlerons plus tard (*fig.* 65).

Les os des membres offrent des différences remarquables, surtout aux extrémités inférieures ; bien que dans les membres antérieurs, le pied soit toujours composé du carpe, du métacarpe et des phalanges et que, dans les membres postérieurs, il soit toujours formé par le tarse, le métatarse et les phalanges (*fig.* 66).

Les mammifères sont divisés en deux groupes : les plantigrades et les digitigrades. Les premiers appuient toute la plante du pied sur le sol ; l'homme, le singe et l'ours sont des animaux plantigrades. Les digitigrades ont le métacarpe et le métatarse relevé. Ces animaux s'appuient sur la troisième phalange, qui, chez quelques-uns d'entre eux, tels que le cheval et le bœuf, est protégée par une boîte cornée (*fig.* 67).

Le nombre des doigts est très-variable : l'homme, le singe et l'éléphant ont cinq doigts, le porc en a quatre, le bœuf deux, le cheval n'en possède qu'un. En général, ce nombre est d'autant moins grand que les membres servent plus exclusivement à la locomotion. Les naturalistes ont fait d'intéressants travaux sur la disposition des doigts, en vue de démontrer que les animaux ont été créés d'après un même plan et qu'ils possèdent tous cinq doigts. Ce qu'il y a de positif, c'est que le cheval, qui semble n'avoir qu'un doigt, en possède cependant trois ; un seul est développé, les deux autres sont avortés. On les retrouve sur les côtés du métacarpe ou du métatarse, sous la forme d'os allongés que l'on désigne sous le nom de péronés du métacarpe et du métatarse. Dans certains cas exceptionnels, l'un d'eux se développe et porte trois phalanges protégées par un sabot comme le doigt unique de ces animaux (*fig.* 68).

La station des mammifères se fait sur quatre pieds, leurs mouvements sont très-variés ; le pas et le galop sont leurs allures les plus naturelles ; le trot s'effectue de deux manières, tantôt par le soulèvement du pied droit de devant puis du pied gauche de derrière, les deux autres membres restant à l'appui ; d'autres fois, ce sont les deux membres du même côté qui se mettent en mouvement,

les deux autres restant à l'appui ; cette allure à laquelle
on a donné le nom d'amble, se remarque chez le dromadaire et chez le cheval connu en Normandie sous le nom
de bidet.

Certains animaux qui ont les membres antérieurs très-
longs, comme le singe, en font usage pour grimper ;
d'autres ont les membres postérieurs très-développés,
comme la gerboise, dont les rayons osseux des membres
postérieurs se détendent comme des ressorts, ce qui
permet à l'animal de sauter à une certaine distance. Enfin
il y a des mammifères qui volent comme la chauve-
souris ou qui nagent comme la baleine.

Système nerveux. — Il ne présente pas de différences
importantes ; cependant le cerveau des mammifères est
moins volumineux que celui de l'homme. De plus, le
cervelet est formé de trois lobes bien distincts, et les
couches olfactives offrent un développement plus considérable.

Instinct et intelligence.—Tous les animaux ont, en
naissant, des instincts en rapport avec leurs besoins et
leur manière de vivre ; ils distinguent des végétaux mal-
faisants, des plantes propres à leur nourriture, et reconnaissent les lieux qu'ils fréquentent ; leur mémoire
est très-développée, et leur intelligence manifeste. Le
cheval, le chien et l'éléphant offrent des traits surprenants
de jugement et même de raisonnement dont il serait
facile de donner des preuves.

Organes des sens.—**Tact et toucher.**—Le tact des
mammifères est plus imparfait que celui de l'homme,

parce que le corps de ces animaux est, en général, couvert de poils. Il y a deux sortes de poils : les poils laineux, qui forment le fond de la fourrure, et les poils soyeux, qui sont plus gros, plus luisants et plus longs.

Les mammifères muent deux fois par an, c'est-à-dire que les poils tombent et sont remplacés peu à peu par de nouveaux poils provenant de la sécrétion des follicules pileux.

La première mue s'effectue pendant les mois de mars et d'avril, elle porte le nom de mue du printemps ; à cette époque, le poil devient plus court et plus fin.

La seconde mue est celle d'automne, qui s'effectue vers le mois de septembre ; le poil devient alors plus long, pour protéger les animaux contre les rigueurs de la mauvaise saison.

Quelques animaux présentent à ces deux époques des couleurs différentes ; l'hermine, par exemple, devient blanche à la mue d'automne pour reprendre sa couleur fauve au printemps ; elle peut ainsi se dissimuler plus facilement ; en hiver, sa couleur blanche la confond avec celle de la neige ; en été, sa teinte fauve est plus en rapport avec la couleur du sol.

Le toucher n'est pas toujours localisé dans le même point ; chez l'homme, il a son siége principal à la face interne des mains ; l'éléphant a pour organe du toucher la trompe, le cheval la lèvre supérieure, le chat les moustaches placées de chaque côté du nez. Ces moustaches sont composées de poils raides, implantés sur des papilles dermiques de la grosseur d'une tête d'épingle et dans lesquelles viennent aboutir une quantité de cordons nerveux.

Organe de la vue. — Tous les mammifères ont deux yeux semblables à ceux de l'homme, mais les animaux nyctalopes, qui voient pendant la nuit, comme les chats, ont la pupille susceptible d'une dilatation énorme dans l'obscurité, ce qui permet à la lumière de s'introduire en plus grande quantité dans l'intérieur de l'œil.

La plupart des mammifères ont une troisième paupière, appelée corps clignotant. Elle est surtout très-développée chez ceux qui ne possèdant qu'un ou deux doigts, ne peuvent pas faire usage de ceux-ci pour nettoyer l'œil d'un côté à l'autre.

Le singe, le rat et le lapin peuvent, comme l'homme, nettoyer l'œil de droite à gauche avec leurs doigts ou leurs pattes; le cheval et le bœuf n'ont pas la même facilité, c'est pourquoi la nature a donné à ces animaux une troisième paupière formée par un appendice cartilagineux mis en mouvement par des muscles et placé à l'angle interne de l'œil.

Olfaction. — Les animaux ont l'olfaction développée à un très-haut degré; chez eux les cavités nasales offrent une plus vaste étendue, les cornets sont plus diverticulés, et les couches olfactives sont plus volumineuses que dans l'espèce humaine.

Gustation. — Sous le rapport de la gustation il n'y a rien d'important à signaler, si ce n'est que les papilles gustatives sont très-nombreuses sur la langue du bœuf.

Ouïe. — La conque de l'oreille est très-développée et très-mobile chez certains animaux comme le lièvre et le lapin. En général, chez ceux qui portent les oreilles droites, l'intérieur de cette conque est garni de poils pour arrêter les corps étrangers ; ceux au contraire dont les oreilles sont aplaties, comme dans le chien de chasse, ne présentent pas cette disposition ; du reste l'oreille interne a la même structure que chez l'homme.

Forme et couleur locale. — Il règne dans toute la nature une remarquable harmonie, qui se manifeste sur les animaux par des différences de forme et de couleur. Bernardin de Saint-Pierre et Buffon ont signalé à ce sujet, dans leurs ouvrages, des faits intéressants. Dans les plaines fertiles, où les arbres sont droits et élevés, et les moissons hautes et de couleur dorée, les animaux ont de l'analogie avec les végétaux dont ils se nourrissent et les lieux qu'ils habitent ; ainsi le cerf des plaines est haut sur jambes, ses cornes sont presque droites et son pelage de couleur claire.

Au contraire dans les pays montagneux, les herbes sont petites, et les arbres rabougris et de couleur sombre, les cerfs sont bas sur jambes, et de couleur foncée ; ils sont plus farouches ; leurs cornes sont contournées et rabougries comme les arbres de la montagne.

En général, les animaux sont donc en rapport avec la nature des milieux dans lesquels ils vivent. Cette action se fait sentir non-seulement sur les formes extérieures, mais encore sur les mœurs et le caractère de tous les êtres vivants.

Mode de reproduction. — Les mammifères sont vivipares, c'est-à-dire qu'ils donnent naissance à des petits vivants qu'ils allaitent pendant un temps variable.

Le lait est un liquide sécrété par des glandes conglo-

mérées appelées mamelles qui sont placées à la face pec-
torale ou ventrale du corps. Leur nombre varie avec celui
des petits que les animaux produisent. La baleine et
l'éléphant ont deux mamelles pectorales, la femelle du
sanglier en a de huit à dix.

Le lait est alcalin, et un peu plus dense que l'eau; en
l'examinant au microscope, on voit qu'il renferme des
globules sphériques formées de matière grasse.

Il contient chez la vache :

> 86 % d'eau,
> 4 % de beurre,
> 5 % de sucre de lait,
> 3 % de caséine,

de l'albumine et des sels.

Au bout d'un certain temps de repos, la crême qui est
formée des globules de matière grasse surnage au-dessus
du liquide; on la recueille pour en extraire le beurre par
le battage. En versant dans le lait quelques gouttes d'un
acide quelconque, il se coagule, et la caséine se prend e
masse; on l'emploie pour la fabrication du fromage. Il
reste alors un liquide clair et jaunâtre appelé petit lait
ou sérum.

Les aliments ont une grande influence sur la qualité
du lait, on a constaté un grand nombre de fois que les
plantes de la famille des crucifères, comme le colza, le
chou, etc., communiquent au lait et au beurre provenant des animaux qui s'en nourrissent, le goût caracté-
risque qui les distingue.

Hibernation. — L'hibernation est un engourdissement
général dans lequel tombent, à des époques déterminées,

diverses espèces animales. Dans les régions équatoriales, certains animaux s'engourdissent pour plusieurs mois au moment des fortes chaleurs. Le crocodile et la gerboise paraissent jouir de cette singulière propriété. Mais comme le terme l'indique, c'est surtout en hiver que l'hibernation se produit sur les animaux d'Europe que tout le monde connaît, comme l'ours, la marmotte des Alpes, la chauve-souris, l'écureuil, le muscardin, etc., etc. A l'approche des grands froids ces animaux se retirent dans leurs trous, s'endorment, puis s'engourdissent d'une manière complète, perdent en un mot leur sensibilité, et ne se réveillent que plusieurs mois après. Dans cet état, la respiration devient très-lente : le hérisson ne respire plus que quatre à cinq fois par minute ; la circulation se ralentit également et la température du corps, qui varie ordinairement entre 36 et 40 degrés au-dessus de zéro, atteint, à peine, huit ou dix degrés.

Pendant l'hibernation, les animaux vivent de la graisse qui s'est accumulée en grande quantité dans l'intérieur de leur corps ; lorsqu'ils se réveillent, on remarque en effet qu'ils ont perdu le quart de leur poids.

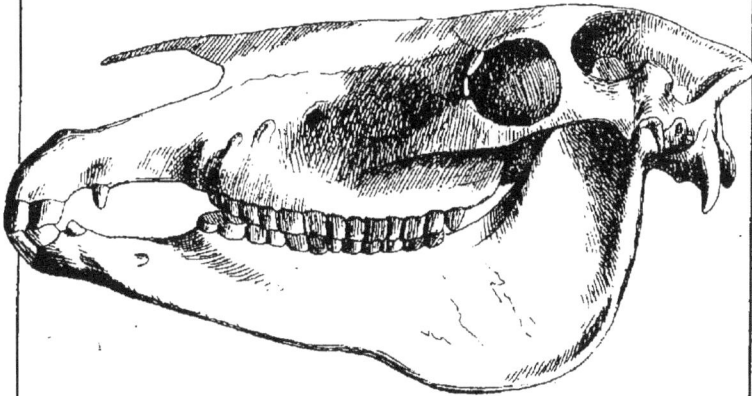

Fig. 56.

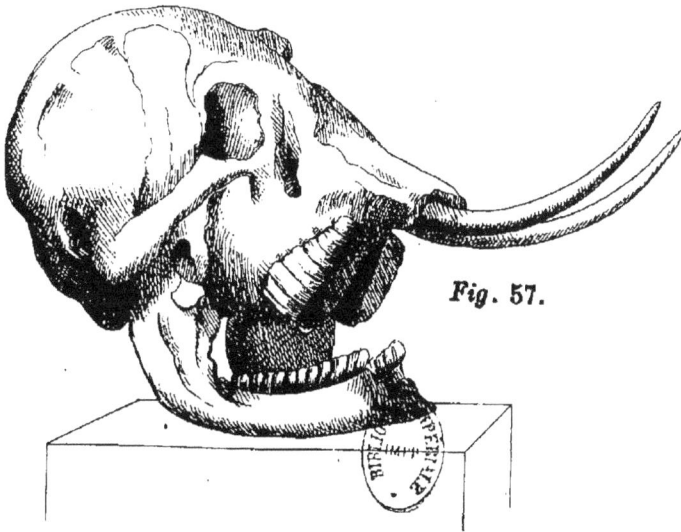

Fig. 57.

Fig. 56, Tête de cheval. — *Fig.* 57, Tête d'éléphant d'Afrique.

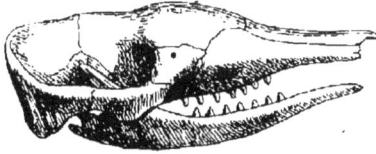

Fig. 59.

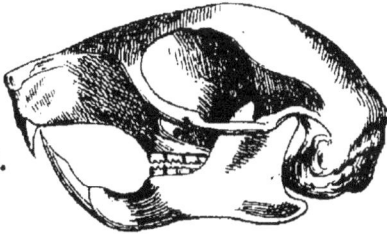

Fig. 58.

Fig. 60.

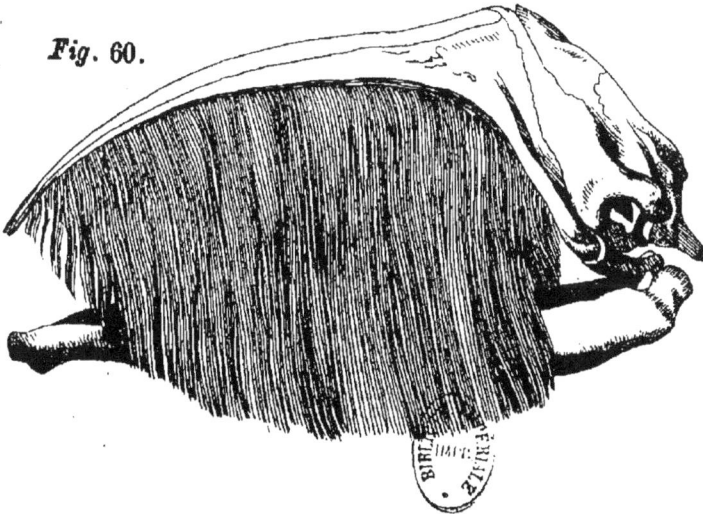

Fig. 58, Tête d'un rongeur, l'écureuil. — *Fig.* 59, Tête de tatou.
— *Fig.* 60, Tête de baleine garnie de fanons.

Fig. 61.

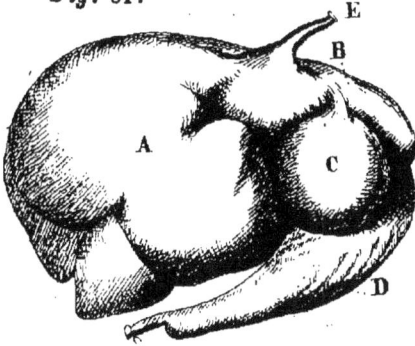

Fig 62.

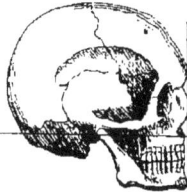

Fig. 63.

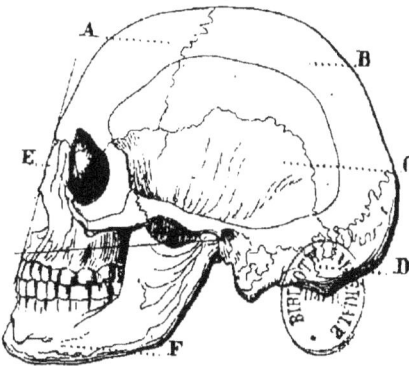

Fig. 61, Estomac du bœuf. A rumen, B réseau, C feuillet, D caillette. — *Fig.* 62, Angle facial de la race blanche. *Fig.* 63, angle facial de la race nègre.

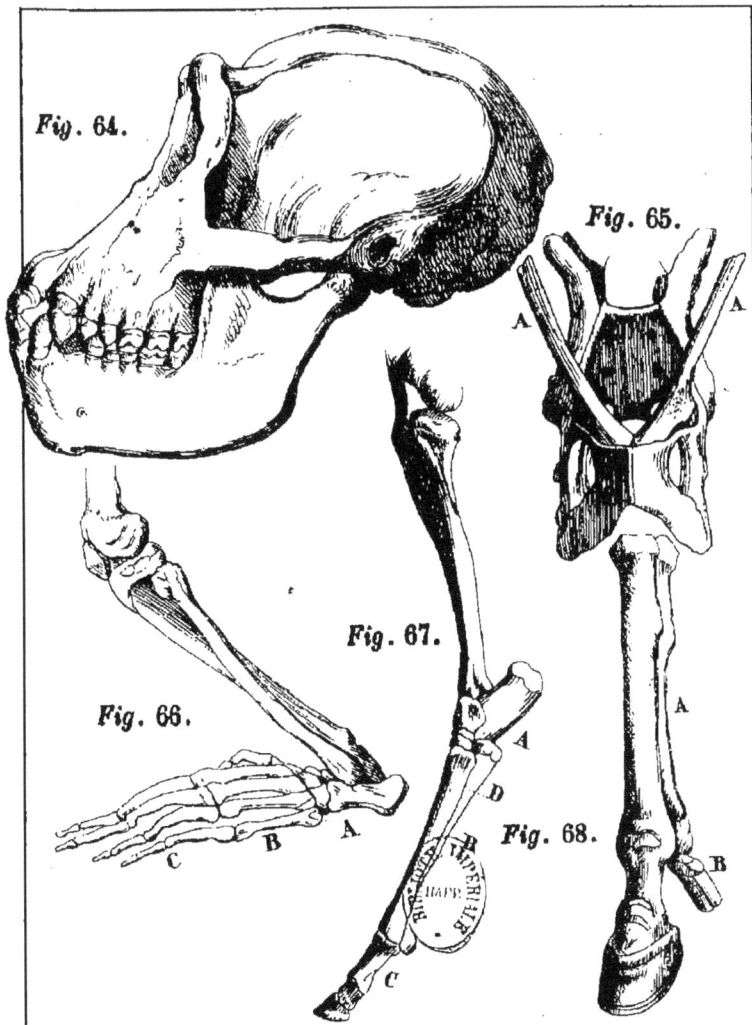

Fig. 64, Tête d'orang-outan. —*Fig.* 65, Bassin d'un marsupiau :
AA os marsupiaux. — *Fig.* 66, Pied postérieur d'un plantigrade , le
singe : A tarse, B métatarse, C phalanges. — *Fig.* 67, Pied postérieur d'un digitigrade, le cheval ; A tarse, B métatarse, C phalanges,
D péroné. — *Fig.* 68, Doigt supplémentaire du cheval : A péroné
du métacarpe, B doigt supplémentaire.

Questionnaire.

Quelle est la disposition des dents chez les mammifères?

Quelle est la disposition de l'estomac des mammifères?

Quelles sont les différences que l'on remarque dans la longueur du canal digestif des mammifères?

Comment s'effectuent la circulation et la respiration des mammifères?

Quelle est la relation qui existe entre le développement de la face et du crâne?

Qu'appelle-t-on mammifères plantigrades et mammifères digitigrades?

Quel est le nombre des doigts chez les mammifères?

Comment se fait la station et la marche des animaux?

Quelle est la disposition du système nerveux des mammifères?

Quelles sont les modifications que subissent les organes du toucher, de l'odorat, de la vue et de l'audition chez les mammifères comparativement à la structure que ces organes présentent chez l'homme?

Comment s'effectue la reproduction des mammifères?

Qu'est-ce que le lait?

Quelle est la composition chimique du lait de vache?

Qu'appelle-t-on hibernation?

DIVISION DES MAMMIFÈRES
EN ORDRES.

Les mammifères sont divisés en treize ordres, ce sont :
les bimanes,
les quadrumanes,
les cheiroptères,
les insectivores,
les carnivores,
les rongeurs,
les édentés,
les ruminants,
les pachydermes,
les amphibies,
les cétacés,
les marsupiaux,
et les monotrèmes.

Caractères de ces ordres. — Georges Cuvier a divisé ces treize ordres en deux groupes : les mammifères monodelphes et les mammifères didelphes.

Les mammifères didelphes sont caractérisés par l'existence des os marsupiaux, leur gestation est incomplète, leurs petits viennent au monde dans un état trés-imparfait et sont placés pendant le temps nécessaire à leur allaitément, dans une poche mammaire qui se trouve à la partie inférieure du ventre, entre les jambes postérieures.

Les mammifères didelphes comprennent les deux derniers ordres : les marsupiaux et les monotrèmes.

Les monotrèmes (de μονος, seul, τρημα, orifice), ont des os marsupiaux, et n'ont pas de poche mammaire ; mais ils possèdent un cloaque qui sert à l'expulsion des résidus solides et liquides de la digestion et de passage au petit.

Les marsupiaux ont des os marsupiaux et une poche mammaire ; ils n'ont pas de cloaque.

Les onze premiers ordres renferment donc des mammifères monodelphes sans os marsupiaux.

Les amphibies et les cétacés se distinguent facilement par leur vie aquatique et leur corps pisciforme.

Les cétacés n'ont que deux membres, les **amphibies** en ont quatre.

Tous les autres ordres de mammifères se composent d'animaux terrestres. Les uns ont les doigts armés de sabots comme le cheval et le bœuf, et sont appelés mammifères ongulés ; les autres ont des ongles plus petits et portent le nom de mammifères onguiculés.

Les mammifères ongulés présentent deux ordres : les ruminants et les pachydermes.

Les pachydermes ont un estomac simple, les **ruminants** ont un estomac multiple.

Parmi les mammifères onguiculés, les uns ont une den-

12

tition complète, d'autres manquant de certaines espèces de dents, sont à dentition incomplète.

Parmi ces derniers se remarquent les **édentés**, qui n'ont pas de dents incisives, et les **rongeurs**, qui n'ont pas de canines.

Les autres ordres renferment des animaux à dentition complète, comme les **bimanes**, caractérisés par l'existence de deux mains, les **quadrumanes**, par l'existence de quatre mains, les **cheiroptères**, par l'existence des ailes.

Il ne nous reste donc plus à caractériser que deux ordres : les insectivores et les carnivores.

Les **insectivores** ont les dents hérissées de petites pointes aigues pour briser le squelette des insectes dont ils se nourrissent ; les **carnivores** ont des dents tranchantes, pourvues de pointes très-fortes, qui servent à broyer les os.

Espèces remarquables que l'on trouve dans ces différents ordres. — Ordre des bimanes. — Cet ordre ne présente qu'une seule espèce, l'espèce humaine, qui se compose de trois races distinctes.

La race **blanche** ou **caucasique**, dont l'angle facial est de 80 degrés.

La race **jaune** ou **mongolique**, dont l'angle facial est de 75 degrés.

La race **noire** ou **éthiopique**, dont l'angle facial est de 70 degrés.

L'homme est bien supérieur aux animaux par le développement du cerveau, siége d'une intelligence très-élevée et susceptible de s'accroître par l'éducation.

La station de l'homme est bipédale, les membres supérieurs sont délicatement organisés pour le toucher et viennent en aide pour compléter l'expression de la pensée transmise par la parole.

Ordre des quadrumanes. — Il renferme les singes, qui sont divisés en singes de l'ancien continent et en singes du nouveau continent. Les singes de l'ancien continent ont vingt dents molaires et n'ont pas de queue prenante. Parmi ce groupe on remarque des animaux de cinq à six pieds de taille, que l'on a considérés pendant longtemps comme appartenant à une race humaine dégénérée, d'où leur est venu le nom d'hommes des bois. Un certain nombre d'entre eux présentent en effet une ressemblance grossière avec quelques individus de la race humaine; mais la longueur des membres supérieurs qui dépassent les genoux, et le développement énorme des dents canines, établit une séparation complète entre ces deux groupes.

Les plus remarquables de ces animaux sont le gorille, le chimpanzé (*troglodytes*) et l'orang-outan (*satyrus rufus*), dont l'angle facial est de 67 degrés chez les jeunes sujets, tandis qu'il n'est que de 40 degrés chez les sujets adultes.

Le muséum de Paris a possédé quelques uns de ces animaux qui manifestaient une intelligence assez grande, et imitaient promptement les gestes qu'ils avaient observés. Ils s'asseyaient à table, mettaient leur serviette, buvaient dans un verre, se servaient très-bien d'une cuiller, se versaient du thé, le sucraient et le lais-

saient refroidir, pour le boire. Enfin ils offraient la main
aux visiteurs qu'ils reconduisaient gravement à la porte.

L'orang qui a appartenu à l'impératrice Joséphine jouait
souvent avec un petit chat, un jour que ce dernier l'avait
griffé, il lui prit les pattes, les examina avec attention et
chercha à en arracher les ongles.

Les orangs sont très-attachés à leurs maîtres, et ils
aiment beaucoup la société ; mais comme ils habitent des
régions très-chaudes, telles que la Guinée et l'île de
Bornéo, ils souffrent du froid quand ils arrivent en Europe
et meurent rapidement de la phthisie pulmonaire. A l'état
sauvage ils construisent des cabanes avec des branchages,
viennent se chauffer aux feux abandonnés par les indi-
gènes, mais n'ont pas la pensée de les entretenir. Leur
force est prodigieuse, ils se défendent avec un bâton, et
les nègres, lorsqu'ils veulent les chasser, se réunissent en
grand nombre. Ces animaux se nourrissent de fruits.

On remarque encore, parmi les singes de l'ancien continent, les gibbons, les guenons, les magots, les man-
drills, les cynocéphales et les entelles, pour lesquels les
Indous ont un respect religieux. Certaines espèces de
singes vivent en bandes et saluent le lever et le coucher
du soleil par des cris insupportables.

Singes du nouveau continent.—Ils ont vingt-quatre
dents molaires et une queue prenante qu'ils enroulent
autour des branches pour monter ou descendre. Parmi
ces animaux qui sont généralement plus petits que les
singes de l'ancien continent, on remarque les alouattes,
les ateles, les makis et les ouïstitis ; la plupart de ces
animaux s'apprivoisent facilement.

Ordre des cheiroptères. — Il est divisé en deux tribus, les galéopithèques et les chauves-souris.

Les **galéopithèques** ont les quatre membres terminés par des doigts armés d'ongles ; les membres antérieurs et postérieurs sont réunis par un repli de la peau qui leur sert de parachute lorsqu'ils sautent d'un arbre à l'autre.

Les galéopithèques habitent l'archipel Indien, et vivent d'insectes et de fruits.

Chez les **chauves-souris** qui ont les membres antérieurs transformés en ailes, l'épaule présente à peu près les mêmes dispositions que chez les autres mammifères ; cependant, la clavicule est très-développée, l'apophyse coracoïde forme un os distinct et le sternum est saillant. Le bras et l'avant-bras n'offrent rien de particulier ; mais la main a subi une transformation complète, on ne rencontre plus que le pouce, terminé par un ongle fort et crochu à l'aide duquel les chauves-souris se suspendent à la voûte des cavernes. Les autres doigts sont transformés en longues baguettes qui soutiennent la peau comme les baleines d'un parapluie. Le repli cutané qui forme les ailes, s'étend jusqu'aux membres postérieurs et même jusqu'à l'extrémité de la queue.

Les chauves-souris sont des animaux hibernants, elles ne sortent que le soir et pendant les temps chauds.

On les divise en deux familles, les roussettes et les chauves-souris proprement dites.

Les roussettes (*pteropus*) mesurent parfois un mètre d'envergure, elles vivent en Afrique et en Amérique, se nourrissent de fruits et s'apprivoisent facilement.

On classe parmi les chauves-souris le vampire d'Amé-

rique (*vampirus spectrum*). Cet animal a la langue
armée de lancettes cornées à l'aide desquelles il perce la
peau des animaux pour leur sucer le sang. Il attaque
quelquefois les bergers pendant leur sommeil ; mais en
général ces attaques n'ont pas de suites funestes.

Les chauves-souris que l'on trouve communément en
France, sont : le fer à cheval (*rhinolopus*), l'oreillard
(*plecotus auritus*) et la chauve-souris commune (*vesper-
tilio murinus*), qui se nourrissent d'insectes.

Ordre des insectivores.— Les insectivores ont le museau pointu, les membres courts et armés d'ongles assez
puissants pour chercher dans le sol les insectes dont ils
se nourrissent.

Il y a en Europe trois espèces d'insectivores : le hérisson, la taupe et la musaraigne.

Le hérisson (*erinaceus europœus*), qui a le corps couvert de piquants, vit dans les bois ; pendant le jour, il se
retire dans les haies ou dans les buissons ; et se met en
boule pour se défendre contre les attaques de ses ennemis.

Ne sortant que le soir, il se nourrit plus spécialement
de limaçons ; c'est donc un animal très-utile dans les
jardins.

La taupe (*talpa vulgaris*) creuse des galeries dans le
sol à l'aide de ses membres antérieurs qui sont admirablement conformés pour cet usage ; elle se nourrit d'insectes,
de vers ou de larves, comme celles du hanneton, si
communes à certaines époques ; elle dérange, il est vrai,
la régularité de nos parterres, et attaque quelquefois les
racines des végétaux, mais elle nous rend de grands services en détruisant les insectes nuisibles.

Les musaraignes (*sorex araneus*) vivent dans les jardins et au bord des fossés qu'elles creusent de leurs galeries. Elles ont une odeur musquée qui répugne aux chats ; néanmoins, ils les tuent et viennent souvent les déposer sur le seuil de la maison qu'ils habitent comme pour témoigner de leur vigilance.

Les musaraignes sont des animaux inoffensifs qui se nourrissent d'insectes ; ce sont les plus petits mammifères ; elles ressemblent aux souris, mais s'en distinguent par leur museau allongé et pointu comme celui de la taupe.

Ordre des carnivores. — Il est divisé en deux tribus, les plantigrades et les digitigrades.

Les carnivores plantigrades sont ceux qui marchent sur la plante du pied. Nous trouvons dans cette tribu : l'ours, le raton, le blaireau.

Il y a de nombreuses espèces d'ours ; les plus répandus autour de nous sont l'ours blanc et l'ours brun.

L'ours blanc (*ursus maritinus*) vit dans les mers polaires, sur les îles de glace ; il se nourrit de poissons et de phoques, nage avec une grande facilité, et attaque quelquefois l'homme ; il n'est pas excessivement dangereux : lorsqu'il se sent blessé, il cesse le combat.

L'ours brun (*ursus arctos*) habite les montagnes et les forêts ; il se retire dans des cavernes ou dans le creux des arbres, se nourrit de fruits et aime beaucoup le miel. Il fuit la présence de l'homme ; mais lorsqu'il est blessé, ou pressé par la faim, il devient furieux, se dresse sur ses pattes de derrière et s'avance sur son ennemi pour le combattre jusqu'à la mort.

L'ours brun est assez intelligent ; réduit en captivité, il

apprend à exécuter un certain nombre de gestes pour obtenir les friandises qu'il convoite et que les visiteurs manquent rarement de lui jeter. Il finit par comprendre certains commandements et obéit à la parole.

L'ours noir (*ursus americanus*) habite l'Amérique ; la peau de ces animaux sert à la fabrication de diverses fourrures, leur chair est très-coriace.

On trouve encore en Amérique l'ours gris, connu sous le nom d'ours féroce (*ursus ferox*). Cet animal qui pèse 3 à 400 kilogrammes attaque les bisons qui ne peuvent lui résister, même quand ils sont réunis en troupeaux.

Les ratons laveurs (*procyon lotor*) habitent aussi l'Amérique ; ce nom leur a été donné à cause de la singulière habitude qu'ils ont de laver dans l'eau les aliments dont ils se nourrissent.

Le blaireau (*meles vulgaris*) habite les grandes forêts de l'Europe, où il se creuse des terriers ; il se nourrit de mammifères, d'oiseaux et d'insectes. Cet animal ne sort que la nuit, sa chair et sa graisse sont infectes ; son poil sert à fabriquer des pinceaux.

Les carnivores digitigrades sont ceux qui marchent sur l'extrémité des doigts, ils sont divisés en trois familles :

les vermiformes,

les chiens

et les chats.

Famille des vermiformes. — Les vermiformes sont de petits carnassiers à corps allongé et effilé, ils s'introduisent dans les plus petits trous. Nous citerons par rang de taille, la belette, l'hermine, le putois, le furet, les fouines, les martes, les loutres, etc.

La belette (*mustela vulgaris*) et l'hermine (*mustela erminea*) se nourrissent de petits mammifères, tels que les souris et les rats; elles attaquent aussi les volailles, le lapin et même le lièvre dont elles sucent le sang, après les avoir mordus à la nuque. L'hermine est fauve en été et blanche en hiver.

Le putois (*mustela putorius*) vit autour de nos habitations, sous des meules de fagots, ou dans les greniers. Son nom lui est venu de l'odeur forte qu'il répand et qui trahit souvent sa présence. Il se lève de bonne heure, afin de faire impunément le tour du poulailler dont il mange les œufs. On le prend au piége, sa peau sert à la confection de fort beaux manchons.

Le furet (*mustela furo*) est employé à la chasse du lapin.

La marte (*mustela martes*) et la fouine (*mustela foina*) sont recherchées pour leurs fourrures, c'est surtout en Russie qu'on en fait un très-grand commerce.

La loutre (*lutra vulgaris*) a les doigts palmés, elle se nourrit de poissons et peut être apprivoisée et employée à la pêche.

On trouve encore, parmi les vermiformes, la mangouste (*herpestes pharaonis*), qui détruit les œufs de crocodile. Cet animal était adoré en Egypte, où il vit en domesticité comme le chat.

Famille des chiens.— Cette famille renferme le chien, le loup, le chacal et le renard. Ces animaux sont susceptibles de contracter la rage spontanément, le chat, dont nous parlerons tout à l'heure, possède aussi cette triste prérogative.

Le chien (*canis familiaris*) est le plus fidèle compa-
gnon de l'homme, il ne l'abandonne pas plus dans la
misère que dans l'opulence.

« Plus docile que l'homme, dit Buffon, plus souple
qu'aucun des animaux, non-seulement le chien s'instruit
en peu de temps, mais même il se conforme aux mouvements, aux manières, à toutes les habitudes de ceux qui
le commandent : il prend le ton de la maison qu'il habite ;
comme les autres domestiques, il est dédaigneux chez les
grands et rustre à la campagne.

« Le chien, fidèle à l'homme, conservera toujours une
portion de l'empire, un degré de supériorité sur les autres
animaux ; il leur commande, il règne lui-même à la tête
d'un troupeau ; il s'y fait mieux entendre que la voix du
berger.

« Sans avoir comme l'homme, la chaleur de la pensée,
il a toute la chaleur du sentiment ; il a de plus que lui la
fidélité, la constance dans ses affections. »

On rencontre en Amérique des chiens qui s'étant
échappés des habitations, vivent par bandes à l'état
sauvage.

Le loup (*canis lupus*) ressemble beaucoup au chien,
mais il en diffère par le caractère ; « pris jeune, dit Buffon,
il s'apprivoise ; mais ne s'attache point ; la nature est
plus forte que l'éducation, il reprend avec l'âge son caractère féroce, et retourne dès qu'il le peut à l'état sauvage.
Il ne vit pas en société ; mais se réunit quelquefois en
bandes pour attaquer des animaux beaucoup plus forts
que lui.

» Le loup a beaucoup de force, surtout dans les

muscles du cou et de la mâchoire. Il porte avec sa gueule un mouton sans le laisser toucher à terre.

Cet animal, qui pendant la nuit est d'une audace incroyable, suit les voyageurs et saisit le moment favorable pour se jeter sur eux ou sur leur monture ; il pénètre jusque dans les bergeries et déploie alors autant de ruse que d'adresse et de force.

Le chacal (*canis aureus*) habite l'Afrique ; il est très-commun aux environs des grandes villes, dans lesquelles il pénètre pendant la nuit pour se nourrir des débris qu'il rencontre çà et là dans les rues.

Le renard (*canis vulpes*), beaucoup plus rusé que le loup, s'installe dans les bois voisins des villages ; la nuit ou le jour, il s'en approche en rampant et enlève quelque pièce de basse-cour ; il se met aussi à l'affût et saisit les lièvres, les lapins et même les perdreaux. Il aime le miel ; lorsque les abeilles, dont il attaque les nids, se jettent sur lui, il se roule à terre, en écrase un grand nombre, et finit par se rendre maître de la ruche dont il mange le miel et la cire. Constamment en éveil ; il peut être considéré comme le modèle de la vigilance et de la ruse, il se retire souvent dans des terriers de lapins ou de blaireaux, qu'il chasse de leur maison pour en faire son gîte.

Les hyènes (*hyæna vulgaris*) forment une sorte de trait d'union entre les chiens et les chats. Ce sont en général des animaux peu courageux rôdant la nuit et se nourrissant de cadavres qu'ils vont déterrer jusque dans les cimetières. Leurs membres antérieurs très-forts et très-élevés, sont admirablement conformés pour cette opération.

Famille des chats.—Cette famille renferme un grand nombre d'animaux pourvus d'ongles mobiles qui se redressent pendant la marche. Les plus remarquables sont le lion, le tigre, la panthère, le jaguar, le léopard, le couguar et le chat.

Le lion (*felis leo*) a été appelé roi des animaux à une époque où le tigre n'était pas connu; il avait alors une réputation de noblesse et de courage qui ne s'est pas soutenue quand ses mœurs ont été mieux étudiées. Le lion habite l'Asie et l'Afrique : ayant le caractère du chat, il se glisse adroitement dans les fourrés, se tapit près des ruisseaux où les gazelles ont l'habitude de se désaltérer et attend avec patience que l'animal se présente. Il s'élance sur sa proie en un seul bond de dix à quinze mètres ; s'il la manque, ce qui lui arrive rarement, il ne la poursuit pas, car sa course n'est pas rapide, mais il recommence plusieurs fois à sauter comme pour s'exercer à être plus adroit. Il ne se nourrit que de proie vivante, l'abandonne quand il a assouvi sa faim et y revient seulement quand sa chasse a été infructueuse et que l'appétit l'aiguillonne. Lorsqu'on le fait lever dans les hautes herbes, il fuit devant l'homme, marche en rampant et cherche à se soustraire à ses coups; s'il est à découvert, il marche et s'enfuit plus lentement ; mais si on l'inquiète si on le hêle, il semble que son honneur soit mis en jeu; alors il s'arrête, et attend son ennemi. C'est surtout lorsqu'il est blessé qu'il devient dangereux : il se jette aveuglément sur ceux qu'il rencontre, ne compte pas le nombre des ennemis, veut se venger avant de mourir et chacun de ses coups de griffe donne la mort, Lorsqu'il est pressé par la faim, il vient rôder autour des habitations, il se jette sur l'homme ou dérobe une pièce de volaille avec laquelle il s'enfuit comme le chat qui a commis un larcin.

Son caractère paraît varier suivant les contrées qu'il habite, il est devenu plus craintif depuis qu'il a été poursuivi avec des armes à feu.

D'après les relations que nous a laissées Delegorgue, le lion paraît beaucoup moins dangereux en Cafrerie qu'en Algérie ; en Algérie le lion trouve difficilement sa nourriture, sans cesse harcelé par l'homme, il s'en venge quand il le peut. Au contraire, en Cafrerie, il trouve une proie plus abondante et plus facile, de sorte qu'étant moins pressé par la faim, il devient moins dangereux pour l'homme.

Dans les ménageries, il s'apprivoise facilement, et reçoit volontiers les caresses comme le chat.

Le tigre (*felis tigris*) habite l'Inde : plus fort et plus féroce que le lion, il ne tue pas seulement pour se nourrir ; lorsqu'il a assouvi sa faim, il égorge encore pour satisfaire ses instincts meurtriers.

La panthère (*felis pardus*) qui est beaucoup plus petite que le lion, a un pelage fauve maculé de taches noires ; elle habite les forêts de l'Afrique, grimpe sur les arbres et paraît être plus dangereuse que le lion.

La panthère noire de Java est considérée par certains auteurs comme une variété de léopard.

Le léopard (*felis leopardus*) habite l'Afrique ; le jaguar est appelé tigre d'Amérique, et le couguar lion d'Amérique.

Les chats (*felis catus*) sont suffisamment connus pour que nous ne fassions que les citer.

Ordre des rongeurs. — Les rongeurs, dépourvus de dents canines, ont des incisives très-longues et très-développées à l'aide desquelles ils divisent les matières végétales les plus dures.

On rapporte qu'un castor s'étant échappé de sa cage au Muséum de Paris, scia une vingtaine de poiriers pendant une seule nuit

L'écureuil (*sciurus vulgaris*) est un des plus gracieux habitants de nos forêts; il confectionne avec des branchages et des feuilles des nids analogues à ceux des oiseaux, amasse des provisions de noisettes, pour l'arsière saison et s'engourdit pendant l'hiver. Son poil est employé à la fabrication des pinceaux; la peau, d'une espèce connue sous le nom de petit-gris sert à la fabrication des manchons.

La marmotte (*arctomys marmotta*) habite les Alpes et presque toutes les parties montagneuses de l'Europe, de l'Asie et de l'Amérique; elle vit dans des terriers et se nourrit de matières végétales.

Le porc-épic (*hystrix cristata*) a le corps couvert de longues épines cornées, il vit dans un terrier, se nourrit d'herbes et de fruits. On le rencontre dans le midi de l'Europe.

Les castors (*castor fiber*) ont la queue aplatie et couverte d'une peau écailleuse, leurs pieds de derrière sont palmés; ces animaux jouissent d'une certaine célébrité qu'ils doivent à leur intelligence.

Buffon nous a parfaitement fait connaître leurs mœurs; ils se rassemblent vers la fin de juillet au nombre de deux cu trois cents, scient et abattent des arbres avec lesquels ils construisent des digues, au travers des fleuves et des cabanes à plusieurs étages ; ils gâchent la terre avec leurs pattes et la battent avec leur queue. Aujourd'hui, il est rare de les rencontrer en grandes bandes ; très recherchés pour leur fourrure, ils fuient et se dispersent vers le nord. Ces animaux habitent l'Amérique, autrefois il y en avait en Europe.

Les rats. — Les anciens ne connaissaient pas le rat, ou ils ont oublié d'en faire mention. On pense que c'est vers l'époque des Croisades que s'est introduit en France le rat noir (*mus rattus*) qui se distingue par sa couleur cendrée-noirâtre. C'est lui qui présente une variété blanche. Il se nourrit de matières végétales, fréquente les cours d'eau, habite les granges, les caves et cause de grands dégâts.

Vers 1750, au moment où le commerce de l'Inde prit de l'extension en Angleterre, il arriva en France dans la coque des navires une nouvelle espèce de rat connue sous le nom de surmulot (*mus decumanus*) ; c'est le gros rat gri-roussâtre avec une longue queue.

Ce rat s'est propagé en Europe avec une rapidité prodigieuse, il a plusieurs portées chaque année et fait jusqu'à seize et dix-huit petits ; cet animal très-carnassier, s'est installé le long des cours d'eau et a dévoré presque tous les rats noirs, qui ne se rencontrent plus aujourd'hui que dans les endroits éloignés des rivières.

Le surmulot creuse les murailles, s'établit dans nos habitations, étrangle les lapins et les volailles, grimpe dans les pigeonniers et tue en quelques jours des centaines de pigeons.

Les surmulots se réunissent par milliers dans les égoûts

de Paris, lorsque les bandes se rencontrent, elles se livrent des combats très-meurtriers. En 1863, une battue, organisée dans les égoûts collecteurs, en a fait tuer plus de cent mille ; mais plusieurs chiens, victimes de leur ardeur, ont été étranglés.

Le loir (*myoxus glis*) et le lérot (*myoxus nitela*) qui vivent dans les jardins, se nourrissent de fruits et se distinguent des rats par le bouquet de poils qu'ils portent à l'extrémité de leur queue.

Les mulots, les souris et les campagnols habitent les champs en quantité considérable et causent de grands dégats dans les années sèches. Lorsque le temps est très-pluvieux beaucoup de ces animaux sont noyés dans les trous qu'ils habitent.

Parmi les campagnols, on remarque une espèce aquatique très-répandue le long de nos cours d'eau et souvent confondue avec le rat. Elle s'en distingue par la queue qui n'a qu'un à deux pouces la longueur ; cet animal est herbivore, sa chair est bonne a manger.

On remarque en Afrique un rat appelé gerboise (*dipus gerboa*), pourvu de membres postérieurs très-longs et analogues à ceux des sauterelles. Il court en sautant par bonds de deux à trois mètres.

Enfin l'ordre des rongeurs renferme le lièvre (*lepus variabilis*) et le lapin (*lepus cuniculus*), d'une utilité incontestable à certains points de vue ; mais le lapin de garenne, lorsqu'il devient trop nombreux, cause des dégâts énormes dans les récoltes.

Ordre des édentés. — Les édentés n'ont pas de dents incisives, quelquefois même ils manquent complètement de dents. Les animaux que renferme cet ordre sont tous étrangers à l'Europe. On y remarque les paresseux, les fourmiliers, les tatous et les pangolins.

Le paresseux (*bradypus didactylus*), qui ressemble à un singe, est de la grosseur du chat; vivant sur les arbres, il possède des membres antérieurs très-longs qui rendent sa démarche sur le sol extrêmement lente ; d'où lui est venu le nom de paresseux.

Le fourmilier (*mymecophaga jubata*), dépourvu de dents, a le museau très-allongé et une langue visqueuse de 50 centimètres de longueur, dont il fait usage pour saisir les fourmis.

Le tatou (*priodontes giganteus*) et le pangolin (*manis javanica*) ont le corps couvert d'écailles imbriquées comme les tuiles d'un toit. Ils se mettent en boule quand un danger les menace; ces animaux vivent de termites. Tous habitent l'Amérique.

Ordre des ruminants. —Les ruminants sont ongulés, c'est-à-dire que chez eux la dernière phalange est protégée par un sabot corné ; ils n'ont pas d'incisives à la mâchoire supérieure, mais possèdent quatre estomacs : le rumen, le réseau, le feuillet et la caillette.

Ces animaux mâchent d'abord rapidement les aliments, la déglutition chasse le bol alimentaire dans le rumen, qui est le plus considérable des réservoirs digestifs ; il occupe la partie gauche de la cavité de l'abdomen et renferme, chez le bœuf, jusqu'à 100 kilogrammes de matières alimentaires.

Après avoir fait une provision suffisante d'aliments, les

ruminants se couchent le plus souvent à l'ombre des forêts, contractent l'abdomen et font remonter dans la bouche, par un mouvement analogue à celui qui produit le vomissement, les matières incomplètement divisées ; ils les soumettent à une seconde mastication, les insalivent d'une manière complète et les avalent une seconde fois ; alors, les aliments passent dans le feuillet puis dans la caillette, véritable estomac digérant, dans lequel se fait la sécrétion du suc gastrique. L'ensemble de cet acte singulier a reçu le nom de rumination.

La rumination est accompagnée de particularités assez intéressantes.

On sait que pour opérer la déglutition du bol alimentaire, il faut que celui-ci soit imbibé d'une certaine quantité de salive qui lui sert pour ainsi dire de véhicule. Il en est de même lorsque le bol alimentaire doit remonter du rumen dans la bouche; aussi trouve-t-on près du rumen, un autre estomac plus petit, appelé réseau, qui sert de réservoir aux liquides ; de sorte que, quand le bol est lancé dans l'œsophage, il est imbibé d'une certaine quantité de liquide qui favorise son ascension.

Les ruminants habitant souvent les déserts, sont exposés à manquer d'eau ; aussi la nature les a-t-elle dotés d'un instinct remarquable : aussitôt que le bol est arrivé dans la bouche, ils le pressent sur le dos de la langue, en font sortir le liquide qu'ils avalent pour le faire servir à l'ascension d'un nouveau bol.

L'ordre des ruminants se divise en cinq tribus :

　　　　les kénocères,
　　　　les camélopardés,

les cervidés,
les moschidés,
et les camélidés.

Comme l'indique leur noms, les **kénocères** (de κερας,
corne, κενος, creuse), ont les cornes creuses. On remarque dans cette tribu : le genre bœuf (*bos*), qui renferme
un assez grand nombre d'espèces, parmi lesquelles nous
citerons le bœuf ordinaire (*bos taurus*) , l e bison (*bos
americanus*), le yack ou vache grognante (*bos grun-
niens*), qui habite l'Inde, le buffle (*bos bubalus*), animal rustique, qui se contente d'une nourriture grossière
et l'aurochs (*bos urus*), qui habite la Lithuanie. Le mouton (*ovis*), le moufflon de Corse (*ovis aries fera*), la
chèvre (*capra*), le bouquetin (*capra ibex*), et le cha-
mois, du genre antilope, appartiennent à cette tribu.

Tribu des camélopardés. — Elle ne renferme que la
girafe, originaire de l'Afrique ; la tête de cet animal est
portée sur un cou très-long, ce qui lui permet de se
nourrir de feuilles d'arbres.

La girafe (*camelopardalis giraffa*) a des cornes peu
développées et couvertes de poils.

Tribu des cervidés ou des ruminants à bois. — Les
cornes des animaux de cette tribu tombent et repoussent chaque année ; elle renferme : le cerf (*cervus ela-
phus*), le chevreuil (*cervus capreolus*), l'élan (*alces
machlis*), le renne (*rangifer tarandus*), etc., etc.
Les bois du cerf sont disposés de façon à protéger le corps
de l'animal contre le choc des branches qu'il déplace dans
sa course rapide au milieu des forêts.

Tribu des moschidés. — Les animaux qui la composent sont caractérisés par l'existence de deux canines sortant de la mâchoire supérieure et servant de défense. On remarque dans ce groupe le chevrotain musc (*moschus moschiferus*), qui porte sous le ventre une poche remplie de la matière grasse et odorante connue sous le nom de musc.

Cet animal habite le Thibet.

Tribu des camélidés. — Les camélidés sont dépourvus de cornes, ils ont des incisives aux deux mâchoires. Chez eux les globules du sang sont elliptiques comme chez les oiseaux. Cette tribu renferme le chameau à deux bosses (*camelus bactrianus*), originaire de l'Asie, le chameau à une bosse ou dromadaire (*camelus dromedarius*), originaire de l'Afrique, le lama (*auchenia glama*), et la vigogne (*auchenia vicugna*), originaires de l'Amérique.

Le chameau et le dromadaire possèdent à la partie inférieure de l'estomac, des cellules aquifères, dans lesquelles ils mettent en réserve assez d'eau pour traverser le désert. Lorsque la soif se fait sentir, ils font remonter de l'estomac une petite quantité d'eau qui les rafraîchit et favorise la rumination.

Les Arabes se nourrissent de la chair et du lait du dromadaire ; son poil et son cuir sont diversement utilisés.

On fabrique avec le poil du lama et de la vigogne des étoffes de laine appelées alpacas.

Ordre des pachydermes. — Les pachydermes (de παχυ, épais, δερμα cuir), sont des mammifères ongulés, c'est-à-dire dont les doigts sont terminés par un sabot corné, ils

ont un estomac simple et sont divisés en trois familles :
les proboscidiens, les pachydermes ordinaires et les solipèdes.

Famille des Proboscidiens (de πρ>βοσκις , trompe).—
elle renferme un seul genre, le genre éléphant (*elephas*).
Ces animaux ont une trompe qui sert au toucher et à la
préhension des aliments solides et liquides. Leur mâchoire
supérieure est pourvue de défenses en ivoire qui paraissent
appartenir à la catégorie des dents incisives ; ces défenses
atteignent trois mètres de longueur et pèsent de 60 à
100 kilogrammes.

Le genre éléphant renferme actuellement deux espèces :
l'éléphant gris, originaire de l'Inde (*elephas indicus*), où
il est élevé comme bête de somme, et l'éléphant noir
d'Afrique (*elephas africanus*), plus petit que le premier.
et auquel on fait une guerre acharnée à cause du développement de ses défenses. Les éléphants ont cinq doigts
pourvus d'ongles très-épais. Ils vivent en troupes assez
nombreuses conduites par un chef et changent souvent
de localités ; consommant en effet une quantité considérable de fourrages , et en détruisant avec leurs pieds
encore plus qu'ils n'en mangent, ils sont sans cesse
obligés de voyager pour trouver leur nourriture.

L'éléphant porte 1800 kilogrammes de marchandises
et peut faire 24 lieues par jour, son pas est presqu'aussi
rapide que le trot d'un cheval. Cet animal, qui aime
beaucoup le sucre et l'alcool , devient furieux lorsqu'il
fait usage de certains fruits enivrants. Il est d'un naturel
doux et patient ; mais dans la colère il est très-dangereux. Ayant beaucoup de mémoire, il reconnaît très-facile-

ment les personnes qui le caressent ou lui donnent des friandises, et se venge tôt ou tard des injures qu'il a reçues.

Pachydermes ordinaires. — Les animaux de cette famille sont dépourvus de trompe, et n'ont jamais plus de de quatre doigts.

On remarque dans cette famille : le tapir, dont le nez est un peu allongé.

Le rhinocéros (de ριν, nez, et κερας, corne) qui porte sur le nez une ou deux cornes, et dont la peau forme de singuliers replis. Le rhinocéros possède trois doigts à chaque pied. Il vit en Afrique et en Asie.

L'hippopotame (*hippopotamus amphibius*) a la peau extrêmement épaisse, il vit dans les lacs et les grands fleuves de l'Afrique, se nourrit de matières végétales et plonge avec une facilité surprenante. Sa chair est très-recherchée.

Le sanglier et le cochon appartiennent à la famille des pachydermes ; le cochon est un sanglier réduit à l'état de domesticité.

Famille des solipèdes (de *solus pes*, un seul pied) ou des **monodactyles** (de μονος, un seul, δακτυλος, doigt). —Cette famille renferme des animaux extrêmement utiles, comme le cheval (*equus caballus*), l'âne (*equus asinus*), l'hémione (*equus hemionus*) qu'on trouve en Asie, le zèbre (*equus zebra*) et le couagga (*equus quaccha*), qui sont originaires de l'Afrique.

Mulets. — On appelle mulet le produit du croisement de deux espèces de la même famille ; le croisement de l'âne avec la jument fournit un mulet excellent qui rend de grands services dans le Poitou, le midi de la France et l'Espagne. En général les mulets ne peuvent pas se reproduire, la nature ayant voulu conserver le type des espèces créées. Cependant du croisement du lapin et du lièvre on a obtenu dernièrement une espèce nouvelle et féconde, appelée léporide.

Ordre des amphibies.—Cet ordre comprend les phoques et les morses.

Les phoques (*phoca vitulina*) habitent l'Océan et sont généralement connus sous le nom de veaux marins. On leur fait une chasse active pour extraire l'huile que renferme leur corps ; un seul animal en fournit près d'une demi tonne. La chair des phoques est assez recherchée.

Ces animaux ont des mamelles pectorales, qui ont probablement donné naissance à la fable des sirènes ; ils sont assez intelligents et faciles à apprivoiser, se nourrissent de chair, de poisson, de crabes, et atteignent jusqu'à six mètres de longueur. Leur peau poilue sert à couvrir les malles.

Les phoques vivent en société, ils montent par bandes sur les îles de glace, pour se chauffer au soleil ; c'est là que les pêcheurs ainsi que les ours blancs vont ordinairement les surprendre.

Les morses (*trichechus rosmarus*) ont la mâchoire supérieure armée de dents canines très-puissantes, avec lesquelles ils s'accrochent aux rochers pour sortir de l'eau. Leurs doigts sont palmés comme ceux des phoques ; leurs membres postérieurs sont placés contre leur queue qui est aplatie et disposée en nageoire. Ces animaux, dont le corps est couvert de poils raides, habitent les mers glaciales et mesurent six mètres de longueur ; ils se réunissent quelquefois pour attaquer les embarcations.

Ordre des cétacés.—Les cétacés sont divisés en souffleurs et en herbivores. Les cétacés souffleurs ont les cavités nasales placées à la partie supérieure de la tête, leurs orifices extérieurs appelés évents, sont garnis d'une poche contractile à l'aide de laquelle l'animal lance jusqu'à la hauteur de treize mètres, l'eau qu'il avale par la bouche.

Parmi les cétacés souffleurs, on remarque la baleine (*balœna mysticetus*), le cachalot (*physeter macrocephalus*), le marsouin (*delphinus communis*), et le dauphin (*delphinus delphis*).

La **baleine** est le plus volumineux des mammifères ; elle mesure trente mètres de longueur, autant de circonférence, et pèse jusqu'à 150 mille kilogrammes. Sa mâchoire supérieure est armée, de chaque côté, de lames cornées, appelées fanons, qui ont la forme d'une lame de faulx ; ces lames sont très-nombreuses, on en compte parfois 8 à 900 d'un seul côté ; elles acquièrent jusqu'à cinq mètres de longueur. Les fanons sont serrés les uns contre les autres. Lorsque l'animal ouvre la bouche, l'eau y entrant en grande quantité, entraîne avec elle les mollusques, les crustacés et les poissons qu'elle tient en suspension ; en fermant la bouche, la baleine chasse l'eau à travers les filets des fanons qui retiennent les animaux dont elle se nourrit.

La langue de la baleine est très-développée, elle mesure neuf mètres de longueur et quatre de largeur.

L'estomac est assez vaste, il présente cinq cavités distinctes ; le tube intestinal est très-long.

La chair de la baleine est huileuse ; un seul animal fournit jusque 120 tonneaux d'huile. Autrefois les baleines étaient communes sur nos côtes ; mais la chasse destructive qui leur est faite en a diminué singulièrement le nombre et les a forcées à se réfugier dans les mers glaciales. C'est là que de hardis marins, montés sur des chaloupes, vont les surprendre lorsqu'elles dorment à fleur d'eau ; l'un d'eux lance un harpon en fer attaché à une longue corde ; l'animal se sentant piqué, plonge avec rapidité et rougit l'eau de son sang ; sa respiration pulmonaire l'oblige à revenir au-dessus de l'eau, c'est alors que les marins lui lancent un second harpon ; l'animal finit par expirer, on le hisse aux flancs du navire et les marins après l'avoir dépecé, font bouillir la chair pour en extraire l'huile. Les fanons sont connus dans le commerce sous le nom de baleine.

La baleine a deux mamelles pectorales, deux membres antérieurs transformés en nageoires et une queue disposée horizontalement.

Le **cachalot** n'a pas de fanons ; il possède des dents très-développées à la mâchoire inférieure, et mesure jusqu'à 28 mètres de longueur. Les cachalots qui sont très-carnassiers ; se nourrissent de poissons et de crustacés, ils vivent souvent en troupe et poursuivent les requins ainsi que les jeunes baleines. Ils attaquent même quelquefois les embarcations et les font chavirer. Cet animal porte dans la tête une matière grasse, appelée blanc de baleine, qui sert à la fabrication de certaines bougies.

Le **narval** (*monodon monoceros*) ne possède qu'une dent de trois mètres de longueur, implantée sur le nez ;

quelques auteurs ont pensé qu'il en fait usage dans ses combats avec la baleine ; mais le fait n'est pas prouvé

Les **marsouins** et les **dauphins** abondent sur nos côtes. Bien des fables ont été inventées sur ce dernier, qui a l'habitude de suivre les navires pour recueillir les débris des repas.

Le dauphin conducteur habite les mers du Nord, il vit en troupes de plus de 500 individus. On rapporte que chaque troupe suit un chef qu'elle n'abandonne jamais ; lorsque les pêcheurs parviennent à faire échouer le chef, toute la troupe vient échouer après lui sur le sable. On en extrait de l'huile.

L'**épaulard** (*delphinus grampus*) est un cétacé voisin des marsouins, il mesure huit mètres de longueur, ses deux mâchoires sont garnies de dents. Cet animal livre, dit-on, des combats terribles à la baleine. Les épaulards se réunissent en troupe et, lorsqu'ils sont victorieux, ils dévorent la langue de leur victime.

Les **cétacés herbivores** sont le **dugong** (*halicore indicus*) et le **lamantin** (*manatus americanus*) qui vivent à l'embouchure des grands fleuves de l'Amérique ; ces animaux deviennent rares depuis la guerre d'extermination qui leur a été faite pour en utiliser la graisse.

Ordre des marsupiaux.— Les marsupiaux (de *marsupium*, bourse), ont des os marsupiaux et une poche mammaire.

Cet ordre renferme la sarigue (*didelphis virginiana*) et le kanguroo (*macropus giganteus*), (prononcez kangourou), qui vivent en Amérique et en Australie.

Ordre des monotrèmes. — Les monotrèmes (de μονος, seul, τρημα, orifice), ont des os marsupiaux, ils n'ont pas de poche mammaire; mais ils ont un cloaque comme les oiseaux, c'est-à-dire un canal unique qui sert à l'expulsion des résidus solides et liquides de la digestion ainsi qu'à la sortie des petits.

Cet ordre renferme l'echidné (*echidna hystrix*) et l'ornithorhynque (*ornithorhyncus paradoxus*), (de ορνις, oiseau, ραγχος, bec), mammifère qui a un bec et forme le trait d'union entre les mammifères et les oiseaux.

Questionnaire.

En combien d'ordres divise-t-on les mammifères ?

Quels sont les caractères de ces ordres ?

Combien y a-t-il de races humaines ?

Quels sont les animaux remarquables de l'ordre des quadrumanes ?

Quels sont ceux que l'on remarque dans l'ordre des chéiroptères ?

Indiquez les insectivores qui vivent en Europe; quels sont leurs mœurs ?

En combien de tribus divise-t-on l'ordre des carnivores, quels sont les animaux qu'on y remarque ?

Quel est le caractère de l'ordre des rongeurs ; quels sont les animaux qu'il renferme ?

Indiquez les animaux remarquables de l'ordre des édentés.

Qu'est-ce que la rumination ; comment s'effectue cette fonction ?

En combien de tribus divise-t-on l'ordre des ruminants; quels sont les animaux qu'on y remarque ?

Quelles sont les familles de l'ordre des pachydermes; quels sont les animaux qu'elles renferment ?

Indiquez les animaux de l'ordre des amphibies et de l'ordre des cétacés.

Quels sont les principaux types de l'ordre des marsupiaux et de l'ordre des monotrèmes ?

Fig. 69. — Fig. 72. — Fig. 70 — Fig. 71.

Fig. 69, Orang-outan.—*Fig.* 70, Galéopithèque.—*Fig.* 71, Chauve-souris oreillard.—*Fig.* 72, Hérisson.

Fig. 73.

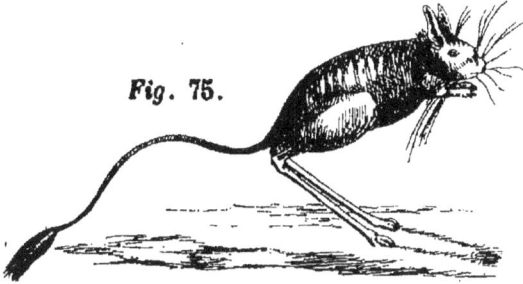

Fig. 75.

Fig. 74

Fig. 73, le putois.—Fig. 74, le castor.—Fig. 75, la gerboise.

Fig. 76.

Fig. 78.

Fig. 76, le paresseux unau.—Fig. 78, le pangolin.

Fig. 77.

Fig. 80.

Fig. 77, le fourmilier. — *Fig.* 80, le chevrotain musc.

Fig. 79.

Fig. 82.

Fig. 79, le renne. — Fig. 82, le phoque.

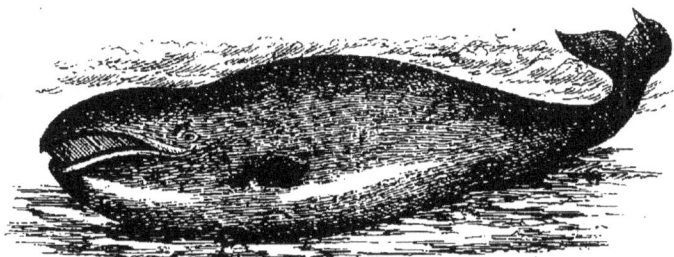

Fig. 84.

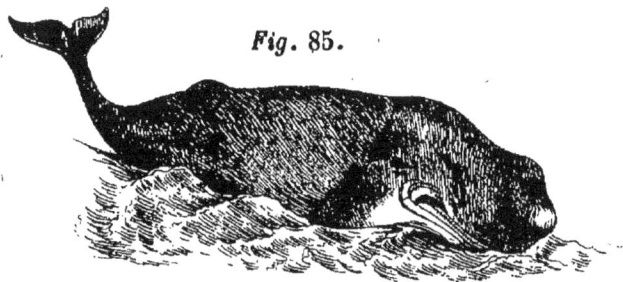

Fig. 85.

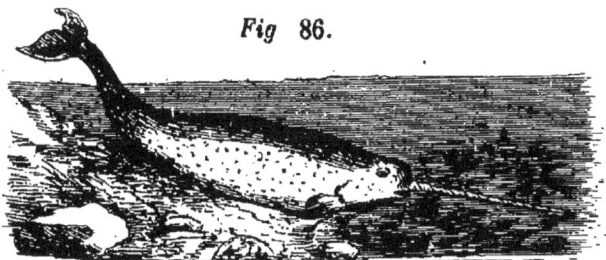

Fig 86.

Fig. 84, la baleine.—*Fig*. 85, le cachalot.—*Fig*. 86, le narval.

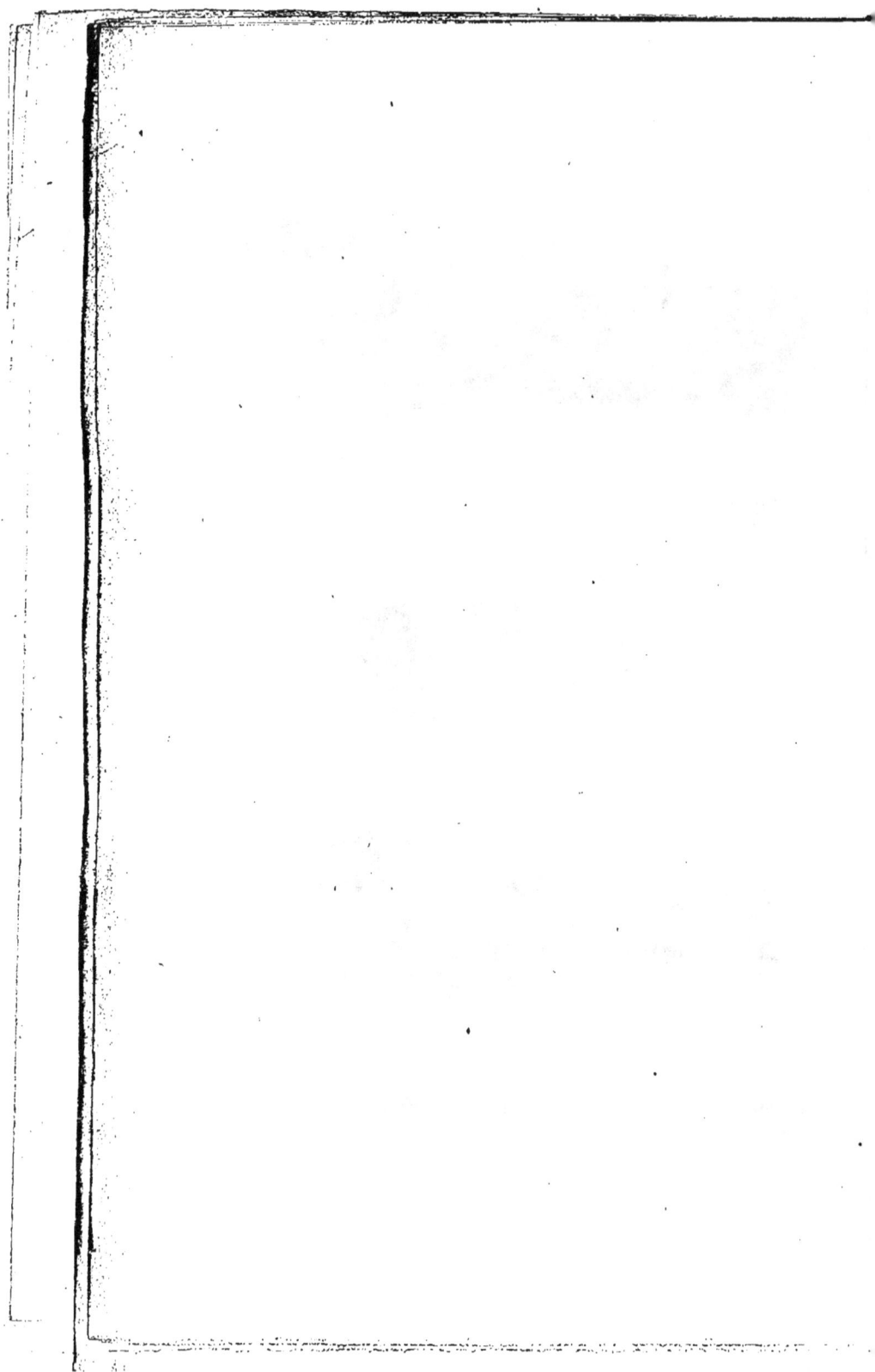

Fig. 87.

Fig. 88.

Fig. 87, la sarigue. *Fig.* 88, l'ornithorhynque.

ORGANISATION GÉNÉRALE DES OISEAUX.

Chez les oiseaux, les os maxillaires sont recouverts de lames cornées qui forment le bec. La forme du bec est toujours en rapport avec les aliments dont les animaux font usage.

Chez les oiseaux de proie, le bec est crochu et tranchant, il divise la chair dont ces animaux se nourrissent.

L'engoulevent, qui est de la taille du merle, a un bec largement fendu qui lui permet d'avaler des insectes du volume d'une petite noix, les côtés de ce bec sont garnis de longs poils qui le tranforment, lorsqu'il est ouvert, en une sorte de filet.

Les pics ont un bec droit et très-résistant à l'aide duquel ils creusent les arbres pour atteindre les larves d'insectes dont ils se nourrissent.

Les perroquets ont un bec très-puissant qui, jouant le rôle d'un casse-noix, sert à briser les enveloppes dures des graines.

Le bec de l'huîtrier, aplati comme un couteau à double tranchant, ouvre les huîtres et les coquilles dont cet oiseau mange les mollusques.

Les bécasses et les bécassines ont un long bec qu'elles introduisent dans les trous habités par les vers.

Le pélican possède, en dessous du bec, une poche dans laquelle ils loge les poissons.

Un grand nombre d'autres oiseaux présentent dans la forme de leur bec des dispositions bizarres dont les usages ne sont pas encore bien connus.

Entre les deux mandibules, on remarque la langue, qui, chez les perroquets et les canards, est épaisse et charnue, contrairement à ce qu'on observe chez les autres oiseaux, qui ont la langue mince, aplatie et peu développée.

La langue du pic vert, qui est à peu près cylindrique, est fixée par sa base sur l'os hyoïde dont les branches mobiles contournent la partie supérieure du crâne, de sorte qu'elle peut au besoin saillir hors du bec, d'une longueur de six à huit centimètres ; son extrémité libre est pointue et terminée par des crochets analogues à ceux d'un harpon (*fig.* 89); lorsque le pic vert a reconnu l'existence d'une larve d'insecte dans le tronc d'un arbre, il introduit sa langue dans le trou qu'il fait avec son bec, perce la larve de son harpon et la retire de la galerie qu'elle avait creusée.

Le pharynx des oiseaux n'offre rien de particulier, tandis que l'œsophage varie singulièrement de volume et présente une dilatation appelée gave ou jabot, qui sert de réservoir aux matières alimentaires. Dans la poitrine, l'œsophage présente une autre dilatation dont les parois épaisses renferment des glandes qui sécrètent le suc gastrique : ce second renflement est appelé estomac succenturié. Enfin l'œsophage pénètre dans l'abdomen et s'ouvre dans le gésier.

Le gésier (*fig.* 90) est le troisième renflement de l'appareil digestif des oiseaux ; c'est un sac dont les parois épaisses et résistantes sont enveloppées d'une couche musculaire très-puissante qui acquiert chez le cygne, par exemple, jusqu'à huit centimètres d'épaisseur.

Le gésier a des fonctions très-importantes, il renferme toujours une certaine quantité de pierres dures : la poule en avale qui ont parfois le volume d'une noisette. Lorsque les grains de blé, de fève, de maïs arrivent dans le gésier, les muscles se contractent et ces grains sont écrasés entre les pierres ; c'est donc dans l'estomac que s'effectue la mastication chez les oiseaux.

Les oiseaux de proie font exception à cette règle ; se nourrissant exclusivement de chair, ils n'ont pas de grains à broyer, et pour digérer la viande, ils ont, au lieu d'un gésier, un estomac simple et membraneux comme celui du chien ou de l'homme.

Les oiseaux ont un intestin grêle, un ou deux cœcums et un gros intestin qui se termine dans un cloaque.

C'est dans le cloaque qui correspond au rectum des mammifères, que s'ouvrent les uretères qui charrient l'urine et les oviductes qui y amènent les œufs. C'est pourquoi les excréments sont généralement de deux couleurs : l'urine est blanche, et les résidus de la digestion ont une coloration verte ou noirâtre. Enfin le cloaque se termine par l'anus.

Les oiseaux ont des glandes salivaires, un foie, un pancréas et une rate.

Circulation.—La circulation s'effectue chez les oiseaux comme chez les mammifères : ils ont un cœur à quatre cavités, mais les globules du sang sont elliptiques au lieu d'être circulaires. Le sang est chaud, la température du corps est de 42 à 44 degrés.

Respiration. — La respiration est pulmonaire, la trachée est formée de cerceaux complets ; chez le cygne et la 'grue, cet organe se replie dans le sternum avant de pénétrer dans la poitrine, disposition qui a probablement pour but de s'opposer aux tiraillements que la trachée pourrait exercer sur les poumons des animaux pourvus d'un long cou ; les poumons sont généralement accolés à la face interne des côtes, le diaphragme n'existe pas ; les bronches sont en communication avec des poches aériennes qui occupent la moitié du ventre et qui pénètrent jusque dans les os formant la charpente du corps.

Ces poches contenant de l'air échauffé à 44 degrés, forment de véritables ballons qui permettent à l'oiseau de se soutenir avec facilité dans l'atmosphère.

Squelette. — Le sternum présente une crête saillante appelée bréchet, qui est d'autant plus développée que les oiseaux ont le vol plus puissant et plus rapide (*fig.* 91). Cette relation est facile à comprendre ; c'est en effet sur le sternum que prennent naissance les muscles pectoraux qui font mouvoir les ailes ; plus le bréchet du sternum est saillant, plus les muscles seront épais et plus ils développeront de force dans leur contraction.

L'épaule est formée par trois os : 1° le scapulum, 2° l'os coracoïdien qui sert de point d'appui entre l'épaule et le sternum, 3° les clavicules qui sont soudées l'une à l'autre et forment la fourchette qui maintient l'écartement des deux épaules.

L'humérus, le radius et le cubitus ne présentent rien de particulier ; mais bien que la main ait subi une transformation complète, on retrouve encore le pouce et un métacarpe terminé par deux phalanges qui portent les grandes plumes des ailes ou rémiges.

Dans le membre inférieur, on trouve le fémur, le tibia, le péroné et la rotule ; le tarse et le métatarse sont représentés par un seul os appelé tarse qui porte quatre doigts dont trois en avant, et un en arrière qui correspond au pouce.

Le nombre des doigts diminue à mesure que les membres inférieurs servent plus exclusivement d'organes de locomotion ; ainsi les autruches, qui courent plutôt qu'elles ne volent, n'ont que trois doigts et quelquefois deux seulement.

Les membres inférieurs, conformés pour marcher ou pour percher, sont construits de façon que le poids du corps maintient les doigts en état de flexion, ce qui donne aux oiseaux la faculté de dormir sur un seul pied sans éprouver une grande fatigue.

Les ailes sont garnies de plumes puissantes appelées rémiges, à l'aide desquelles les oiseaux frappent l'air avec force pour prendre leur vol ; puis ils replient les ailes pour offrir une moins grande surface de frottement et les étendent de nouveau pour imprimer au corps une seconde impulsion.

Le corps de certains oiseaux est animé de mouvements

14

fort bizarres, que l'on remarque surtout chez ceux qui se nourrissent de vers, comme le vanneau et le combattant. Ces oiseaux fléchissant à chaque instant leur corps d'une manière brusque et saccadée, communiquent ainsi au sol une secousse qui fait sortir de la terre les vers dont ils font leur pâture.

Système nerveux. — Le système nerveux présente les mêmes dispositions générales que chez les mammifères ; le cerveau est à peu près lisse, les lobes optiques et olfactifs sont très-développés, il n'y a point de corps calleux.

Les oiseaux sont intelligents, ils ont un langage, à l'aide duquel ils se préviennent mutuellement de l'approche du danger ; certaines espèces sont douées d'une mémoire remarquable.

Ils ont un amour étonnant pour leurs petits et les défendent avec courage, on voit souvent la poule se jeter sur les chiens qui s'approchent de ses poussins.

Les oiseaux sont doués d'instincts merveilleux qui se révèlent surtout dans la confection de leur nid. Les uns le suspendent à l'aide de filaments végétaux qui conservent à l'habitation une direction perpendiculaire. Les autres le construisent avec de la terre, comme l'hirondelle et la sitelle ; celle-ci donne à son nid l'apparence d'un pot de terre qu'elle place dans le creux d'un arbre, d'où lui est venu le nom vulgaire de torchepot. Presque tous les oiseaux garnissent l'intérieur de leur nid avec des plumes qu'ils ramassent çà et là ; d'autres, comme les palmipèdes, arrachent avec le bec le duvet qui recouvre leur poitrine, afin de rendre leur nid plus chaud et plus moelleux ; cette

particularité, observée chez le pélican, a donné naissance
à la fable qui représente cet animal se déchirant les en-
trailles pour nourrir ses petits.

Une espèce d'hirondelle, la salangane, construit son
nid avec des plantes marines du genre fucus. Les Chinois
sont très-friands de ces nids qu'ils font venir à grands
frais des îles Philippines et Moluques.

Sens. — Le toucher des oiseaux doit être assez imparfait, leur corps étant couvert de plumes ; il y a deux
sortes de plumes, le duvet et la plume proprement dite.

Les oiseaux muent deux fois par an, au printemps et en
automne ; c'est à l'approche du printemps qu'ils se parent
de leur plus brillant plumage, que l'on appelle plumage
de noces parce que c'est à cette époque qu'ils construisent
leur nid.

L'odorat est très-développé, les narines sont placées
à la base de la mandibule supérieure, le goût est probablement peu étendu ; mais la vue est très-perçante, enfin
l'œil est protégé par une troisième paupière ou corps
clignotant. .

Le pavillon de l'oreille est formé par des plumes disposées symétriquement en arrière de l'œil ; l'oreille interne
ne renferme qu'un osselet.

Larynx. — Les oiseaux ont deux larynx, le premier
dépourvu d'épiglotte est placé en arrière de la langue,
comme celui des mammifères ; le second, dans lequel
se produit le chant, se trouve dans la poitrine au point
de bifurcation des bronches. Chez le mâle de canard, ce
second larynx a le volume d'une noix, il est formé de
cercles osseux sur lesquels sont tendues des membranes

qui donnent à cet appareil quelque ressemblance avec un tambour ; le larynx de la femelle est très-étroit, aussi son cri est-il plus perçant que celui du mâle (*fig.* 92).

Mode de reproduction.— Les oiseaux étant ovipares, pondent des œufs qu'ils couvent pendant un temps limité pour chaque espèce. Au moment de l'éclosion, la femelle brise l'écaille et favorise la sortie de ses petits.

L'œuf est un germe renfermé dans une enveloppe contenant la nourriture nécessaire à son premier développement. Il contient, au centre, un globe jaune appelé vitellus, renfermé dans la membrane vitelline. Lorsqu'on casse un œuf avec soin, on remarque à la partie supérieure du vitellus une petite tache circulaire, blanchâtre, appelée tache germinative ou cicatricule. C'est le germe qui sert de point de départ à la formation de l'oiseau (*fig.* 93).

Lorsqu'on ouvre le corps d'une poule, on trouve à la partie supérieure de la région lombaire, une infinité de petits corps jaunes de la grosseur d'une tête d'épingle ; ce sont les vitellus, qui, réunis entre eux, portent le nom de grappe. Les vitellus grossissent peu à peu : lorsqu'un jaune a acquis son développement complet, il se détache de la grappe et tombe dans un canal appelé oviducte, qui sécrète le blanc ou l'albumine de l'œuf ; en traversant ce canal, le jaune décrit un mouvement en spirale, et les couches d'albumine se tordent sur elles-mêmes pour former deux petits ligaments blanchâtres appelés chalazes, qui maintiennent le jaune dans le milieu de l'œuf. Enfin l'œuf est enveloppé par une double membrane fibreuse appelée chorion qui est elle-même recouverte d'une enveloppe calcaire.

Les membranes qui constituent le chorion s'écartent vers le gros bout de l'œuf et forment la chambre à air. Quant à l'écaille de nature calcaire, elle est sécrétée par l'oviducte et présente des porosités qui permettent l'entrée de l'air et favorisent la respiration du jeune oiseau avant son éclosion.

Glandes du croupion. — On trouve chez les oiseaux, au-dessus des vertèbres coccygiennes, deux glandes qui communiquent au dehors par un seul canal excréteur formant un petit bouton saillant sur le croupion.

Chez les canards ces glandes, du volume d'un haricot, sécrètent une quantité assez considérale de matière grasse et huileuse, que ces oiseaux expriment avec leur bec, et qu'ils étendent sur leurs plumes pour éviter le contact de l'humidité. C'est surtout lorsqu'il doit pleuvoir que les oiseaux aquatiques prennent cette précaution afin que l'eau glisse sur leurs plumes sans les mouiller. C'est à cette disposition organique que les oiseaux de mer doivent la faculté de plonger à deux ou trois mètres de profondeur et de reprendre immédiatement leur vol.

Migrations. — La plupart des oiseaux effectuent chaque année des voyages considérables, ils quittent au mois de septembre la Norwège et la Russie, pour venir dans le midi de l'Europe et en Afrique, où ils trouvent, sous un climat plus doux, la nourriture dont ils ont besoin. Dès que les rigueurs de la mauvaise saison sont passées, ils remontent vers le Nord où ils nichent en grande quantité.

L'un des plus remarquables des oiseaux voyageurs est l'hirondelle, qui arrive en Europe vers le mois d'avril; elle nous débarrasse des mouches et des cousins si répandus dans les endroits humides, et niche jusque dans nos habitations. A l'approche de la mauvaise saison, quand les insectes meurent ou se cachent dans les crevasses du sol, les hirondelles se rassemblent en grandes bandes, traversent la Méditerranée e vont passer l'hiver en Afrique.

La caille, qui a un vol si lourd, traverse aussi la Méditerranée après avoir niché dans notre pays, qu'elle quitte généralement vers la fin du mois d'août.

Les premières gelées nous amènent des hordes considérables de corbeaux, de canards, d'oies, de hérons, de cigognes, de grues qui quittent les îles des mers glaciales et se rendent dans le midi de l'Europe ou en Afrique. Ces oiseaux repassent vers le printemps, et se rendent dans les îles éloignées, où ils nichent en si grande abondance que le sol est parfois couvert de plusieurs mètres de guano formé par leurs excréments.

Ces migrations présentent des particularités curieuses : l'une des plus intéressantes est la facilité avec laquelle les oiseaux reconnaissent leur route pour revenir chaque année aux endroits qui les ont vus naître. Une autre non moins remarquable est la disposition que les canards et les oies adoptent pour effectuer leurs voyages ; groupés en bandes ayant la forme d'un V dont la pointe est dirigée en avant, ils fendent l'air avec vitesse; l'oiseau qui tient la tête de la bande est celui qui a le plus de fatigue à supporter, attendu qu'il doit résister au choc du vent ; lorsqu'il se sent fatigué, il quitte son rang et vient se placer à la queue, celui qui le suit prend sa place, et remplit à son tour le rôle de guide et d'éclaireur. Si la troupe est peu nombreuse, c'est le plus vieux qui conduit

la bande. Lorsque les oiseaux se reposent pour prendre
un peu de nourriture, des sentinelles vigilantes veillent
et les préviennent de l'approche du danger.

Les oiseaux qui sont intelligents, connaissent parfaitement l'homme et distinguent le chasseur; ils ne sont pas
naturellement sauvages, mais le deviennent par la guerre
que nous leur faisons. Nous avons vu des perdreaux
élevés dans un jardin, s'envolant chaque jour dans les
champs, et venant à l'appel des personnes qui les avaient
élevés, manger les œufs de fourmis qu'on leur réser-
vait. Le ramier, un des oiseaux les plus sauvages de
notre contrée, s'apprivoise très-bien quand on ne le
chasse pas; aux Tuileries, où le bruit de la poudre se
fait rarement entendre, cet oiseau vient auprès des pro-
meneurs recueillir les fragments de gâteaux que laissent
tomber les enfants.

Division des oiseaux en ordres.— Les oiseaux sont
divisés en six ordres, ce sont :

> les oiseaux de proie,
> les passereaux,
> les grimpeurs,
> les gallinacés,
> les échassiers,
> et les palmipèdes.

Caractères de ces ordres.—Les palmipèdes ont les
doigts palmés et les jambes emplumées.

Les échassiers ont les pattes très-hautes et les jambes
dépourvues de plumes à leur partie inférieure.

OISEAUX

Les **gallinacés** ont les jambes emplumées et la narine couverte d'une écaille molle (*fig.* 98).

Les **grimpeurs** ont deux doigts en avant et deux en arrière.

Les **oiseaux de proie** ont les ongles et le bec fortement crochus.

Enfin les **passereaux** qui ont le bec et les ongles à peu près droits, ont trois doigts en avant et un arrière; leurs narines ne sont pas recouvertes d'écailles, ils n'ont ni les jambes nues, ni les doigts palmés.

Espèces remarquables que l'on trouve dans ces différents ordres.— Oiseaux de proie ou rapaces.— Les oiseaux de proie sont divisés en diurnes et en nocturnes.

Les oiseaux de proie diurnes sont :

L'aigle impérial (*aquila heliaca*).

L'aigle royal (*aquila chrysaelos*).

L'aigle pygargue (*haliaetus leucocephalus*).

L'aigle Jean-le-Blanc (*circaetus gallicus*).

L'aigle balbuzard (*pandion fluvialis*), oiseau pêcheur dont les pattes bleues sont garnies de pointes cornées aussi aigues que des fragments de verre cassé, ce qui lui permet de saisir les poissons et de les retenir avec une grande facilité.

Les vautours, parmi lesquels on remarque le gypaète (*gypaetus barbatus*), qui vit dans les Alpes.

Le condor (*sarcoramphus condor*).

Le secrétaire (*serpentarius*), qui se nourrit de serpents.

Le milan (*milvus regalis*).

L'épervier (*accipiter nisus*).

L'autour (*astur palumbarius*).

Le busard Saint-Martin (*circus cyaneus*).

La buse (*buteo vulgaris*).

On classe encore parmi les diurnes, le genre faucon qui comprend le gerfaut (*falco islandicus*), le pélérin (*falco peregrinus*), la crécerelle (*falco tinnunculus*), le hobereau (*falco subbuteo*), et l'émérillon (*falco lithofalco*), qui étaient autrefois dressés à la chasse et sont connus vulgairement sous le nom d'émouchets.

La plupart de ces oiseaux se nourrissant de proie vivante, font une consommation considérable de gibier. M. Janet de Lasfonds rapporte qu'il a observé un nid de buzards Saint-Martin dont les jeunes ont reçu, en deux jours une provision de vingt-sept petits perdreaux. D'autres espèces, comme les vautours, se nourrissent de cadavres qu'ils éventent à de grandes distances et sur lesquels ils se jettent en bandes ; ils purgent ainsi la surface de la terre de toutes les matières en putréfaction qui corrompent l'atmosphère.

Les oiseaux de proie nocturnes sont les ducs (*bubo maximus*), les chouettes et le chat-huant ; ces oiseaux détruisent une grande quantité de souris.

Ordre des passereaux.— Cet ordre est divisé en cinq tribus : les dentirostres, les fissirostres, les conirostres, les ténuirostres et les syndactyles.

Les **dentirostres** présentent à l'extrémité de leur mandibule supérieure une petite dent cornée ; on range dans cette tribu les pies-grièches (*lanius*), les merles (*me-*

rula), les grives (*turdus*), le loriot (*oriolus*), le gobe-
mouche et les becs-fins, qui, ainsi que le rossignol (*phi-
lomela luscinia*), la fauvette (*sylvia*), le rouge-gorge,
le roitelet (*troglodytus europœus*), la bergeronnette, ont
un bec très-petit pour saisir les insectes.

Les **fissirostres** qui ont le bec largement fendu, sont:
les hirondelles (*hirundo rustica*), les martinets (*cypse-
lus*) et l'engoulevent (*caprimulgus europœus*).

Les **conirostres** ont un bec conique ; on classe dans
cette tribu le gros-bec (*coccothraustes*), le moineau
(*passer domestica*), le pinson (*fringilla*), le bouvreuil,
le serin, le chardonneret (*carduelis*), la mésange, les
bruants verdier et ortolan, le sansonnet (*sturnus vulgaris*), la pie (*pica*), le geai (*garrulus*), l'oiseau de
paradis, le corbeau (*corvus corax*), qui vit dans les
falaises de l'Océan, les corneilles (*corvus cornix*), dont
certaines espèces habitent notre pays que d'autres ne
font que traverser pendant l'hiver.

Les **ténuirostres** ont un bec effilé et mince : cette
tribu comprend le grimpereau et la huppe (*upupa epops*).

Les **syndactyles** qui ont deux doigts en partie soudés
renferment les martins-pêcheurs (*alcedo hispida*), qui se
nourrissent de poissons.

Ordre des grimpeurs. — On y remarque le pic noir
(*dryopicos martius*), le pic vert (*picus viridis*), le pic-
épeiche (*picus major*) ; les perroquets et les perruches,
le toucan et le coucou. Ce dernier dépose son œuf dans le
nid des petits oiseaux qui le couvent, et élèvent le petit
comme s'il était le leur.

Ordre des gallinacés.—Il est divisé en deux tribus : les gallinacés proprement dits et les pigeons.

Les gallinacés renferment le coq (*gallus domesticus*), le faisan (*phasianus vulgaris*), le dindon (*meleagris ocellatus*), originaire de l'Amérique, le paon, la pintade, la perdrix (*perdrix cinerea*), la caille, le colin, etc.

Les pigeons renferment le biset (*columba livia*), le pigeon voyageur, le pigeon ramier, les tourterelles, etc.

Ordre des échassiers.—Il est divisé en cinq tribus : les brévipennes, les pressirostres, les cultrirostres, les longirostres et les macrodactyles.

Les brévipennes qui ont des ailes courtes, ne volent pas ; mais ce sont de rapides coursiers : exemple, l'autruche (*struthio camelus*) et le casoar.

Les pressirostres ont le bec comprimé d'un côté à l'autre : on remarque dans cette tribu l'outarde (*otis tarda*), l'huîtrier, les vanneaux et les pluviers.

Les cultrirostres ont le bec fort : exemple, la grue (*grus- cinerea*), le héron (*ardea cinerea*), la cigogne, le butor, le marabout. Le butor fait entendre un cri que l'on compare à celui du taureau.

Les macrodactyles ont les doigts très-longs, ils marchent sur les herbes qui couvrent la surface de l'eau ; les plus remarquables sont la poule d'eau (*gallinula chloropus*), la poule sultane et les râles.

Enfin on a placé à la fin de l'ordre des échassiers un oiseau à doigts palmés, le flammant, qui habite la Méditerranée et la mer Rouge.

Ordre des palmipèdes.—Il est divisé en quatre tribus : les plongeurs, les longipennes, les totipalmes et les lamellirostres.

Parmi les **plongeurs** qui ont des ailes très-courtes, on remarque le manchot, dont les ailes sont transformées en nageoires, le pingouin, le macareux et les plongeons.

Les **longipennes** ont des ailes très-longues : exemple, l'albatros, les goëlands, les hirondelles de mer et les mouettes.

Les **totipalmes** qui ont les quatre doigts palmés, sont les pélicans, les fous, le cormoran (*graculus carbo*), dont les Chinois font usage pour la pêche du poisson.

Les **lamellirostres** ont les côtés du bec garnis de lamelles cornées qui tiennent lieu de dents, et avec lesquelles ils divisent les herbes dont ils se nourrissent ; on remarque dans cette tribu le cygne (*cygnus olor*), l'oie, le canard sauvage (*anas boschas*), la sarcelle (*anas querquedula*), etc.

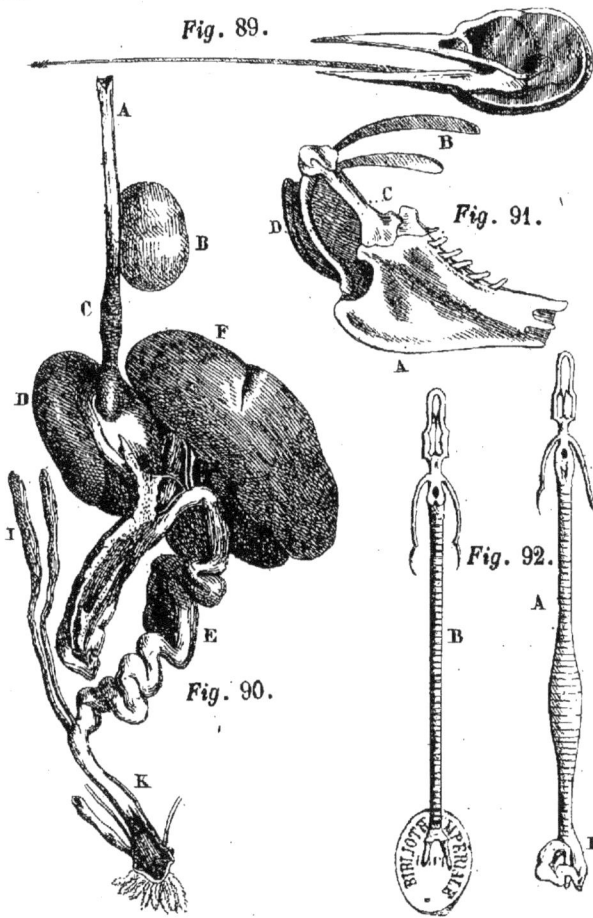

Fig. 89.

Fig. 91.

Fig. 92.

Fig. 90.

Fig. 89, langue du pic vert. — *Fig.* 90, appareil digestif de
l'oiseau : A œsophage, B gave, C estomac succenturié, D gésier,
E intestin, I cœcum, K cloaque, F foie. — *Fig.* 91, A bréchet du
sternum, B scapulum, C os coracoïdien, D fourchette. — *Fig.* 92,
A appareil vocal du canard garrot mâle, L larynx inférieur, B appareil vocal du canard garrot femelle.

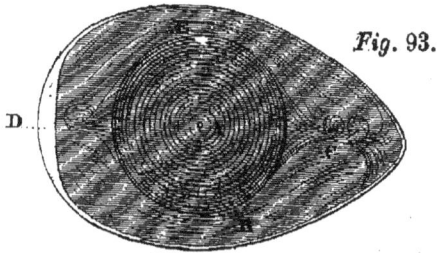

Fig. 93.

Fig. 94

Fig. 95.

D

Fig. 93, structure de l'œuf : A vitellus, E tache germinative,
B albumine, C chalaze, D chambre à air. — *Fig.* 94, faucon hobereau.—*Fig.* 95, Chouette effraye.

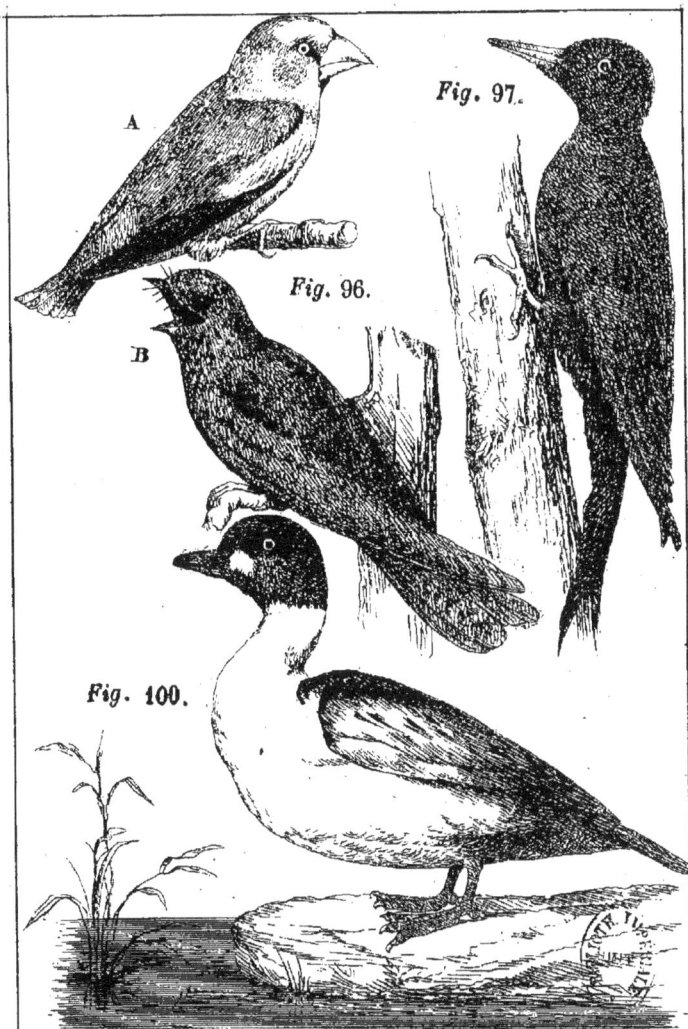

Fig. 96, A un conirostre, le gros bec à gros bec, B un fissirostre, l'engoulevent. — *Fig.* 97, un grimpeur, le pic noir. — *Fig.* 100, un palmipède, le canard garrot.

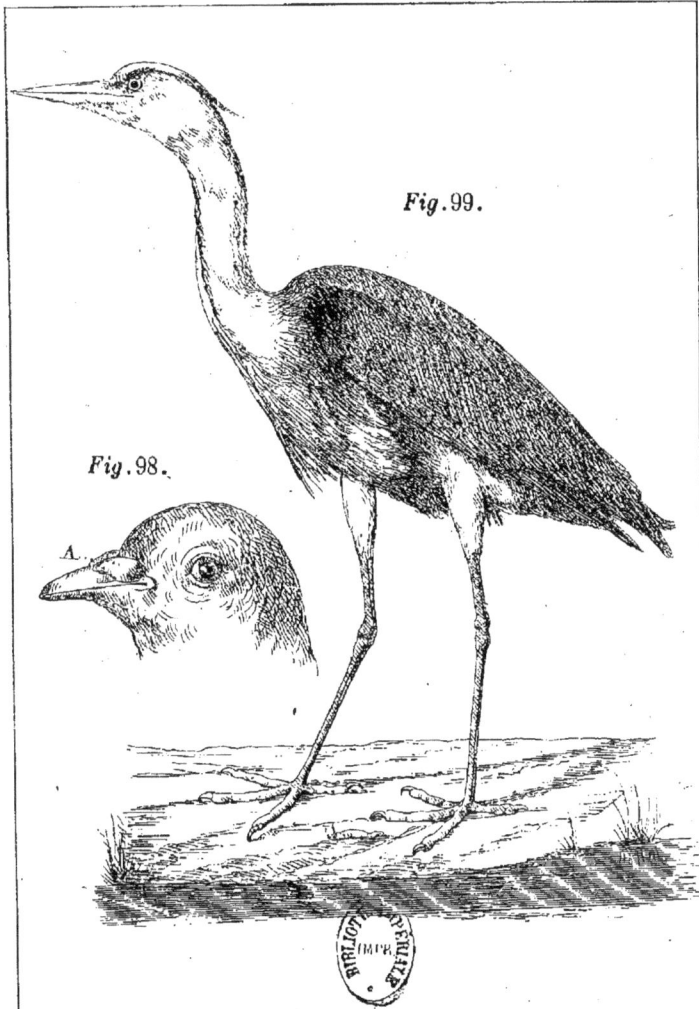

Fig. 99.

Fig. 98.

A.

Fig. 98, Tête de pigeon, A écaille molle qui recouvre la narine.
— *Fig.* 99, le héron.

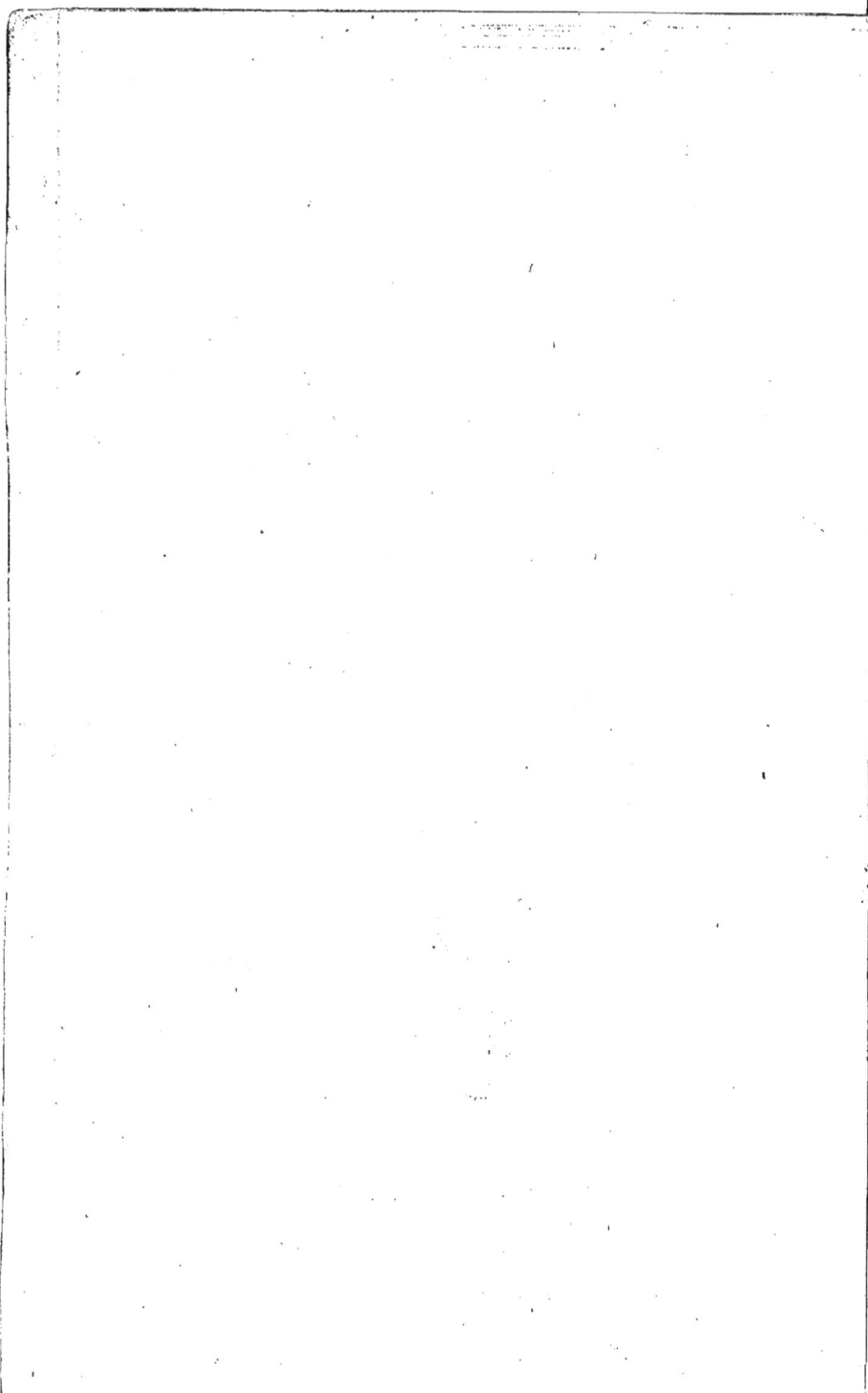

Questionnaire.

Comment est constitué le bec des oiseaux?

Quelles sont les dispositions les plus remarquables que présente le bec des oiseaux?

Quelle est la structure de la langue chez le pic vert?

Quelle est la disposition de l'appareil digestif des oiseaux granivores et carnassiers?

Comment s'effectue la circulation des oiseaux?

Qu'y a-t-il de particulier dans l'appareil respiratoire des oiseaux?

Quelles sont les modifications que présente le squelette des oiseaux comparé à celui des mammifères?

Quelle est la structure de l'épaule!

Comment s'effectue le vol des oiseaux?

Quelle est la disposition du système nerveux et des organes des sens chez les oiseaux?

Quelles sont les particularités relatives à la construction du nid des oiseaux?

Quelle est la structure du larynx des oiseaux?

Comment se fait la reproduction des oiseaux?

Quelle est la structure de l'œuf?

Quelle est l'utilité des glandes du croupion ?

Qu'appelle-t-on migrations ; comment s'effectuent-elles?

En combien d'ordres divise-t-on la classe des oiseaux ?

Quels sont les caractères de ces ordres ?

Quels sont les oiseaux les plus remarquables de l'ordre des oiseaux de proie ou rapaces ?

En combien de tribus divise-t-on l'ordre des passereaux; quels sont les oiseaux qu'il renferme ?

Quels sont les principaux oiseaux grimpeurs ?

Quels sont les animaux utiles de l'ordre des gallinacés ?

Comment divise-t-on l'ordre des échassiers ; quels sont les oiseaux qu'on y rencontre?

Quelles sont les tribus de l'ordre des palmipèdes et quelles sont les espèces qu'elles renferment?

ORGANISATION GÉNÉRALE DES REPTILES.

Appareil digestif. — Les reptiles sont généralement des animaux carnivores, c'est pourquoi leur bouche, formée de deux mâchoires articulées, est garnie de dents pointues qui, chez les animaux non venimeux, sont à peu près égales entre elles.

Les reptiles venimeux présentent à la mâchoire supérieure deux dents canines, creuses et mobiles, qui communiquent avec l'appareil sécréteur du venin. Cet appareil est constitué par une glande paire située dans la mâchoire supérieure, un peu en arrière de l'œil. De cette glande naît un canal qui se dirige en avant et pénètre dans l'intérieur des dents canines. Ces dents creuses ou cannelées, présentent, près de leur pointe un orifice qui donne passage au venin ; leur racine est implantée dans un os maxillaire articulé qui, lorsque l'animal ferme la bouche, permet aux dents de se replier dans un sillon que présente à cet effet la mâchoire supérieure. Cette disposition étant indispensable pour que l'animal ne fût pas exposé à se piquer lui-même (*fig.* 101).

Lorsque la vipère ouvre la bouche pour mordre, ses dents canines s'abaissent, prennent la même position que celles du chien et lorsqu'elle mord, les muscles des mâ-

choires opèrent en se contractant une pression sur l'appareil sécréteur du venin , qui est ainsi injecté dans la
plaie faite par les dents.

Chez les tortues, dont la bouche n'est point garnie de
dents, les os maxillaires sont recouverts de lames cornées
formant un bec analogue à celui des oiseaux.

L'œsophage des reptiles est très-large ; chez les tortues
il est garni de longues papilles cartilagineuses qui servent
probablement à diviser les aliments.

L'estomac est simple et très-dilatable.

L'intestin des reptiles carnivores est plus court que
celui des tortues, et se termine par un cloaque.

Les glandes salivaires, le foie, la rate, le pancréas et
les reins existent également.

Appareil circulatoire. — Les reptiles, qui sont des
animaux à sang froid , ont généralement un cœur à trois
cavités, composées de deux oreillettes et d'un ventricule
dans lequel le sang noir et le sang rouge se mélangent :
c'est ce qu'on appelle une circulation complète ; les globules du sang sont elliptiques (*fig.* 102). Le cœur des
crocodiliens fait exception à cette règle : il présente
quatre cavités distinctes ; le mélange du sang noir et du
sang rouge s'effectue par l'intermédiaire d'un vaisseau
qui fait communiquer l'aorte avec l'artère pulmonaire,
de façon que les parties antérieures du corps reçoivent
du sang rouge, tandis que les parties postérieures reçoivent un sang mélangé.

Appareil respiratoire. — La respiration des reptiles
est pulmonaire, mais leurs poumons renferment beaucoup

moins de vésicules que ceux des animaux dont nous avons déjà parlé.

Les serpents n'ont qu'un seul poumon développé ; le second reste à l'état rudimentaire.

Chez les tortues, dont le corps est enveloppé d'une carapace, l'inspiration de l'air se fait par déglutition.

Squelette. — Le squelette des reptiles est variable.

Chez les serpents il est principalement formé de nombreuses vertèbres, la plupart garnies de côtes.

Les lézards possèdent, en outre, des membres antérieurs analogues à ceux des mammifères et des membres postérieurs, prenant leur point d'appui sur un bassin.

Le squelette des tortues subit une transformation complète : les vertèbres, les côtes et le sternum sont élargis et soudés entre eux, de manière à constituer une boîte osseuse recouverte d'une écaille qui protège le corps. Le bassin est distinct, et les membres, au nombre de quatre, sont disposés pour la marche, ou pour la natation, dans laquelle ils agissent comme de véritables rames, dont ils rappellent la disposition par leur structure.

Les mouvements des reptiles s'effectuent par une véritable reptation, qui dans certaines espèces, est facilitée par l'action des membres.

Voix. — Les reptiles n'ont qu'un larynx ; les uns, comme le crocodile, ont une véritable voix ; d'autres ne produisent qu'un sifflement, comme celui que la vipère fait entendre lorsqu'on l'irrite et qu'elle se dispose à se jeter sur son adversaire.

Système nerveux. — Les reptiles ont un système ner-

15

veux double, leur cerveau est petit, lisse, et n'a pas de corps calleux. L'intelligence de ces animaux est peu développée, mais ils ont une résistance vitale extrêmement remarquable ; on a vu des tortues remuer pendant plusieurs jours après avoir eu la tête tranchée.

Les reptiles vivent plusieurs mois sans manger, on prétend même que les tortues peuvent passer des années sans prendre de nourriture ; elles possèdent dans l'intérieur de leur corps une grande quantité de graisse qui leur sert d'aliment respiratoire.

Organes des sens. — Les reptiles dont la peau est épaisse et formée d'écailles disposées symétriquement, muent plusieurs fois par an ; cette opération s'effectue d'une manière très-curieuse chez les serpents, qui cessent de manger et dont les yeux deviennent blancs comme si ces animaux étaient aveugles; quelques jours après, ils se dépouillent de leur épiderme, qui se détache souvent d'une seule pièce, en se retournant et sans offrir d'autre orifice que celui de la bouche par lequel l'animal a commencé à se dépouiller de son enveloppe.

Le corps des tortues est couvert d'une écaille divisée en deux parties : la carapace protège la partie supérieure du corps, le plastron en recouvre la face ventrale.

Les yeux des reptiles offrent la même structure que ceux des mammifères.

Leur langue, assez développée, est enduite d'une grande quantité de salive ; cette particularité se remarque surtout chez les serpents lorsqu'ils avalent leur proie ; chez les couleuvres et les lézards la langue est fourchue et considérée par le vulgaire comme un dard.

Les reptiles n'ont pas d'oreille externe, la membrane du tympan existe à la surface de la peau ; chez les tortues, elle est remplacée par une plaque cartilagineuse recouverte de peau.

L'oreille moyenne n'a qu'un osselet ; l'oreille interne présente la même disposition que chez les mammifères.

L'appareil de l'olfaction qui est placé à la partie antérieure de la tête, s'ouvre au dehors par deux narines.

Les reptiles sont ovipares ; ils pondent des œufs, enveloppés par un chorion membraneux, et recouvert chez certaines espèces, d'une enveloppe calcaire comme chez la tortue, dont les œufs se distinguent des œufs de poule par leur forme à peu près sphérique.

Chez d'autres, les œufs éclosent dans l'intérieur du corps de la femelle, qui donne alors naissance, comme cela se remarque chez les vipères, à des petits vivants ; ces espèces ont reçu le nom de ovo-vivipares.

Division des reptiles en ordres. — La classe des reptiles est divisée en trois ordres :

les chéloniens,
les sauriens,
et les ophidiens.

Ces trois ordres se distinguent facilement.

Les **chéloniens**, qui se composent exclusivement des tortues, ont des membres, une carapace et un plastron.

Les **sauriens** ont des membres, mais ils n'ont pas de carapace : exemple, le lézard.

Les **ophidiens** ne possèdent ni membres, ni carapace : exemple, la couleuvre.

Espèces remarquables de l'ordre des chéloniens.
— L'ordre des chéloniens renferme les tortues terrestres
et les tortues marines.

Tortues terrestres. — Les tortues terrestres ont la
carapace très-bombée ; leurs pattes grosses et tronquées
sont terminées par des ongles ; quand un danger quelconque les menace, ces animaux rentrent les membres et
la tête dans leur carapace. L'espèce la plus commune
est la tortue grecque (*testudo græca*), qui se nourrit de
matières végétales et de limaces. Elle est très-répandue
dans le sud de l'Europe et acquiert trente centimètres de
longueur. Pendant l'hiver, elle se retire dans un trou de
soixante centimètres de profondeur et s'engourdit ; au
printemps elle se réveille et pond, vers le mois de juin,
de quatre à douze œufs du volume d'une noix ; elle les
couvre de terre, et ils éclosent au mois de septembre,
sous l'influence de la chaleur du soleil.

Nos soldats ont fait en Crimée une chasse active à la
tortue dont la chair est assez recherchée.

Dans l'Inde, il existe une espèce de tortue terrestre,
appelée éléphantine, qui acquiert le poids de deux cents
kilogrammes et un mètre de longueur.

Tortues marines. — Les tortues marines ont la carapace aplatie ; leurs membres antérieurs sont plats, transformés en nageoires et ne peuvent pas rentrer sous la
carapace.

Cette famille renferme deux espèces remarquables : la
tortue verte ou tortue franche (*chelonia midas*), et le
caret (*testudo caretta*).

Les tortues vertes acquièrent un poids de quatre cents kilogrammes et une longueur de deux mètres.

Pour effectuer leur ponte, elles se rendent pendant la nuit sur les plages sablonneuses des îles désertes, et vont à une certaine distance du rivage creuser un trou, au fond duquel elles déposent des herbes et pondent de vingt à cent œufs, qu'elles recouvrent de sable et qui éclosent trois semaines après.

Elles habitent l'Océan et la mer Méditerranée ; leur chair et leurs œufs sont très-estimés.

Ces tortues viennent souvent dormir au-dessus de l'eau : c'est alors qu'on les pêche en les retournant ; elles se trouvent ainsi dans l'impossibilité de plonger. D'autres fois on les surprend sur le bord de la mer et on les tue à coups de bâton.

Leur principale défense est leur bec avec lequel elles pourraient faire de profondes blessures, si elles avaient le cou plus long et plus de facilité pour se retourner.

Le caret est inférieur en taille à l'espèce précédente ; sa chair est musquée ; les plaques de sa carapace, qui pèsent trois à quatre kilogrammes, sont employées à la fabrication des objets en écaille.

Le caret vit dans l'Océan indien et américain.

On remarque encore parmi les tortues marines, le sphargis luth (*sphargis coriacea*), qui a une voix assez forte, et acquiert une taille de 2^m,50 et un poids de 4 à 500 kilogrammes. Cette espèce est rare.

D'autres tortues habitent les marais et les fleuves.

Espèces remarquables de l'ordre des sauriens.—

L'ordre des sauriens renferme les crocodiles, les gavials, les caïmans, les caméléons, les geckos et les lézards.

Les crocodiles sont ovipares ; leurs œufs, recouverts d'une écaille, sont déposés dans le sable, sur le bord des fleuves ; certaines espèces américaines les placent sous des meules d'herbes ; la chaleur résultant de la fermentation, favorise l'éclosion.

Ces animaux se nourrissent de poissons et de mammifères ; ils attaquent les gazelles et les chiens lorsqu'ils s'abreuvent, et l'homme, lorsqu'il se baigne ; si la proie qu'ils ont saisie est volumineuse, ils l'entraînent au fond de l'eau, la laissent mourir, la divisent et en font plusieurs repas.

Le crocodile du Nil (*crocodilus vulgaris*) se rencontre dans presque tous les fleuves de l'Afrique ; il a trois mètres de longueur.

Le gavial du Gange (*longirostris magis*) a la tête très-allongée, sa longueur totale est de cinq à six mètres.

Le caïman ou alligator (*alligator lucius*) a le museau très-large ; il habite les fleuves de l'Amérique et atteint, dit-on, jusqu'à sept mètres de longueur. Il vit en grandes troupes dans le Mississipi.

Le caméléon (*chamœleo mutabilis*) est une espèce de gros lézard à queue prenante, dont le corps, couvert d'une peau chagrinée, change souvent de couleur. La langue du caméléon est très-longue, il la projette avec la rapidité d'une flèche, sur les mouches ou autres insectes qu'il saisit avec une dextérité remarquable. La couleur de cet animal est jaune, mais elle peut varier du noir au blanc et du brun au rouge ; certains naturalistes pensent que

Ce reptile prend la couleur des corps sur lesquels il se place. Le caméléon vit sur les arbres; on le rencontre en Europe, en Asie et en Afrique.

Les geckos (*platydactylus facetanus*) sont des lézards dont les doigts palmés, qui font l'office de ventouses, leur permettent de grimper sur des corps polis comme les carreaux de vitre; ces animaux habitent les îles de la Méditerranée, l'Asie et l'Afrique.

Les lézards sont des sauriens dont le corps est très-allongé; on en rencontre en France trois principales espèces : le lézard ocellé (*lacerta ocellata*), qui vit dans les forêts du midi et peut atteindre jusqu'à quarante centimètres de longueur; le lézard vert (*lacerta viridis*), habite le midi et les environs de Paris : il est très-agile, se nourrit de mouches, de sauterelles et s'apprivoise très-bien; enfin le lézard gris ou lézard des murailles (*lacerta muralis*) habite notre contrée, où il se rencontre communément dans les forêts, et le long des vieilles murailles.

Les lézards vivent dans des terriers; la plupart des femelles pondent six ou huit œufs, qu'elles déposent dans un trou : cependant quelques espèces sont ovo-vivipares.

Les naturalistes modernes ont encore placé dans l'ordre des sauriens un petit reptile qui a la forme d'un serpent : c'est l'orvet (*anguis fragilis*) de Linné, reptile dépourvu de membres et dont la queue tronquée est terminée par une pointe; ce petit serpent, que l'on trouve communément sous les pierres, est considéré vulgairement comme une couleuvre.

Le caméléon, le gecko, les lézards et l'orvet sont des animaux inoffensifs se nourrissant d'insectes.

Espèces remarquables de l'ordre des ophidiens. — Les ophidiens sont divisés en serpents venimeux et non venimeux.

Les principaux serpents non venimeux sont le python, le boa constrictor et la couleuvre.

Le boa (*boa constrictor*) et le python (*python sebœ*) sont des animaux de grande taille, se nourrissant de lapins, de gazelles et même d'animaux de la grosseur du chevreuil ; ils enlacent leur proie de leurs anneaux, qu'ils resserrent avec force pour l'étouffer ; les côtes de la victime étant broyées, la capacité de la poitrine diminue, le corps s'allonge et perd de sa grosseur. Alors le boa ouvre la gueule, saisit l'animal par la tête et commence à l'avaler.

La déglutition est une opération des plus curieuses chez les serpents. La mâchoire inférieure, formée de deux pièces articulées à leurs deux extrémités, s'écarte jusqu'au moment où elle devient perpendiculaire à la supérieure ; l'ouverture du larynx fait saillie hors de la bouche de manière à ne pas interrompre le libre exercice de la respiration ; une salive visqueuse recouvre la proie au fur et à mesure qu'elle pénètre dans l'œsophage, et facilite la déglutition.

Le corps des serpents se dilate à tel point que ces animaux avalent des proies aussi fortes qu'eux-mêmes ; l'absence de sternum donnant à leur côtes une très-grande mobilité.

Les pythons vivent sur les arbres, dans les contrées humides ou à proximité des cours d'eau ; ce sont des animaux dangereux qui atteignent jusqu'à sept et huit mètres de longueur, et parmi lesquels on remarque le python de Séba qui habite l'Afrique, aux environs de la zône équatoriale. Certaines espèces couvent leurs œufs.

Le boa constrictor acquiert quatre mètres de longueur; on le trouve dans diverses contrées de l'Amérique.

Les couleuvres atteignent parfois la taille d'un mètre; leur tête aplatie est couverte d'écailles disposées symétriquement ; elles habitent de préférence les endroits humides, se cachent souvent sous les pierres, ou au bord des ruisseaux et saisissent au passage les petits poissons, les vers, les grenouilles et les insectes.

L'une des plus répandues en France, est la couleuvre à collier (*coluber natrix*), assez commune dans la forêt de Fontainebleau, et qui atteint 1^m,50 de longueur.

Les couleuvres sont très-inoffensives, elles aiment la chaleur, et lorsqu'on les saisit, elles se faufilent volontiers dans les manches des vêtements et s'enroulent autour du bras pour se réchauffer au contact de la peau ; elles mordent quelquefois pour se défendre, mais cette morsure n'est pas plus dangereuse que celle du moineau ; leurs dents sont si peu solides, qu'elles s'arrachent et restent implantées dans la peau par leur pointe, comme de petites épines.

Serpents venimeux. — Nous avons décrit l'appareil qui distingue ces dangereux animaux, malheureusement très-nombreux dans diverses contrées, et parmi lesquels on remarque le serpent à sonnettes, ou crotale (*crotalus durissus*) qui habite l'Amérique, atteint 1^m,30 de longueur et porte à l'extrémité de la queue des écailles cornées produisant un bruit de grelots.

Ces animaux possèdent deux crochets venimeux complètement développés, et deux autres plus petits en voie de formation , destinés à remplacer les premiers qui peuvent être arrachés lorsque l'animal mord avec force. Le venin que ces dents introduisent dans les plaies est d'une subtilité incroyable ; on prétend même, mais cela est douteux, qu'il agit encore quand ces animaux ont été conservés pendant un certain temps dans l'alcool. Un nommé Drake (1), qui montrait une ménagerie à Rouen, fut blessé par un crotale ; il eut le courage d'enlever presque aussitôt, d'un coup de hâche, le doigt piqué ; cependant quelques instants après, il succombait à l'effet de l'absorption du poison qui s'était déjà opérée. Ce fait n'a rien de surprenant : on a vu des chiens périr quinze ou vingt secondes après avoir été mordus par un serpent à sonnettes.

Les crotales sont sensibles à la musique, dont on fait usage pour les éloigner des habitations, et se débarrasser ainsi des inquiétudes que leur présence occasionne. On prétend qu'ils défendent leurs petits, lorsqu'un danger les menace ; la mère ouvrant la bouche les met à l'abri dans le pharynx.

Les trigonocéphales (*trigonocephalus lanceolatus*), sont également très-dangereux ; on les rencontre en Asie et en Amérique..

Nous terminerons le résumé de l'histoire des serpents venimeux, par quelques mots sur la vipère.

La vipère (*vipera aspic*) mesure ordinairement 40 à 50

---

(1) Chenu, *Encyclopédie.*

centimètres de longueur, elle est brune et porte deux rangées de taches noires sur le dos ; sa tête est large et
couverte de petites granulations grisâtres qui la distinguent de la couleuvre, dont la tête est garnie de plaques
disposées symétriquement.

Les vipères étant ovo-vivipares, c'est sans doute par
abréviation que le nom qu'elles portent leur a été donné ;
elles se nourrissent de petits mammifères, de mollusques
et d'insectes, guettent leur proie, s'élancent sur elle, la
mordent, et attendent que les effets du poison amènent
la mort pour l'engloutir.

La morsure de la vipère est dangereuse, la partie qui a
été blessée devient promptement le siége d'un engorge-
ment considérable. Le poison pénètre par absorption
dans les vaisseaux et agit bientôt sur toutes les parties
du corps ; la jambe postérieure d'un cheval qui mesurait
normalement 74 centimètres de circonférence, en mesurait 96, vingt-quatre heures après avoir reçu expéri-
mentalement deux morsures de vipère.

Les vipères sont très-répandues en Europe ; on les
rencontre communément, dans la forêt de Fontainebleau, en Champagne, et dans le midi. Les moyens
propres à combattre les effets de leur morsure sont :
1° la succion de la plaie ; cette opération n'offre aucun
danger, car il est démontré que le venin n'a pas d'action
sur les membranes muqueuses ; 2° l'ouverture de la plaie et
l'introduction d'ammoniaque dans son intérieur ; 3° enfin
l'application d'une ligature assez serrée au-dessus de la
morsure : en desserrant le lien de temps en temps, le
venin est absorbé peu à peu, et ses effets sont moins
funestes.

Malgré les dangers auxquels ils s'exposent, il y a dans les environs de la capitale des hommes qui cherchent les vipères, et les recueillent vivantes pour les expériences scientifiques. Ils les mettent dans un sac en toile, où ils les prennent sans être mordus ; lorsqu'on les a irritées, ils emploient une ingénieuse précaution pour les saisir. Ils touchent avec une canne la queue de l'animal, qui cherchant à s'enfuir, allonge son corps et le raidit comme une baguette ; ils le saisissent alors par l'extrémité de la queue, et comme dans cette position la vipère ne peut se retourner pour mordre, ils la replacent impunément dans le sac.

L'aspic à l'aide duquel Cléopâtre s'est donnée la mort, est probablement une espèce de naïas ou najas. Ces animaux jouissent d'une singulière propriété, lorsqu'ils sont irrités, ils redressent la partie antérieure du corps, comme le font presque tous les serpents qui se disposent à mordre, puis écartant leurs premières côtes, ils se dilatent le cou, ce qui leur donne un aspect des plus bizarres.

Les jongleurs indiens ont la réputation d'apprivoiser les najas, auxquels ils font exécuter un certain nombre de mouvements variés. Ces serpents s'enroulent autour de leur corps, et tombent parfois dans une espèce de léthargie; on pense avec raison qu'ils ont été préalablement dépourvus de leurs crochets venimeux ; il est en effet peu probable que les jongleurs s'exposent à leur morsure qui amène promptement la mort.

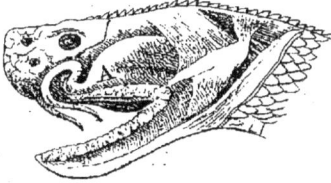

Fig. 101.

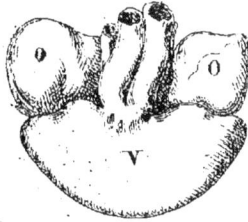

Fig. 102.

Fig. 103.

Fig. 104.

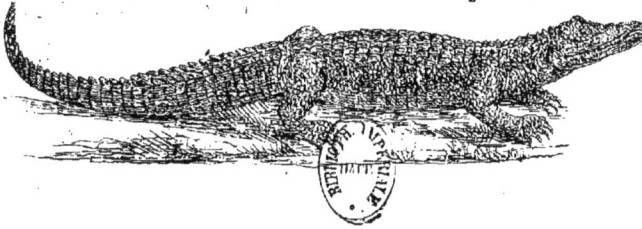

Fig. 101, Appareil venimeux du serpent à sonnettes, A glande
qui sécrète le venin. — Fig. 102, Cœur de la tortue franche,
OO oreillettes, V ventricule unique. — Fig. 103, Tortue franche.—
Fig. 104, Crocodile.

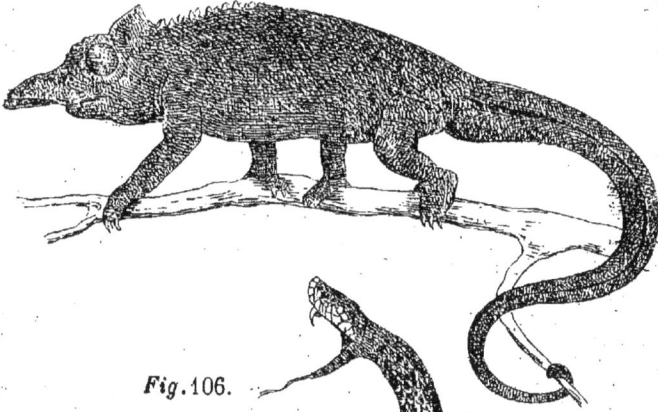

Fig.105.

Fig.106.

Fig.107.

Fig. 105, Caméléon. — *Fig*. 106. Vipère. — *Fig*. 107, Têtard de Salamandre.

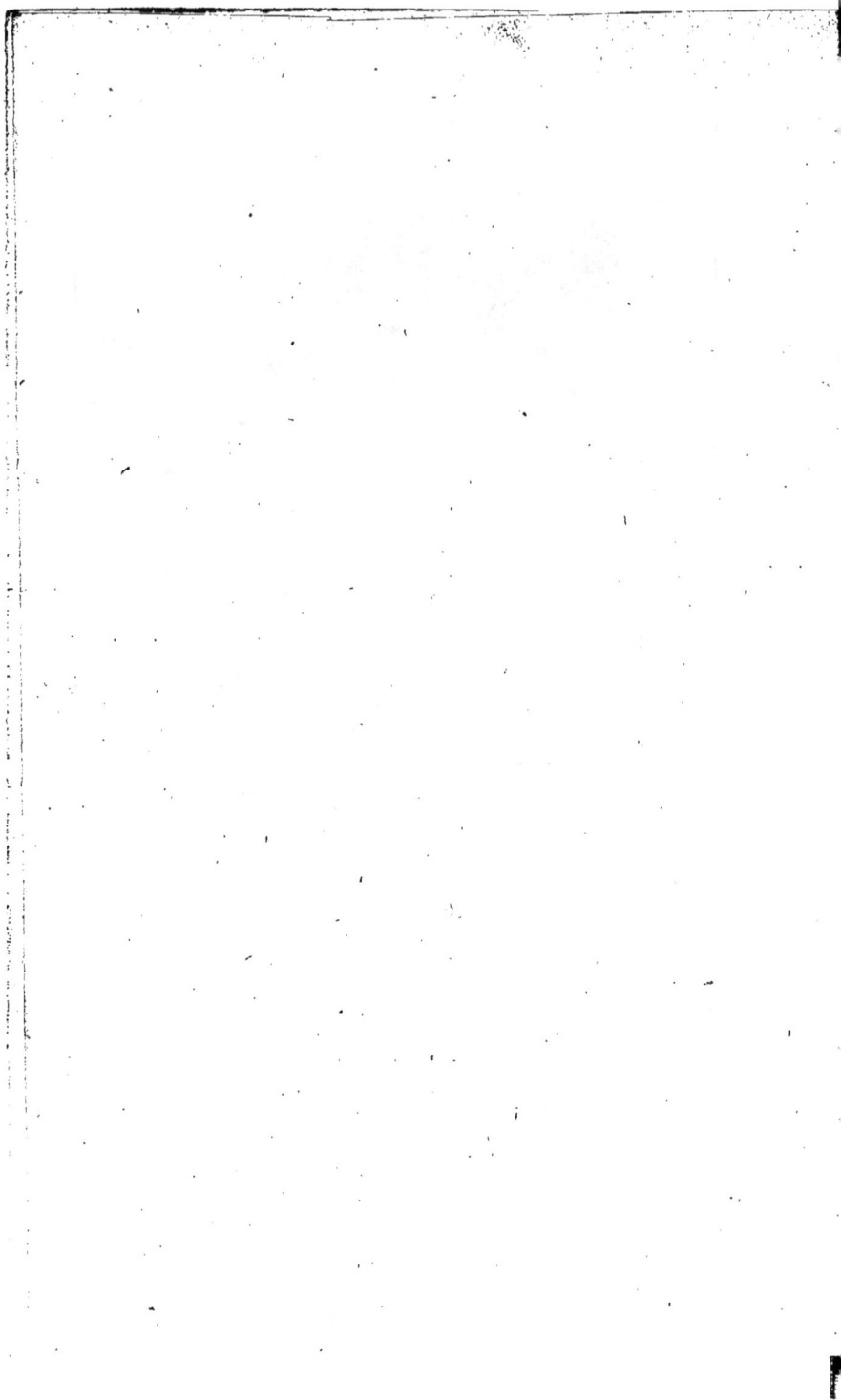

Questionnaire.

Quelle est la structure de l'appareil sécréteur du venin chez les reptiles ?

Comment est constitué le bec de la tortue ?

Quelle est la disposition de l'appareil digestif des reptiles?

Quelle est la composition du cœur des reptiles ?

Comment s'effectue la respiration des reptiles ?

Comment se produit l'inspiration de l'air chez les tortues?

Quelle est la disposition générale du squelette des reptiles ?

Comment sont disposés les organes des sens des reptiles ?

Comment s'effectue la reproduction des serpents et des tortues.

En combien d'ordres divise-t-on la classe des reptiles ?

Quels sont les caractères de ces ordres?

Quelles sont les principales espèces de l'ordre des chéloniens ?

Quelles sont les espèces remarquables de l'ordre des sauriens ?

Comment divise-t-on l'ordre des ophidiens ; quels sont les principaux serpents que l'on remarque dans cet ordre?

Quelles sont les précautions à prendre pour combattre les effets du venin?

ORGANISATION GÉNÉRALE
DES AMPHIBIES.

Dans la classification de G. Cuvier, les amphibies (de αμφι des deux cotés et βιος vie) formaient, sous le nom de batraciens (βατραχος, grenouille), un ordre de la classe des reptiles, dont ils se distinguent cependant par les métamorphoses curieuses qu'ils subissent, pour arriver à leur entier développement.

Les œufs, déposés dans l'eau, donnent naissance à de petits animaux appelés têtards, qui sont composés d'une queue et d'une tête pourvue de chaque côté d'un appareil branchial, analogue à celui que nous décrirons chez les poissons, et dans lequel s'effectue la respiration, à l'aide de l'oxygène en dissolution dans l'eau (*fig.* 107).

A cette époque, la vie des amphibies est exclusivement aquatique. Un peu plus tard, on voit se développer à la base de la queue des têtards, deux membres postérieurs, ensuite apparaissent les membres antérieurs; en même temps les poumons se forment dans l'intérieur du corps. C'est alors que les branchies et la queue tombent, et que l'animal se transforme en une grenouille complète qui jouit d'une vie aérienne et d'une respiration pulmonaire. Telles sont les singulières transformations par lesquelles passent les animaux amphibies.

Dans l'âge adulte, leur organisation se rapproche beaucoup de celle des reptiles, que nous avons déjà décrite; c'est pourquoi nous l'examinerons d'une manière sommaire.

La bouche, largement fendue, est formée de deux mâchoires articulées, garnies de dents très-fines, égales entre elles et insérées non-seulement sur les mâchoires, mais encore sur le vomer qui entre dans la constitution du palais. Elle n'est jamais pourvue d'appareil venimeux; l'œsophage est court, et s'ouvre dans l'estomac qui donne naissance à un intestin de peu de longueur terminé par un cloaque.

Les amphibies ont un foie et un pancréas, mais ils sont privés de glandes salivaires. La circulation est incomplète, leur cœur, comme celui des reptiles, présente trois cavités; le sang est froid, de couleur rouge, ses globules elliptiques ont pour diamètre, chez la grenouille, par exemple, $\frac{1}{45}$ de millimètre.

Comme nous l'avons déjà dit, la respiration est branchiale dans le jeune âge et pulmonaire à l'âge adulte; les poumons sont de simples sacs diverticulés, d'une structure très-simple, comme ceux que nous avons décrits chez les reptiles.

Le système nerveux, toujours double, n'offre rien de particulier à signaler; les organes des sens sont analogues à ceux des reptiles: les yeux sont très-développés et protégés par des paupières, l'oreille externe manquant, la membrane du tympan se trouve à la surface de la peau.

L'enveloppe cutanée dépourvue d'écailles, est lisse, et toujours humide ; dans certaines circonstances, elle sert à la respiration. A l'approche de l'hiver par exemple, les grenouilles se retirent dans la vase des fossés ; on les aperçoit à travers la couche de glace, rampant à la surface du sol qui est recouvert d'eau ; il est évident que dans ces conditions elles ne peuvent faire usage de leurs poumons pour respirer. Cette fonction s'effectue alors par l'intermédiaire de la peau qui absorbe l'oxygène de l'air en dissolution dans l'eau.

Le squelette ne présente rien d'important à signaler ; cependant on se rappellera que les doigts sont palmés, c'est-à-dire conformés pour la natation, et que, chez la grenouille, les jambes postérieures sont construites de manière à permettre à l'animal de sauter à d'assez grandes distances.

Les amphibies ont un larynx et presque tous produisent des sons, la grenouille coasse, et le crapaud fait entendre le soir un sifflement doux et monotone. Chez la grenouille, le cri du mâle est beaucoup plus fort que celui de la femelle ; il est produit par les vibrations de l'air dans deux poches vocales, que l'on voit se gonfler de chaque côté du cou, quand l'animal se met à crier.

Les amphibies muent plusieurs fois par an ; dans certaines espèces, comme le crapaud et la salamandre, la peau sécrète une substance venimeuse pour les petits animaux. On s'en assure en raclant la peau d'un crapaud avec la lame d'un bistouri, et en inoculant la matière recueillie à un oiseau ; celui-ci ne tarde pas à succomber.

Les amphibies sont ovipares, ils déposent dans l'eau

leurs œufs dépourvus de coque ; aussitôt après l'immersion, l'albumen se gonfle considérablement. Ces œufs forment des masses gélatineuses parsemées de vitellus de couleur noire que l'on remarque au printemps, au bord des fossés ou des étangs.

Les amphibies sont carnassiers, ils se nourrissent d'une quantité considérable de vers, de mouches, de sauterelles, de limaçons, de chenilles, etc. ; ce sont donc des animaux éminemment utiles dans les jardins.

On a signalé, à certaines époques, des pluies de crapauds ou de grenouilles ; il est évident que ces animaux n'ont pu être enlevés que par des trombes, du sol ou des eaux dans lesquelles ils vivent. Il est aussi à remarquer que les grands vents ou les grandes pluies les chassent de leur retraite : ils se montrent alors en plus grande quantité à la surface du sol.

Division des amphibies en ordres. — La classe des amphibies est divisée en quatre ordres qui sont :

> les cœcilies,
> les anoures,
> les urodèles,
> et les pérennibranches.

Caractères de ces ordres. — Les cœcilies n'ont pas de membres.

Les **anoures** ont des membres et n'ont point de queue.

Les **urodèles** ont des membres et une queue.

Les **pérennibranches** conservent leurs branchies pendant toute la durée de leur existence.

16

Espèces remarquables que l'on trouve dans ces différents ordres. — Les cœcilies, parmi lesquelles on remarque la cœcilie lombricoïde (*cœcilia lumbricoïdes*), sont des animaux peu connus qui habitent l'Amérique.

L'ordre des anoures renferme les grenouilles et les crapauds.

Les grenouilles les plus connues sont : la grenouille verte ou aquatique (*rana esculenta*) de Linné, et la grenouille rousse (*rana temporaria*), qui habite ordinairement les champs de trèfle et de luzerne.

On remarque aussi en Europe une petite grenouille verte, appelée rainette (*hyla viridis*) ; ce charmant petit animal a les doigts pourvus de ventouses, à l'aide desquelles il grimpe sur les arbres et même sur les corps lisses, tels que le verre ; il fait entendre le soir un cri très-retentissant, et se nourrit d'insectes qu'il attrape avec une grande dextérité. On peut s'en assurer en plaçant une rainette dans un grand vase en verre renfermant des mouches vivantes ; elle grimpe aux parois du verre, et les saisit au vol.

Les grenouilles rendent de grands services en détruisant une prodigieuse quantité d'insectes et de limaçons.

Crapauds. — Ces animaux, qui nous inspirent une répugnance invincible, présentent cependant un grand intérêt ; diverses espèces, telles que le crapaud commun (*bufo vulgaris*), le crapaud brun, se nourrissent d'insectes et sont par conséquent très-utiles dans les jardins.

Le crapaud n'est point dépourvu d'intelligence, il se met quelquefois à l'affût près des ruches d'abeilles pour

saisir celles qui étant blessées ou mortes, sont transportées hors de la ruche.

Lorsque le crapaud redoute quelque danger, il se gonfle
d'air, l'élasticité de ce fluide lui donne une grande résistance ; qui nous fait éprouver une certaine difficulté à
l'écraser. Du reste cet animal a par lui-même une force
vitale très-développée ; ce qui le prouve, c'est qu'après
avoir été coupé en deux, il vit encore pendant plusieurs jours.

On ne doit pas induire de ce qui précède que le crapaud
puisse vivre pendant des siècles, dans l'intérieur des
pierres, comme on le croit généralement. Il est probable
que les crapauds trouvés dans ces conditions, s'étaient
introduits par des crevasses peu apparentes. Il convient
donc de n'accueillir qu'avec circonspection les faits qui
ont été rapportés à ce sujet.

Les pipas, qui sont des amphibies ayant de l'analogie
avec le crapaud, présentent une singularité très-remarquable. Ils placent leurs œufs dans des poches qu'ils
possèdent sur leur dos, et dans lesquelles les petits se
retirent comme ceux des marsupiaux, jusqu'au moment
de leur développement complet.

Ordre des urodèles. — Dans cet ordre, on remarque
les salamandres qui jouissent, comme les crapauds, de
la propriété de sécréter à la surface de leur peau une
substance laiteuse, qui produit l'effet d'un poison, lorsqu'elle est inoculée ou répandue sur une blessure.

Les salamandres sont divisées en deux groupes : les
salamandres t rrestres et les salamandres aquatiques.

Les salamandres terrestres (*salamandra maculosa*) ont

la queue ronde ; les salamandres aquatiques ou tritons (*triton cristatus*) ont, en général, la queue aplatie. Ces animaux, qui ressemblent aux lézards ; s'en distinguent par la lenteur de leurs mouvements.

Les salamandres terrestres sont ovo-vivipares.

Parmi les pérennibranches on remarque le protée, que l'on trouve en Autriche, et l'axolotl, qui est originaire de l'Amérique.

Questionnaire.

Quelles sont les métamorphoses qui distinguent les amphibies des reptiles ?

Quelle est la disposition de l'appareil digestif des amphibies ?

Quelle est la composition du cœur des amphibies ?

Comment s'effectue la respiration chez les animaux de la classe des amphibies ?

Comment se reproduisent les amphibies ?

Quels sont les mœurs de ces animaux ?

En combien d'ordres divise-t-on la classe des amphibies ?

Quels sont les caractères de ces ordres ?

Quels sont les animaux remarquables de l'ordre des anoures et des urodèles ?

ORGANISATION GÉNÉRALE DES POISSONS.

Ces animaux, généralement de forme naviculaire, ont parfois une physionomie des plus bizarres, comme le marteau, le diodon antennifère, le coffre, la scie, l'hyppocampe.

Appareil digestif. — La bouche, ordinairement très large, est formée de deux mâchoires articulées, qui permettent aux poissons d'avaler des proies relativement énormes.

Chez les poissons carnassiers, les dents, très-nombreuses, sont insérées sur les mâchoires, le palais, et les arcs branchiaux ; toutes sont dirigées d'avant en arrière et servent plutôt à saisir et à maintenir la proie qu'à la diviser ; c'est pourquoi elles sont pointues comme des aiguilles et simplement accolées à la surface des os maxillaires, qui ne présentent pas d'alvéoles.

Chez les poissons herbivores tels que la carpe et la tanche, les dents, plates comme les molaires des grands mammifères, servent à triturer les matières végétales.

La langue des poissons est, en général, peu développée ; l'estomac est simple et très-large ; le tube intestinal

offre de rares circonvolutions et se termine à la face inférieure du corps par un cloaque (*fig.* 108).

Les poissons sont dépourvus de glandes salivaires, ils ont
un foie très-volumineux ; le pancréas est représenté chez
eux par des glandes tubuleuses, placées autour du pylore.

Circulation. — Le cœur des poissons se compose de
deux cavités : une oreillette et un ventricule, qui servent
à la circulation du sang noir et remplissent les fonctions
du cœur droit des mammifères. Du ventricule unique naît
l'artère branchiale, qui se distribue dans l'appareil respiratoire. Le sang étant revivifié, passe directement dans
l'artère aorte, qui le distribue dans toutes les parties du
corps. Il traverse alors le réseau capillaire nutritif et
pénètre dans les veines qui le ramènent dans le cœur.

La circulation est donc simple et complète (*fig.* 109).

Respiration. — La respiration des poissons est branchiale. Les branchies sont formées de lames cellulaires
ayant la forme de dents de peigne et renfermant le réseau
capillaire respiratoire ; d'un côté arrive le sang noir, de
l'autre part le sang rouge (*fig.* 110).

Les lames branchiales, recouvertes par la muqueuse
buccale amincie, sont insérées, comme les dents d'un
peigne, sur un appareil osseux, composé de quatre os
pairs appelés arcs branchiaux. Cet appareil, placé au
point de jonction de la tête avec le corps, est protégé par
une lame osseuse appelée opercule.

La respiration s'effectue au moyen de l'oxygène de l'air
en dissolution dans l'eau ; il est facile de le prouver en
plaçant un poisson dans de l'eau distillée où, ne trouvant
pas d'oxygène en dissolution, il ne tarde pas à succomber.

La respiration est facilitée par un mouvement continuel
de l'eau qui entre par la bouche, traverse les lames branchiales et sort par des ouvertures placées de chaque côté
de la tête et connues sous le nom d'ouïes.

Squelette.— Par rapport à la disposition du squelette,
les poissons sont divisés en deux groupes : les poissons
osseux et les poissons cartilagineux.

Indépendamment de la tête, le squelette se compose
d'une colonne vertébrale, sur laquelle sont articulées les
côtes ; les membres transformés en nageoires sont mis en
mouvement par des muscles puissants. Les membranes
qui forment ces nageoires sont soutenues tantôt par des
baguettes d'une seule pièce et pointues à leurs extrémités,
qu'on appelle rayons épineux (*fig.* 112) ; tantôt par des
baguettes formées de pièces articulées et qui ont reçu la
dénomination de rayons mous ou articulés.

Les nageoires sont au nombre de sept : deux pectorales, deux ventrales, une dorsale, une anale et une caudale (*fig.* 113). Les nageoires impaires servent à la propul
sion du poisson qui se meut avec la rapidité d'une flèche ;
les nageoires paires le maintiennent en équilibre.

Dans certaines espèces, comme chez le dactyloptère des
Indes, les nageoires pectorales ont la forme d'ailes, dont
l'animal fait usage pour sortir de l'eau et se maintenir
dans l'atmosphère pendant quelques instants

Système nerveux. — Le cerveau des poissons est peu
développé ; les lobes optiques et olfactifs occupent presque
toute l'étendue de la boîte crânienne (*fig.* 111).

Organes des sens. — Le sens du toucher doit être

imparfait chez les poissons, dont la peau est généralement recouvertes d'écailles cornées et imbriquées comme les tuiles d'un toit ; cependant, chez certaines espèces, on trouve autour de la bouche, des prolongements appelés barbillons qui servent plus spécialement à cette fonction.

La vue des poissons est très-perçante ; leurs yeux, très-développés, n'ont pas de paupières ; la cornée transparente est tout-à-fait plane ; pour obvier au défaut de convergence qui résulte de cet aplatissement, le cristallin est complètement sphérique.

L'olfaction s'effectue par l'intermédiaire de l'eau. Les narines, placées à la partie antérieure de la tête, communiquent chacune avec une cavité tapissée d'une membrane muqueuse, plissée sur elle même.

L'oreille externe et l'oreille moyenne n'existent pas ; l'appareil auditif est constitué par un labyrinthe membraneux, placé dans la cavité crânienne, et se composant de canaux semi-circulaires, qui renferment des pierres auditives très-développées.

Vessie natatoire. — Les poissons possèdent dans l'intérieur de leur corps une vessie remplie d'air, appelée vessie natatoire, qui leur permet de s'élever ou de s'abaisser à volonté dans l'eau, en raison de la dilatation ou de la compression qu'ils lui impriment ; l'air qu'elle contient, est sécrété par la membrane qui forme la vessie.

Voix. — En général les poissons ne possèdent pas de voix, cependant il paraît démontré que le rouget grondin, en faisant passer l'eau à travers sa bouche, produit un grognement qui lui a valu son nom.

Intelligence. — Les poissons sont fort peu intelligents ; tout paraît se résumer chez eux en une voracité telle qu'il n'est pas rare, lorsqu'on laisse tomber à terre un brochet qu'on vient de prendre, de voir sortir de sa gueule un autre brochet plus petit. Il leur arrive même de saisir des proies si volumineuses que, ne pouvant les avaler entière-ment, ils meurent victimes de leur gloutonnerie.

Reproduction. — Les poissons sont ovipares ; leurs œufs, excessivement nombreux, sont enveloppés par un chorion membraneux, dont la forme est parfois rectangu-laire, comme dans la raie. La plupart des poissons dépo-sent leurs œufs dans l'eau ; mais les squales et les chiens de mer, les conservent dans l'intérieur de leur corps et donnent naissance à des petits vivants.

D'autres espèces, comme l'épinoche, fabriquent des nids dans lesquels ils pondent.

Poissons électriques. — Les silures, les gymnotes et les torpilles, jouissent de la singulière propriété de com-muniquer aux individus qui les touchent, des décharges électriques d'une grande intensité. Ces secousses sont produites par un appareil sous-cutané, formé de vésicules albumineuses, dans lesquelles aboutissent un grand nom-bre de cordons nerveux.

Pisciculture. — L'art de la pisciculture était connu des Romains, et paraît remonter, en Chine, à une époque très-reculée ; vers le milieu du xviii° siècle, Réaumur et Spallanzani se sont occupés de la fécondation artificielle des amphibies. En 1840, deux pêcheurs français, Gehin et Remy, découvrirent le moyen de repeupler les cours d'eau par la fécondation artificielle. Depuis lors, un savant, M. Coste, a spécialement étudié cette question, dont la solution est appelée à rendre de grands services.

Migrations. – Chaque année, les poissons exécutent, à l'instar des oiseaux, des migrations périodiques. Lorsque le froid commence à se faire sentir, les harengs arrivent par bandes énormes des mers glaciales jusque sur nos côtes ; ils sont quelquefois tellement nombreux que les filets se déchirent sous leur poids.

Usages.—La plupart des poissons peuvent être utilisés pour la nourriture de l'homme ; cependant dans plusieurs contrées, quelques espèces deviennent vénéneuses à certaines époques de l'année et causent alors des accidents mortels ; on les attribue à la nourriture dont les poissons font usage ou à leur séjour dans des eaux empoisonnées par des fruits vénéneux.

Division des poissons en ordres.—Les poissons sont divisés en deux sous-classes : les poissons osseux, et les poissons cartilagineux. Ces deux sous-classes comprennent neuf ordres :

Poissons osseux.
Les *acanthoptérygiens*,
Les *malacoptérygiens abdominaux*,
Les *malacoptérygiens subbrachiens*,
Les *malacoptérygiens apodes*,
Les *lophobranches*,
Les *plectognathes*.

Poissons cartilagineux.
Les *sturioniens*,
Les *sélaciens*,
Les *cyclostomes*.

Caractères de ces ordres.—Les acanthoptérygiens (de ακαθα, épine, et πτερυγιον, petite aile, nageoire), ont des nageoires soutenues par des rayons épineux.

Les **malacoptérygiens** (de μαλακος, mou, et πτερον, aile), ont des nageoires soutenues par des rayons mous ou articulés. La position relative des nageoires pectorales et ventrales a permis à Georges Cuvier de diviser les malacoptérygiens en trois ordres : les **malacoptérygiens abdominaux**, dont les nageoires ventrales sont placées sous l'abdomen ; les malacoptérygiens **subbrachiens**, dont les nageoires ventrales sont placées sous les branchies ; et les **malacoptérygiens apodes**, qui n'ont pas de nageoires ventrales.

Les **lophobranches** (de λοφος, houppe, et βραγχια, branchie), ont les branchies disposées en houppes tandis que chez les autres poissons elles ont la forme de dents de peigne.

Les **plectognathes** ont la mâchoire supérieure soudée au crâne, tandis que chez les autres poissons elle est articulée avec le crâne, comme nous l'avons indiqué plus haut.

Les **poissons cartilagineux** ou **chondroptérygiens** ont, pendant toute leur vie, un squelette cartilagineux ; ils se divisent en deux ordres : les sturioniens et les sélaciens :

Les **sturioniens** ont les branchies libres comme les autres poissons ; leurs ouïes ne présentent qu'une ouverture ; les **sélaciens** ont les branchies soudées par leurs bords externes ; leurs ouïes forment de chaque côté quatre orifices donnant passage à l'eau ; il y a donc autant d'ouïes que de branchies.

Les **cyclostômes ou suceurs** ont des branchies fixes leur tête est terminée par une lèvre charnue et circulaire.

Espèces remarquables que l'on trouve dans ces différents ordres — L'ordre des acanthoptérygiens renferme une quantité considérable de poissons curieux ; on y remarque la perche, l'épinoche, le rouget, le bar, le dactyloptère, le maquereau et le thon.

La perche (*perca fluviatilis*) est un des poissons d'eau douce les plus recherchés ; elle acquiert la longueur de 30 à 40 centimètres.

L'épinoche (*gasterosteus aculeatus*) construit un nid dans lequel il pond ses œufs ; et repousse les animaux qui cherchent à les dévorer.

Le rouget, le bar, le dactyloptère ou poisson volant des Indes, le maquereau et le thon (*thynnus vulgaris*), sont des poissons de mer ; ce dernier vit dans l'Océan et dans la Méditerranée. On le pêche en grande quantité aux environs de Constantinople.

Les **malacoptérygiens abdominaux** sont très-répandus dans nos étangs ; on remarque dans cet ordre :

Le brochet (*esox lucius*),

La carpe (*cyprinus carpio*),

Le cyprin doré (*cyprinus auratus*),

La tanche (*cyprinus tinca*),

Le barbeau (*cyprinus barbus*),

Le goujon (*gobio*),

Le saumon (*salmo salar*),

La truite (*salmo trutta*),

Le hareng (*clupea harengus*),

La sardine,

Et le silure qui habite les grandes rivières du nord de l'Europe ; il atteint jusqu'à deux mètres de longueur. On prétend que ce poisson, qui est très-carnassier, attaque quelquefois l'homme.

Les **malacoptérygiens subbrachiens** sont des poissons marins ; cet ordre renferme le cabillaud ou morue (*gadus morrhua*), le merlan (*gadus merlangus*), la sôle, la limande et le turbot. Chaque année, les ports de France arment un certain nombre de navires qui vont sur les côtes d'Islande et à Terre-Neuve, se livrer à la pêche de la morue que l'on sale pour les besoins de la consommation. Le seul port de Dunkerque expédie chaque année dans ce but 150 navires.

Les foies de ces poissons sont mis à part pour servir à la fabrication de l'huile de foie de morue.

Les **malacoptérygiens apodes** renferment un petit nombre d'espèces, qui sont : les congres ou anguilles de mer, les murènes (*muræna helena*), si célèbres chez les Romains, et les anguilles d'eau douce. Les anguilles sont ovipares, elles se reproduisent en grande quantité à l'embouchure des fleuves, la reproduction de ces animaux est encore entourée d'une certaine obscurité.

Dans l'ordre des **lophobranches**, nous ne citerons que le syngnathe aiguille, qui vit dans l'Océan, et l'hyppocampe ou cheval marin qui habite la mer Méditerranée.

L'ordre des **plectognathes** renferme des animaux qui

ne sont pas moins singuliers que les précédents, et parmi lesquels nous citerons le diodon antennifère et les coffres.

Ordre des sturioniens.—On remarque dans cet ordre un poisson gigantesque de 5 à 6 mètres de longueur et qui acquiert le poids de 5 à 600 kilogrammes. C'est l'esturgeon (*acipenser sturio*), qui habite les grands fleuves du nord de l'Europe et quelquefois même l'Escaut. On en prenait jadis de temps en temps derrière la citadelle de Valenciennes; ainsi que cela résulte de plusieurs tableaux qui existent dans les musées de cette ville.

La chair de l'esturgeon, assez bonne à manger, ressemble à celle du veau; sa vessie natatoire sert à la fabrication de la colle de poisson que l'on emploie pour le collage de la bière; sa bouche étant peu développée, il ne vit que de proies d'un volume restreint. Enfin ses œufs servent à la fabrication d'un mets recherché appelé caviar.

L'ordre des **sélaciens** renferme entre autres animaux curieux, le requin (*carcharius vulgaris*), qui mesure jusqu'à 9 mètres de longueur; cet animal, d'une voracité incroyable, se jette sur les matelots lorsqu'ils tombent à la mer; aussi lorsque les marins l'aperçoivent, lui jettent-ils un crochet garni de lard, au moyen duquel on le prend et on le hisse sur le pont où on le débite à l'équipage qui en fait quelquefois usage pour sa nourriture.

On remarque dans le même ordre les squales ou chiens de mer, la scie, la torpille électrique et la raie (*raia clavata*).

L'ordre des **cyclostomes** ou suceurs renferme un petit nombre d'animaux, parmi lesquels on distingue les lamproies.

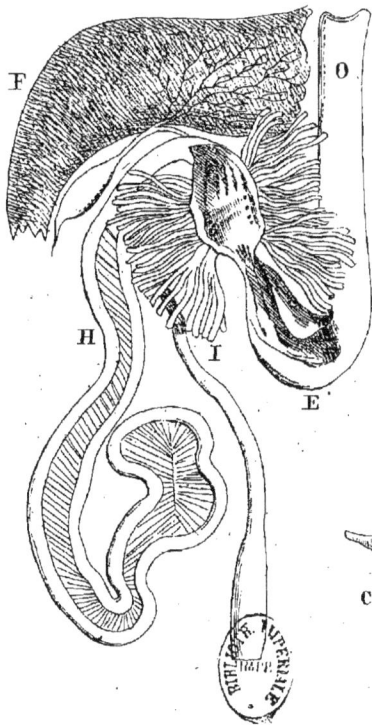

Fig.108.

Fig.111.

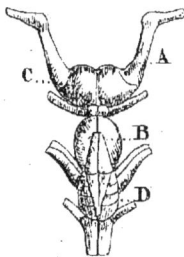

Fig. 108, Appareil digestif du cabeliau : O œsophage, E estomac, I tubes pancréatiques, F foie, H intestin. — *Fig.* 111, Cerveau de la raie : A lobes olfactifs, C cerveau, B lobes optiques, D cervelet.

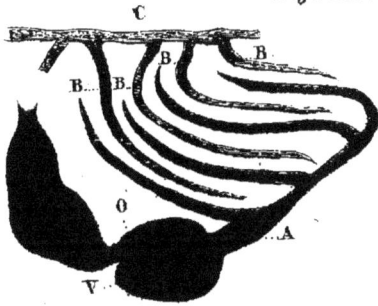

Fig. 109.

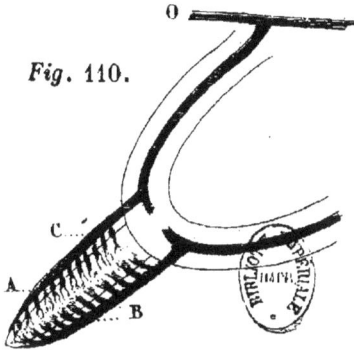

Fig. 110.

Fig. 109. Appareil circulatoire des poissons, O oreillette, V ventricule, A artère branchiale qui porte le sang dans les branchies,
BB veines branchiales qui portent le sang rouge dans l'artère aorte,
C artère aorte. — *Fig.* 110, Lame branchiale d'un poisson. A lame
branchiale, B division de l'artère branchiale, C veine branchiale qui
se rend dans l'artère aorte, O artère aorte.

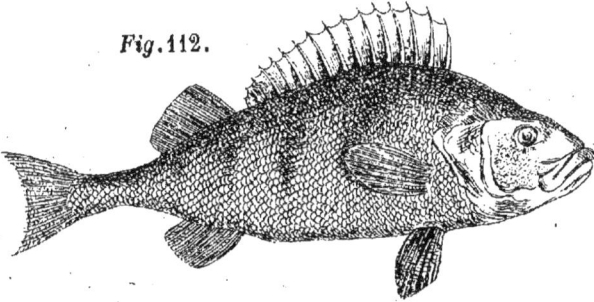

Fig.112.

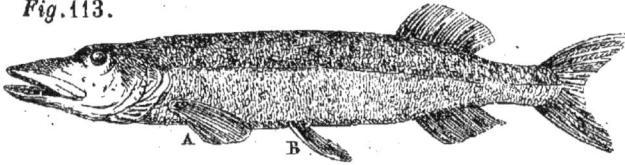

*Fig.*113.

A   B

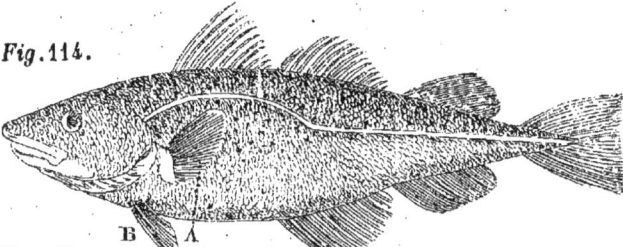

*Fig.*114.

B A

*Fig.*115.

Fig. 112, perche. — *Fig.* 113, brochet. — *Fig.* 114, cabeliau.
A nageoires pectorales. B nageoires ventrales. — *Fig.* 115, hip-
pocampe.

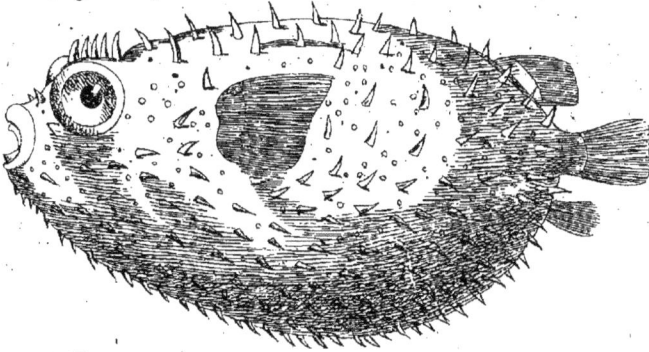

*Fig.*116.

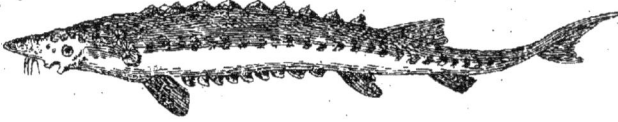

*Fig.*117.

*Fig.*119.

*Fig.*118.

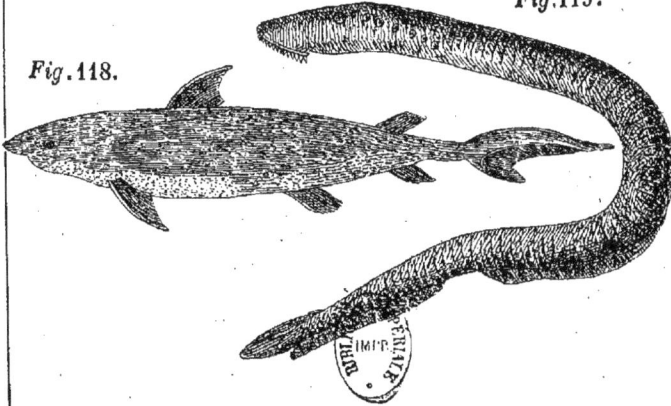

Fig. 116, diodon antcanifère — *Fig.* 117, esturgeon. —
Fig. 118, requin. — *Fig.* 119, lamproie.

Questionnaire.

Quelle est la structure de la bouche chez les poissons ?

Quelle est la disposition générale de l'appareil digestif ?

Comment s'effectue la circulation chez les poissons ?

Quelle est la disposition de l'appareil respiratoire des poissons ?

Combien y a-t-il de nageoires chez les poissons ; quelle est la structure des rayons qui les soutiennent ?

Quelle est la disposition du système nerveux chez les poissons ?

Comment sont disposés les organes des sens ?

Qu'est-ce que la vessie natatoire ?

Comment s'effectue la reproduction des poissons ?

En combien d'ordres divise-t-on les poissons ?

Quels sont les caractères de ces ordres ?

Quels sont les poissons de l'ordre des acanthoptérygiens ?

Quelles sont les principales espèces que l'on remarque dans les malacoptérygiens abdominaux, subrachiens et apodes ?

Citez un lophobranche et un plectognathe ?

Quels sont les poissons de l'ordre des sturioniens, de l'ordre des sélaciens et de celui des cyclostómes ?

DIVISION DES ARTICULÉS EN CLASSES.

Les articulés sont divisés en huit classes, qui sont :

les insectes,
les myriapodes,
les arachnides,
les crustacés,
les cirrhopodes,
les annélides,
les helminthes,
et les rotateurs.

Ces huit classes sont elles-mêmes divisées en deux groupes : les cinq premières renferment les articulés pourvus, de membres articulés ; et les trois dernières les articulés dépourvus de membres articulés.

Caractères de ces classes. — Les **insectes** ont une respiration trachéenne et trois paires de pattes.

Les **myriapodes** ont une respiration trachéenne et plus de onze paires de pattes.

Les **arachnides** ont une respiration trachéenne ou pulmonaire et quatre paires de pattes.

Les **crustacés** ont une respiration branchiale et de cinq à sept paires de pattes.

Les **cirrhopodes** ont une respiration branchiale et le corps enveloppé par une coquille.

Les **annélides** sont des vers à sang rouge ; leur corps est parfois muni de soies raides qui servent à la locomotion.

Les **helminthes** vivent dans l'intestin des animaux : on les connaît sous le nom de vers intestinaux.

Les **rotateurs** sont des animaux microscopiques qui vivent dans la mousse des toits.

Nous allons étudier les principales classes de cet embranchement.

ORGANISATION GÉNÉRALE DES INSECTES.

Appareil digestif. — La bouche des insectes broyeurs présente en général deux lèvres cornées ; la lèvre supérieure porte le nom de labre, et la lèvre inférieure le nom de languette. Indépendamment de ces organes qui se meuvent de haut en bas, on en rencontre souvent quatre autres qui se meuvent latéralement, ce sont : en dehors les mandibules, et en dedans les mâchoires (*fig.* 120.

La languette et les mâchoires sont armés de prolonge-

17

ments, formés de pièces articulées, qui se meuvent les unes sur les autres ; ces appendices, appelés palpes labiaux et maxillaires, jouent probablement un certain rôle dans la gustation.

Chez les insectes qui se nourrissent du nectar des fleurs, la bouche présente une organisation non moins curieuse ; toutes les pièces que nous venons de décrire se transforment en un long tube creux appelé trompe, qui s'enroule sur lui-même, et se déroule à volonté, pour aspirer le nectar jusque dans les corolles les plus profondes et les plus étroites (*fig.* 121).

Les insectes qui se nourrissent du sang des animaux, comme le taon, le stomoxe et la puce, ont une trompe armée de pointes à l'aide desquelles ils piquent la peau, comme avec une lancette, pour en faire sortir le sang.

L'œsophage des insectes ne présente rien de particulier.

L'estomac est multiple, il présente chez les insectes broyeurs trois cavités : le jabot, le gésier et l'estomac ; chez les insectes suceurs, on rencontre seulement un jabot et un estomac digérant ; ces animaux se nourrissant du suc des fleurs, n'ont pas besoin de gésier pour broyer les aliments dont ils font usage (*fig.* 122).

Les glandes salivaires existent ; mais le foie et les reins sont remplacés par deux tubes longs et grêles, insérés près du pylore et contenant un liquide jaune-verdâtre renfermant les éléments des sécrétions hépatique et urinaire.

Circulation.—Le sang des insectes est blanc et chargé de globules. L'appareil circulatoire consiste en un vaisseau dorsal qui occupe la place réservée chez les autres animaux à la colonne vertébrale. Le vaisseau dorsal présente une succession de dilatations et de rétrécissements ; ses contractions chassent le sang d'arrière en avant (*fig*. 123).

En pénétrant dans la tête, le vaisseau dorsal se divise en plusieurs canaux, qui se replient sous la forme d'anses dans les antennes et les membres. Le sang traverse ensuite des cavités appelées lacunes, qui paraissent dépourvues de parois vasculaires, et au moyen desquelles il est ramené dans le vaisseau dorsal.

Respiration. — La respiration des insectes est trachéenne. On remarque de chaque côté de leur corps seize ou dix-huit ouvertures appelées stigmates, qui sont entourées de petites pièces dures s'ouvrant ou se fermant à volonté. Les stigmates communiquent avec les trachées.

Les trachées sont des tubes qui pénètrent dans toutes les parties du corps et facilitent la revivification du sang. La face interne des tubes trachéens est garnie d'un filament enroulé en spirale, qui leur donne une grande résistance et leur permet de conserver facilement leur calibre Les mouvements de dilation ou de contraction de l'abdomen favorisent l'entrée ou la sortie de l'air (*fig*. 124).

Sécrétions. — Les insectes sont pourvus de glandes salivaires placées autour de l'œsophage, et possèdent dans l'intérieur de leur corps des glandes qui sécrètent la matière filamenteuse avec laquelle ils forment leurs cocons.

Squelette. — Le squelette des insectes est extérieur ; il est formé par une matière blanche, insoluble dans la potasse caustique, et connue sous le nom de chitine ou entomaderme. Ce squelette se compose d'anneaux constitués par quatre pièces soudées les unes aux autres : une supérieure, une inférieure et deux latérales sur lesquelles se fixent ordinairement les pattes ; les anneaux sont articulés entre eux ; quelquefois ils se soudent, et prennent des formes bizarres qui caractérisent les diverses espèces.

Le corps des insectes est divisé en trois parties : la tête, le thorax et l'abdomen. La tête porte les yeux et les antennes ; les ailes et les pattes sont attachées au thorax ; l'abdomen renferme les organes de la digestion et de la reproduction.

Les insectes sont pourvus de trois paires de pattes formées d'anneaux articulés, et allongés en forme d'étuis qui renferment les muscles. Chaque patte se divise en quatre parties : la hanche, la cuisse, la jambe et le tarse qui tient lieu de pied (*fig.* 125). Le tarse est formé de pièces articulées, appelées articles, dont le nombre a servi de base à la classification de certains groupes ; c'est ainsi que les insectes coléoptères ont été divisés en monomères, dimères, trimères, trétamères et pentamères, suivant que leur tarse est composé de un, deux, trois, quatre ou cinq articles.

Lorsqu'ils marchent, les insectes se tiennent en équilibre sur la seconde paire de pattes et avancent la première et la troisième ; ils courent quelquefois avec une grande rapidité ; chez la sauterelle, les membres postérieurs, très-développés, se détendent comme des ressorts, ce qui permet à l'animal de sauter à une certaine distance.

Du reste la nature a varié à l'infini les moyens de locomotion ; ainsi on trouve dans le fromage une larve d'insecte ou petit ver blanc, qui ne possède pas de pattes, mais dont l'abdomen est terminé par un petit bouton de nature cornée, que l'insecte saisit entre ses mâchoires ;

son corps forme alors un anneau, qui, sous l'influence de la contraction musculaire, se détend avec force et lance le petit ver à un ou deux pieds de distance.

La plupart des insectes volent ; tantôt ils ont, comme les papillons, quatre ailes semblables et de même nature ; tantôt ils possèdent, comme le hanneton, deux ailes membraneuses protégées par deux ailes dures, véritables étuis protecteurs appelés élytres ; certaines espèces n'ont que deux ailes, et d'autres en manquent complètement ; on leur donne le nom d'insectes aptères.

Système nerveux. — Le système nerveux est simple, ganglionnaire ; les ganglions sont disposés en série longitudinale ; le premier, qui est le plus considérable, est logé dans la tête ; il tient lieu du cerveau et prend le nom de ganglion cérébroïde ou sus-œsophagien ; parce qu'il est placé au-dessus de l'œsophage, tandis que les autres sont placés au-dessous de l'appareil digestif. Le second ganglion est relié au premier par deux cordons qui entourent l'œsophage (*fig.* 126).

De cette chaîne ganglionnaire naissent des cordons nerveux qui se répandent dans tout le corps.

Organes des sens. — **Toucher.** — Le toucher a pour organes les antennes, appendices articulés longs et mobiles que les insectes tiennent dressés en avant lorsqu'ils marchent. Les yeux présentent deux dispositions remarquables, ils sont simples ou composés : les yeux simples ou ocelles sont très-petits, et constitués par une cornée transparente, derrière laquelle vient s'épanouir un filet du ganglion cérébroïde entouré d'un pigment noir ; les yeux composés ou à facettes, ont quelquefois le volume

d'une lentille, et sont formés par la réunion d'un nombre
infini d'yeux simples ; ces deux espèces d'yeux se rencontrent entre autres chez la blatte et le bourdon.

Olfaction. — L'appareil de l'olfaction n'est pas connu ;
on suppose que la perception des odeurs, s'opère par les
trachées. Ce qu'il y a de certain, c'est que les insectes
sentent ; pour le démontrer, il suffit de prendre un morceau de viande ou un animal mort, comme une taupe, par
exemple, et de le placer dans une prairie ; quelques minutes après les insectes, attirés par l'odeur, se jettent sur
le cadavre dont ils se nourrissent.

Bien que les insectes entendent, l'appareil de l'audition
n'est pas plus connu chez eux que celui de l'olfaction ; on
peut se convaincre facilement de leurs facultés auditives,
en s'approchant d'une sauterelle qui cesse aussitôt de
crier, et ne reprend son chant que lorsque le bruit et le
danger ont disparu. Ils distinguent aussi les saveurs,
puisqu'on les voit abandonner un aliment après l'avoir
goûté.

Les insectes sont ovipares ; mais pour arriver à l'état
parfait, ils passent ordinairement par un certain nombre
de transformations qui ont reçu le nom de métamorphoses. Tous les enfants qui ont élevé des vers à soie,
savent que l'œuf pondu par le papillon donne naissance à
la chenille ; cette dernière se métamorphose en nymphe,
qui se transforme en papillon : c'est ce qu'on appelle un
insecte à métamorphoses complètes ; il passe ainsi par
quatre états différents : l'œuf, la chenille, la chrysalide
ou nymphe et l'insecte parfait. Les insectes chez lesquels
toutes ces transformations ne se produisent pas, sont appe-

lés insectes à métamorphoses incomplètes : exemple le grillon et la blatte. Les larves qui sortent de leurs œufs présentent la forme de l'insecte parfait, auquel il ne manque des ailes ; ces animaux, changeant souvent de peau, les ailes ne se développent qu'au moment de la dernière mue. Enfin, d'autres insectes naissent directement de l'œuf, comme le pou.

Les insectes ailés présentent au moment de leur naissance, une disposition organique fort curieuse qui favorise le développement des ailes. Lorsque l'insecte sort de sa chrysalide ses ailes sont molles, flétries et repliées sur elles-mêmes ; c'est pourquoi ces animaux possèdent dans l'intérieur de leur corps une vessie contractile qui communique avec les nervures creuses des ailes ; cette poche renferme un liquide épais, analogue à une dissolution gommeuse ; peu de temps après sa naissance, l'insecte contracte cette poche avec force et chasse le liquide qu'elle contient dans les nervures des ailes, qui s'étendent en peu d'instants. Puis le liquide injecté se coagule, et les ailes acquièrent une résistance suffisante pour permettre à l'animal de voler.

Chez les mouches, cette vessie contractile se trouve à la partie antérieure de la tête qui, au moment de la naissance, présente, à cause de cette particularité, une forme très-bizarre ; à mesure que le liquide est injecté dans les ailes, le réservoir contractile disparaît et la tête acquiert la forme que tout le monde lui connait.

Division des insectes en ordres.—Les insectes sont divisés en douze ordres, ce sont :

Insectes pourvus de quatre ailes dissemblables.	les *coléoptères*, les *dermoptères*, les *orthoptères*, les *hémiptères*.
Insectes pourvus de quatre ailes semblables.	les *névroptères*, les *hyménoptères*, les *lépidoptères*.
Insectes pourvus de deux ailes.	les *diptères*, les *rhipiptères*.
Insectes aptères.	les *aphaniptères*, les *parasites*, et les *thysanoures*.

Caractères de ces ordres. — Les **coléoptères** ont deux élytres et deux ailes pliées transversalement : exemple, le hanneton.

Les **dermoptères** ont deux élytres et deux ailes pliées transversalement et longitudinalement : exemple, le perce-oreille.

Les **orthoptères** ont deux élytres et deux ailes pliées longitudinalement : exemple, la sauterelle et la blatte.

Les insectes contenus dans ces trois ordres possèdent une bouche organisée pour broyer.

Les **hémiptères** ont deux demi-élytres et une bouche en suçoir : exemple, les punaises, les pucerons et les cigales.

Les **névroptères** ont deux paires d'ailes semblables,

diaphanes et traversées par des nervures nombreuses : exemple, les libellules et les termites.

Les **hyménoptères** ont deux paires d'ailes semblables, diaphanes et soutenues par quelques nervures : exemple, les abeilles.

Les **lépidoptères** ont deux paires d'ailes semblables, couvertes d'écailles colorées : exemple, les papillons.

Les **diptères** ont deux ailes qui ne se plissent pas lorsque l'animal se pose : exemple, la mouche.

Les **rhipiptères** ont deux ailes qui se plissent lorsque l'animal se pose : exemple, le stylops.

Les **aphaniptères** n'ont pas d'ailes ; leurs pattes sont organisées pour sauter : exemple, la puce.

Les **parasites** n'ont pas d'ailes ; leurs membres sont conformés pour la marche : exemple, le pou.

Les **thysanoures** n'ont pas d'ailes ; ils portent à l'extrémité de l'abdomen des appendices caudiformes qu'ils replient sous leur corps pour sauter : exemple, le lépisme.

Espèces remarquables que l'on trouve dans ces différents ordres. — L'ordre des coléoptères renferme un nombre infini d'espèces, parmi lesquelles nous citerons les carabes, les hannetons, les charançons, les coccinelles, les cantharides et les nécrophores.

Les carabes, insectes carnassiers très-utiles, se nourrissent de chenilles et d'insectes ; le carabe doré (*carabus auratus*), une des espèces de cette nombreuse famille, est vulgairement connu sous le nom de jardinière.

Le hanneton et le charançon sont des insectes très-nuisibles ; la larve du hanneton (*melolontha vulgaris*), gros ver blanc qui se nourrit des racines des plantes, vit dans la terre (*fig*. 127). Les larves des charançons vivent de grains et de fruits : on en rencontre souvent dans les noisettes.

Le charançon du blé (*calandra granaria*) s'introduit dans les greniers à grains et y cause de grands dégâts.

La cantharide, que l'on récolte dans le midi de la France, est employée pour la fabrication des vésicatoires.

Les coccinelles, ou bêtes du bon Dieu, détruisent les pucerons.

Les nécrophores (*necrophorus humator*) se placent sous les cadavres des taupes et des souris qu'ils enfouissent légèrement, en grattant la terre avec leurs pattes ; puis ils pondent leurs œufs dans la chair corrompue dont leurs larves se nourrissent.

Dans l'ordre des **dermoptères**, nous ne citerons que le perce-oreille qui se nourrit de matières végétales,

L'ordre des **orthoptères** renferme les sauterelles, les grillons, les blattes et la courtilière, ou taupe grillon (*grillo talpa*), dont les membres antérieurs, semblables à ceux de la taupe, lui permettent de creuser des galeries dans le sol et de couper les racines des végétaux qu'elle rencontre sur son passage.

L'ordre des **hémiptères** renferme les punaises et les pucerons, dont une espèce, la cochenille, qui sert à la fabrication du carmin, vit sur les cactus, en Afrique, au Mexique et dans l'Inde.

L'ordre des **névroptères** renferme le fourmi-lion, les

libellules et les termites, dangereux insectes qui, dévorant
en peu de temps les bois de construction, font crouler les
habitations dans lesquelles ils s'introduisent. On en a ré-
cemment signalé dans le midi de la France.

L'ordre des **hyménoptères** renferme les ichneumons,
les cynips, les fourmis, les abeilles et les guêpes.

Les ichneumons sont de singuliers animaux qui, à l'aide
d'une tarière, pondent leurs œufs dans le corps des chenilles vivantes, dont leurs larves se nourrissent.

Les cynips introduisent leurs œufs dans les feuilles du
chêne qui, sous l'influence du développement des larves,
produisent des excroissances appelées noix de galle.

Les **abeilles** (*apis mellifica*) vivent en tribus nommées
essaims; c'est ordinairement vers le mois de mai et de
juin que les jeunes abeilles abandonnent la ruche qui les
a vu naître, pour aller fonder une autre colonie. Le nouvel
essaim se retire dans un creux d'arbre, s'il n'est pas recueilli et placé dans une ruche, comme nous l'expliquerons plus tard.

Un essaim se compose d'une reine qui gouverne la
tribu, de 12 à 15 cents mâles et de 24 à 26 mille abeilles
ouvrières.

Nous examinerons sommairement les caractères distinctifs de ces trois espèces.

La reine, qui pond les œufs, possède un aiguillon à
l'extrémité postérieure du corps. Son abdomen est plus
allongé que celui des abeilles ouvrières.

Les ouvrières sont des individus neutres; leur corps est
petit, et leur abdomen terminé par un aiguillon. La jambe
des pattes postérieures présente une cavité bordée de

poils, appelée corbeille , que les abeilles remplissent de pollen, lorsqu'elles vont butiner sur les fleurs.

Enfin les mâles, privés d'aiguillons, n'ont pas de brosse soyeuse ni de corbeille ; ils se reconnaissent surtout à la grosseur de leur tête et à leurs formes trapues.

Ainsi composé , l'essaim commence par visiter avec attention les différentes parties de sa nouvelle habitation, afin de reconnaître les orifices susceptibles de laisser pénétrer la pluie ou les corps étrangers ; puis les ouvrières vont recueillir, sur les bourgeons des peupliers et des aulnes, une substance résineuse, avec laquelle elles fabriquent une cire verdâtre appelée propolis, qu'elles emploient pour boucher avec soin toutes les anfractuosités de la ruche. Dès que cette opération est terminée, les abeilles commencent à construire leurs gâteaux en cire.

On trouve à la face intérieure du corps des abeilles, au point de jonction des anneaux de l'abdomen , quatre petites poches qui sécrètent la cire sous la forme de lames, que les abeilles accolent les unes aux autres, pour former des cellules ou alvéoles qui sont construites avec un art vraiment merveilleux.

C'est en partant du sommet de la ruche, que les abeilles commencent à fabriquer leurs gâteaux, qui sont placés verticalement au nombre de six à huit. Elles ménagent, entre ces gâteaux, de véritables rues qui facilitent la circulation dans l'intérieur des ruches. Chaque gâteau est formé par une double rangée d'alvéoles adossées les unes aux autres, et construites de manière à économiser les matériaux et l'emplacement, tout en donnant à l'ouvrage la plus grande solidité possible.

Il ne faut aux abeilles qu'un mois pour terminer ce grand travail. Aussitôt qu'il existe des rayons disponibles, la reine sort, est fécondée, et rentre dans la ruche où elle commence à pondre, en déposant un œuf dans chaque cellule ; cet œuf éclot quatre jours après, et donne naissance à une larve que l'on appelle couvain. Ces larves, nourries par les abeilles ouvrières, grossissent rapidement, filent leurs cocons sept jours après leur naissance, et se transforment en insectes parfaits 21 jours après. Les ouvrières aident alors les jeunes abeilles à sortir de la ruche, les excitent à prendre leur vol, et les conduisent dans les endroits propices pour butiner ; elles leur indiquent aussi la fontaine ou la mare la plus voisine où elles vont se désaltérer.

Plusieurs pontes successives ont lieu, à la suite desquelles les mâles devenus inutiles sont tués par les abeilles ouvrières, et portés hors de la ruche. Il en reste cependant quelques-uns pour les besoins de la reproduction. Après l'éclosion des jeunes abeilles, l'essaim, devenu plus nombreux, travaille avec activité, et dépose dans l'intérieur des cellules le miel que les ouvrières fabriquent avec le nectar des fleurs, et qu'elles destinent à leur nourriture pendant l'hiver. Aussi, dès le courant de septembre, étouffe-t on un certain nombre de ruches. On creuse à cet effet, le matin avant le lever du soleil, ou le soir après son coucher, un trou peu profond, mais plus large que la ruche. On dépose dans ce trou quelques morceaux de drap trempés dans du soufre fondu, auxquels on met le feu ; la ruche ayant été posée avec précaution sur le trou l'acide sulfureux y pénètre et asphyxie les abeilles ; on

enlève alors les gâteaux pour recueillir le miel et fondre
la cire.

Les mouches que l'on conserve, se nourrissent pendant
l'hiver du miel qu'elles ont mis en réserve. A l'approche
du printemps, les abeilles sortent de leur ruche, la ponte
recommence, et la reine dépose dans une cellule beaucoup
plus grande que les autres et appelée cellule royale, l'œuf
qui doit donner naissance à une nouvelle reine. Mais,
comme deux reines ne peuvent pas exister dans l'intérieur
d'une même ruche, l'essaim nouvellement formé la quitte
dès que les chaleurs surviennent, c'est-à-dire vers le
15 mai. Les jeunes abeilles sortent de la ruche et sillon-
nent l'air comme des flèches ; lorsque la jeune reine sort à
son tour (1), la nouvelle tribu se précipite sur elle, l'entoure, la protège, et forme alors une espèce de pelote
vivante du volume de la tête d'un homme. On s'approche
avec précaution de l'essaim, et on secoue au-dessus d'une
ruche vide la branche sur laquelle il s'est placé. On pose
ensuite cette ruche à terre, afin de permettre aux abeilles
de se réunir avec facilité, et, le soir, on la place dans un
rucher.

Nous ne pouvons donner ici l'histoire complète de ces
intéressants animaux ; nous dirons cependant que les
abeilles sont dangereuses lorsqu'on les irrite, et que leur
aiguillon est terrible. Il y a quelques années, plusieurs
chevaux pâturaient dans une prairie où il y avait un

---

(1) La plupart des auteurs qui se sont occupés des abeilles, pensent que c'est le vieil essaim qui abandonne la ruche ; il résulte, au
contraire, des renseignements que nous avons recueillis auprès
d'apiculteurs distingués, que ce sont les jeunes abeilles qui essaiment.

rucher ; l'un d'eux renversa une ruche ; les abeilles se pré-
cipitèrent sur les chevaux et les piquèrent si cruellement
que la plupart périrent.

Les abeilles ont pour ennemi redoutable un papillon,
appelé fausse teigne, qui pénètre dans l'intérieur des
ruches et y pond ses œufs. Lorsque les larves se développent, elles percent les gâteaux et les remplissent de filaments soyeux, qui empêchent les abeilles de circuler et
occasionnent la perte de la colonie. Les souris pénètrent
aussi dans les ruches ; les abeilles se jettent sur elles et les
tuent ; mais comme leur décomposition infecterait la
tribu, les ouvrières se mettent à l'œuvre et les enveloppent
d'un tombeau de propolis.

Les abeilles qui vivent à l'état sauvage ont encore pour
ennemi un oiseau de proie, la buse bondrée ou apivore,
qui se nourrit de leurs larves, ainsi que nous l'avons
constaté plusieurs fois.

Afin de prévenir la tribu de l'approche de l'ennemi, une
abeille est toujours placée à l'entrée de la ruche ; on y remarque aussi, lorsqu'il fait très-chaud, un certain nombre
d'abeilles qui agitent les ailes, et établissent une espèce de
ventilation, dans le but de renouveler l'air de leur habitation.

Les **guêpes** cartonnières construisent aussi des nids
très-remarquables, dont les alvéoles sont entourées d'une
double corolle. Ces nids sont confectionnés avec le bois
que les guêpes coupent à l'aide de leurs mandibules, et
dont elles agglutinent les parcelles au moyen de leur
salive.

Les **fourmis** forment des sociétés qui ont quelque analogie avec celle des abéilles. Une fourmilière se compose également de trois sortes d'individus : les mâles, les femelles et les neutres. Les neutres n'ont pas d'ailes ; les mâles et les femelles sont ailés, mais ces dernières perdent ces organes au moment de la ponte, qu'elles effectuent dans la fourmilière, à moins qu'elles ne fondent une nouvelle colonie.

Les fourmis amazones se comportent d'une singulière façon à l'égard de certaines autres espèces. Elles vont en masse attaquer des fourmilières, et en ramènent des fourmis neutres qu'elles obligent à travailler.

Les fourmis qui s'endorment pendant la saison froide, pour se réveiller avec les beaux jours, n'amassent point de provisions pour l'hiver, ainsi qu'on l'a cru longtemps.

A la Guyane on emploie le canon pour détruire les nids de fourmis, qui ont jusqu'à 7 mètres d'élévation ; on remarque dans la même contrée, la fourmi dite de visite qui, chaque année, entreprend de longs voyages à l'effet de détruire les blattes, les rats et les souris qu'elle recherche j'usque dans les habitations.

Ordre des lépidoptères. — C'est dans cet ordre que sont classés les papillons; parmi lesquels on remarque le bombyx du mûrier (*bombyx mori*), insecte à métamorphoses complètes. Ce bombyx, originaire de la Chine, se propagea dans l'Inde et la Syrie, et fut apporté pour la première fois en Europe à l'époque des Croisades.

En France, l'éducation du ver à soie a pris, sous le règne de Henri IV, une extension qui depuis lors n'a fait que se développer. C'est le commerce de la soie qui a élevé Lyon au rang de seconde ville de France.

Les vers à soie sont nourris dans des établissements connus sous le nom de magnagneries, qui, en moyenne, en renferment de 4 à 500,000. Les œufs qui leur donnent naissance sont connus sous le nom de graine ; il en sort un petit ver noir qui grossit, change plusieurs fois de peau, devient blanc, et finit par acquérir la taille du petit doigt. Le corps de la chenille renferme alors deux glandes tubuleuses, repliées sur elles-mêmes, qui sécrètent un liquide épais, analogue à une dissolution gommeuse ; ce liquide sort de la lèvre inférieure par un canal appelé filière. Dès qu'il est en contact avec l'air, il se coagule, se solidifie, et constitue le fil de soie qui sert à tisser le cocon, dans lequel la chenille se transforme en nymphe (*fig.*129).

Les plus beaux cocons sont recueillis, et donnent naissance aux papillons qui s'accouplent et pondent des œufs que l'on conserve pour la reproduction ; lorsque les papillons éclosent, ils dissolvent la soie, et déchirent le cocon qui ne peut plus être dévidé ; c'est pourquoi on jette dans l'eau bouillante ou dans un four, pour tuer les chrysalides, tous les cocons qui ne doivent pas être employés à la reproduction. Les cocons ainsi préparés sont livrés au commerce, et dévidés par différents procédés que nous n'examinerons pas ici.

Jusqu'aujourd'hui l'industrie séricifère s'est cantonnée dans le midi de la France, parce que le bombyx ver à soie a besoin, pour se développer, d'une température douce et égale. On a cherché depuis quelques années à introduire des espèces plus rustiques, se nourrissant des feuilles des arbres de notre pays ; mais jusqu'à présent, ces tentatives n'ont pas été suivies de succès.

18

On fabrique avec le ver à soie une substance dont bien des personnes ignorent la véritable origine : je veux parler du crin marin qui est employé à la pêche. Pour obtenir ce produit, on plonge le ver à soie dans le vinaigre, au moment où il se dispose à filer ; l'acide acétique coagule la matière liquide que renferment les glandes séricifères et en déchirant le ver on y trouve deux filaments blancs, d'une grande solidité : c'est le crin marin.

L'ordre des **diptères** renferme les cousins et les mouches, parmi lesquelles on remarque : la mouche à viande (*musca vomitoria*), la mouche domestique (*musca domestica*) et le stomoxe piquant (*stomoxys calcitrans*) espèce de mouche grise dont les ailes sont plus écartées que celles, de la mouche domestique. Le stomoxe vit dans nos habitations, et suce le sang de l'homme et des animaux.

On trouve dans le même ordre les œstres, singulières mouches, douées d'instincts très-curieux ; les unes pondent leurs œufs sous la peau du bœuf, du cheval et même de l'homme, où leurs larves se nourrissent et d'où elles sortent pour se transformer en nymphes ; les autres déposent leurs œufs sur les jambes des chevaux qui, en se léchant, les avalent et les introduisent dans leur estomac où les larves éclosent. On les rencontre quelquefois attachées par centaines à la membrane muqueuse, qu'elles abandonnent lorsqu'elles sont arrivées à leur développement complet ; elles sont alors rejetées par l'anus avec les excréments et se transforment en nymphes qui donnent naissance à de fort jolies mouches.

D'autres espèces d'œstres pondent leurs œufs dans les

narines des moutons, et leurs larves vivent dans les sinus
que présentent les cavités nasales de ces animaux.

Nous ne taririons pas, si nous pouvions mentionner ici
toutes les observations curieuses, et c'est avec raison que
Duméril a dit : « Rien n'est plus digne d'observation dans
la nature que le développement des insectes. »

Questionnaire.

En combien de classes divise-t-on l'embranchement
des articulés ?

Quels sont les caractères de ces classes ?

Quelle est la structure de la bouche des insectes
broyeurs et suceurs ?

Quelle est la disposition de l'appareil digestif des insectes ?

Comment s'effectue la circulation chez les insectes ?

Quelle est la disposition de l'appareil respiratoire des
insectes ?

Quelle est la structure du squelette des insectes ?

En combien de parties divise-t-on le corps des insectes ?

Quelle est la structure des pattes des insectes ?

Comment est disposé le système nerveux des insectes ?

Quelle est la structure de l'organe du toucher et de la vue chez les insectes ?

Comment s'effectue la reproduction des insectes ; qu'appelle-t-on métamorphoses ?

Comment se développent les ailes des insectes ?

En combien d'ordres divise-t-on les insectes ?

Quels sont les caractères de ces ordres ?

Quelles sont les espèces remarquables de l'ordre des coléoptères ?

Quelles sont les espèces intéressantes de l'ordre des orthoptères, des hémiptères et des névroptères ?

Quelles sont les espèces remarquables de l'ordre des hyménoptères ?

Quelles sont les mœurs des abeilles ?

Quelles sont les mœurs du ver à soie ?

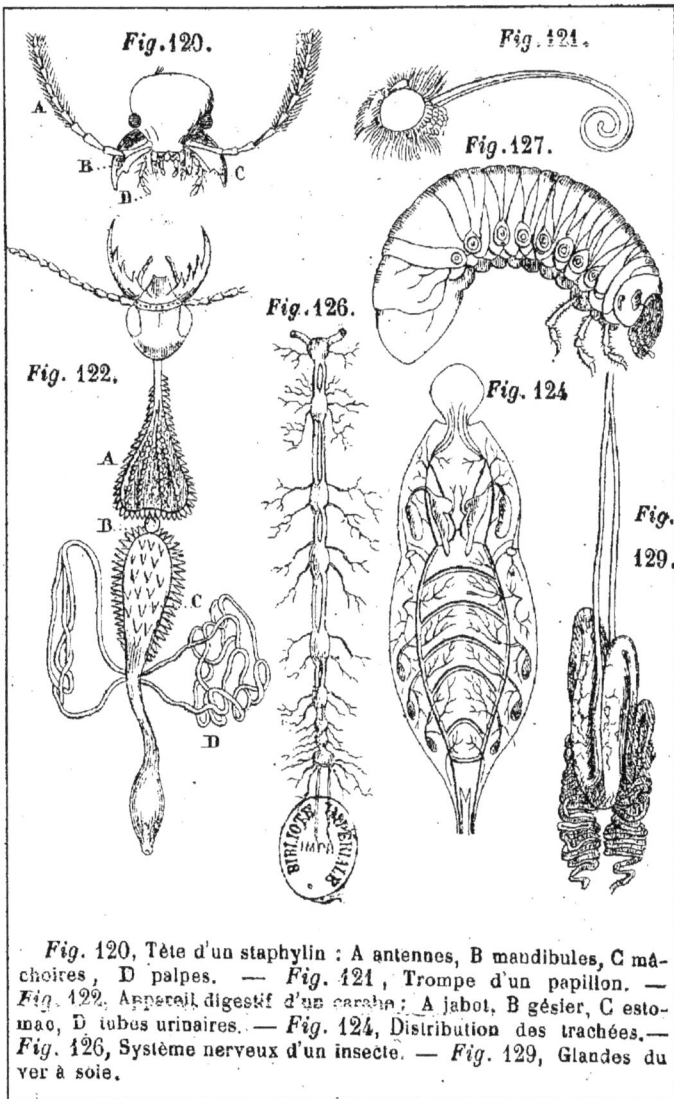

Fig. 120.

Fig. 121.

Fig. 127.

Fig. 126.

Fig. 122.

Fig. 124

Fig. 129.

Fig. 120, Tête d'un staphylin : A antennes, B mandibules, C mâchoires, D palpes. — *Fig.* 121, Trompe d'un papillon. —
Fig. 122, Appareil digestif d'un carabe : A jabot, B gésier, C estomac, D tubes urinaires. — *Fig.* 124, Distribution des trachées.—
Fig. 126, Système nerveux d'un insecte. — *Fig.* 129, Glandes du
ver à soie.

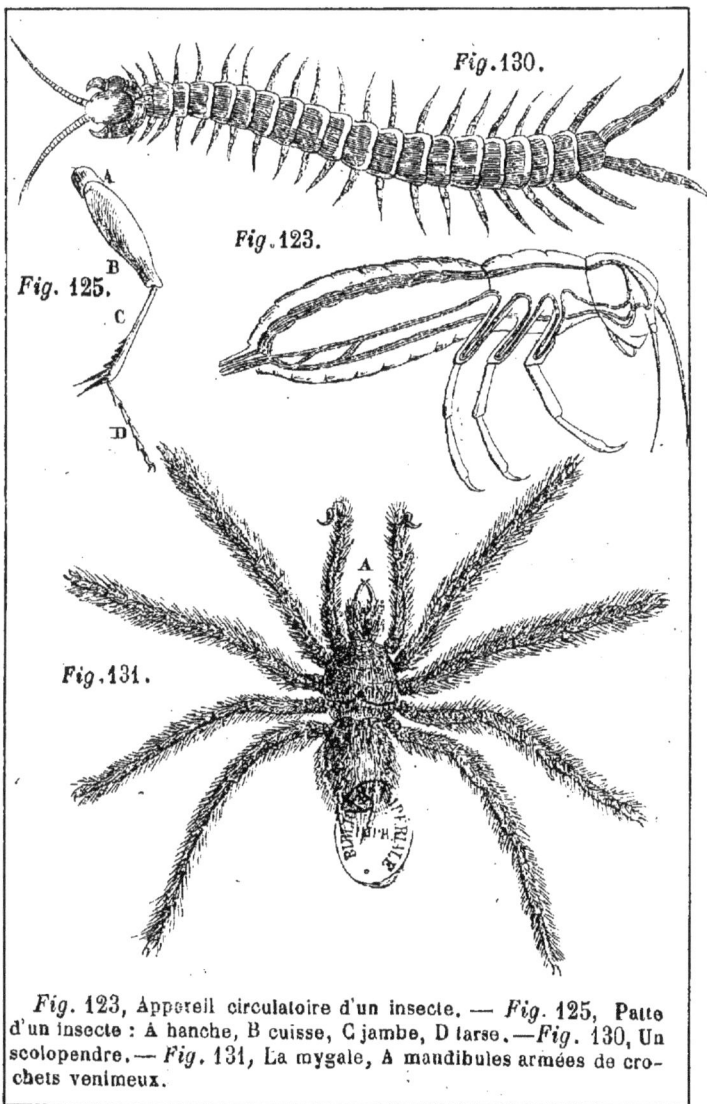

Fig. 130.

Fig. 123.

Fig. 125.

A
B
C
D

Fig. 131.

A

Fig. 123, Appareil circulatoire d'un insecte. — Fig. 125, Patte d'un insecte : A hanche, B cuisse, C jambe, D tarse.—Fig. 130, Un scolopendre. — Fig. 131, La mygale, A mandibules armées de crochets venimeux.

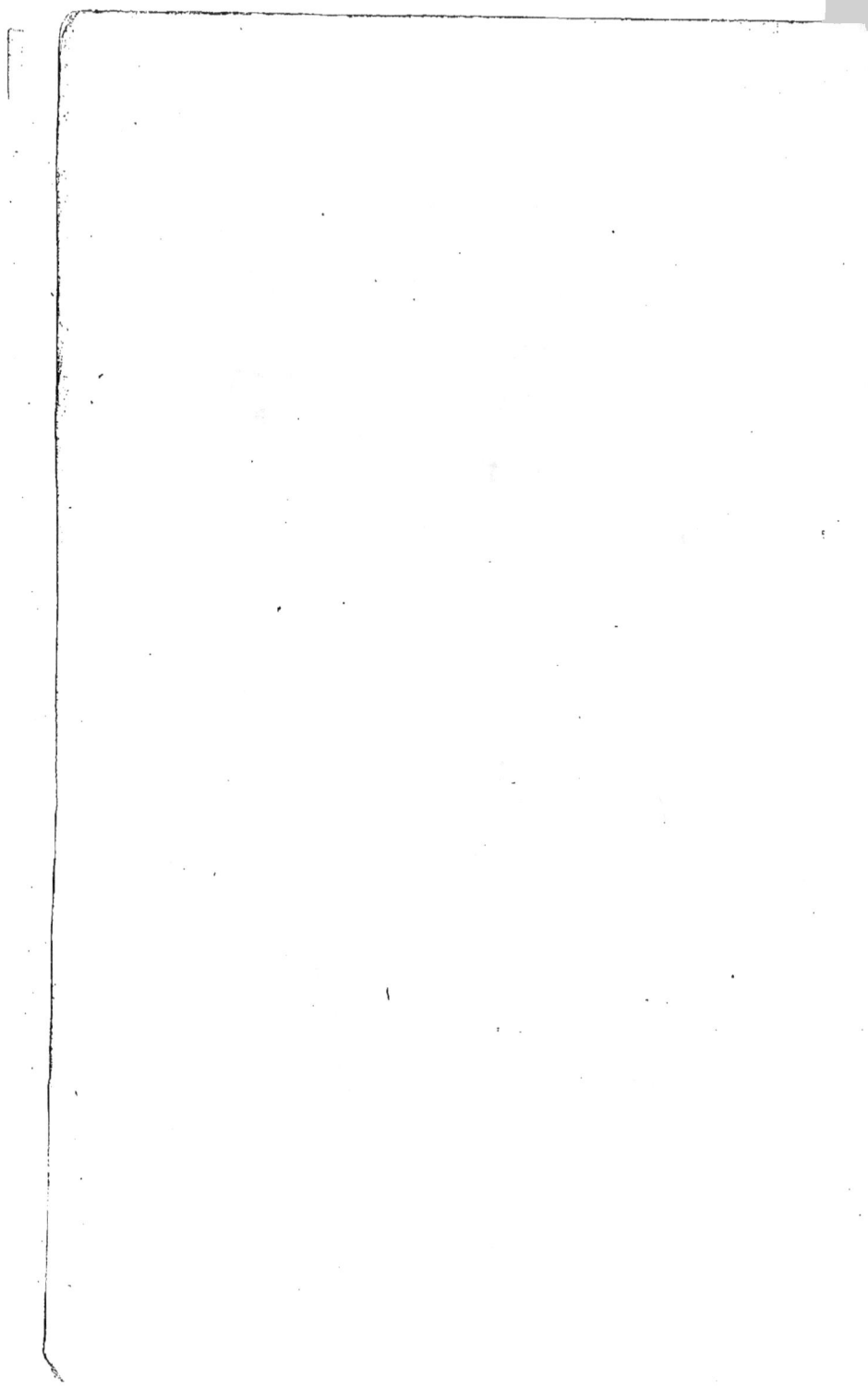

CLASSE DES MYRIAPODES.

Les myriapodes présentent un des types les plus curieux des animaux articulés ; leur corps est formé par un grand nombre d'anneaux semblables, à l'exception du premier qui porte la tête, et du dernier qui est terminé par l'anus. L'organisation de ces animaux se rapproche beaucoup de celle des insectes, dont ils se distinguent par le grand nombre de leurs pattes ; on en compte jusqu'à 118 paires dans une espèce africaine.

Cette classe renferme les iules, les scolopendres, etc.

Le scolopendre (*scolopendra electrica*), vulgairement connu sous le nom de bête à mille pattes, est phosphorescent, quand on l'écrase dans l'obscurité (*fig.* 130).

ORGANISATION GÉNÉRALE
DES ARACHNIDES.

Les arachnides , dont l'organisation offre de grandes analogies avec celle des insectes , ont la bouche entourée de mâchoires et de mandibules : ces dernières sont

armées de crochets venimeux à l'aide desquels les araignées attaquent leur proie et lui font une blessure mortel-
le. Dans les pays chauds, tels que l'Italie, certaines espèces, comme la tarentule, mordent l'homme et causent parfois des accidents dangereux. Au-dessous de leur orifice
buccal se trouve une languette ou lèvre inférieure, mais on
ne rencontre jamais de labre. Chez d'autres espèces la
bouche subit une transformation complète, que nous avons
signalée chez les insectes : les pièces qui la forment se
soudent, s'allongent et forment un suçoir.

En général, les arachnides se nourrissent du sang des
insectes, et leur cavité digestive offre la même disposition
que chez presque tous les animaux suceurs. Elle est formée par un tube étendu directement de la bouche à l'anus,
et présentant une succession de dilatations et de rétrécissements qui servent à faire le vide, et facilitent la
succion.

Leur sang est blanc, comme celui des insectes ; la circulation s'opère par un vaisseau dorsal. La respiration
s'effectue de deux manières : tantôt elle est trachéenne,
comme chez les insectes ; tantôt les stigmates aboutissent
dans des poches respiratoires que l'on a comparées aux
poumons des mammifères ; les animaux qui présentent
cette disposition, tels que les araignées et les scorpions,
ont reçu le nom d'arachnides pulmonaires. Le système
nerveux présente absolument la même disposition que
chez les insectes.

Les yeux des arachnides sont généralement simples ;
chez les scorpions, il en existe deux qui sont placés
sur le dos de l'animal ; d'autres espèces en possèdent depuis quatre jusqu'à huit.

L'appareil de l'audition n'est pas encore connu ; cependant, il est certain que les arachnides entendent; certaines espèces paraissent même très-sensibles à la musique. On a souvent remarqué que les araignées se suspendaient à l'aide de leur fil, au-dessus d'une harpe ou d'un piano, et que, lorsque l'instrument était changé de place, elles remontaient au plafond pour prendre une position nouvelle.

La peau qui couvre le corps des arachnides est très-sensible ; le toucher et la gustation paraissent résider dans les palpes placés à proximité de la bouche. Le corps est séparé en deux parties : le céphalothorax et l'abdomen. Le céphalotorax porte quatre paires de pattes.

Les araignées sont ovipares ; elles enveloppent leurs œufs dans une coque soyeuse de laquelle sortent les petites araignées qui ne subissent aucune autre métamorphose.

On trouve souvent ces nids, de couleur blanche ou jaunâtre, dans les angles des murs ou des fenêtres. Les araignées muent plusieurs fois par an ; on voit fréquemment dans leur toile, la peau dont elles viennent de se dépouiller. La matière soyeuse qui constitue cette toile est sécrétée par des glandes l'intérieur du corps, et dont l'animal fait sortir le contenu par des filières placées à l'extrémité de son abdomen.

Parmi les espèces d'araignées qui sont douées d'instincts merveilleux, nous citerons l'argyronète aquatique et la mygale-maçonne.

L'argyronète aquatique tisse au fond des fossés remplis d'eau une petite cellule qu'elle fixe sur les feuilles d'un végétal, et dont l'ouverture est placée à la face inférieure de la cellule. Lorsque ce travail est achevé, l'argyronète remonte au-dessus de l'eau, l'air baigne subitement son corps, et s'attache avec force aux poils, qui recouvrent l'abdomen ; l'araignée plonge aussitôt et dépose dans l'intérieur de son habitation la bulle d'air qui y reste emprisonnée. En répétant plusieurs fois cette opération, l'argyronète se trouve en possession au fond de l'eau, d'une habitation aérienne, où elle se réfugie pendant les jours pluvieux.

La mygale-maçonne se construit une maison en terre, qu'elle solidifie par un lacis de tissu soyeux ; certaines espèces se creusent dans le sol des galeries dont elles ferment l'entrée à l'aide d'une petite porte pourvue de charnières admirablement disposées (fig. 131).

Les scorpions vivent dans le Midi de la France et en Afrique. Leur céphalothorax est armé de pinces analogues à celles des écrevisses ; l'appareil venimeux est placé dans le dernier anneau de l'abdomen : cet anneau est terminé par une pointe acérée qui traverse la peau et introduit le venin dans la plaie (fig. 132).

On trouve _____ un genre d'animaux très curieux, les acares, qui s'attachent à la peau de l'homme et des animaux, y creusent des galeries et occasionnent ainsi une maladie connue sous le nom de gale (fig. 133). Le fromage est attaqué et réduit en poussière par une autre espèce d'acare, vulgairement appelée ciron. Enfin, le tique ou ricin, qui s'attache à la peau des animaux pour leur sucer le sang, appartient aussi à la classe des arachnides.

ORGANISATION GÉNÉRALE
DES CRUSTACÉS.

Les crustacés doivent leur nom à l'enveloppe crustacée qui protége leur corps. Leur bouche est entourée de six paires de pièces résistantes articulées, qui se meuvent latéralement, et parmi lesquelles on distingue des mâchoires très-puissantes et des mandibules d'une grande force. Chez certaines espèces, ces nombreux organes sont complétés par des palpes articulés dont l'usage n'est pas encore bien connu.

Le tube intestinal est court ; il s'étend sans replis de la bouche à l'anus, et se compose d'un œsophage, d'un estomac et d'un intestin. Chez les crustacés décapodes, l'estomac est soutenu par un appareil osseux, muni de cinq dents dures et mobiles placées près du pylore ; cet appareil ne laisse passer les substances que lorsqu'elles sont parfaitement broyées. L'intestin, très grêle, s'ouvre à l'extrémité de la queue.

Circulation.—Le sang des crustacés est presque incolore, légèrement bleuâtre ; en sortant de l'appareil respiratoire, il est versé dans un cœur aortique, qui correspond au cœur gauche des mammifères, et chasse dans toutes les parties du corps le sang revivifié. Lorsque le sang a servi à la nutrition, il revient dans l'appareil respiratoire par un système veineux, interrompu par des cavités appelées lacunes (*fig.* 134).

La respiration est branchiale; les branchies, placées dans le céphalothorax, sont constituées par des pyramides pourvues d'une infinité de filaments, et attachées, par leur partie inférieure, à la base des membres de l'animal. Le céphalothorax est divisé à sa partie inférieure et de chaque côté du bouclier, par une longue fente qui laisse pénétrer l'eau autour des branchies.

Le système nerveux présente, chez les crustacés, les mêmes dispositions que chez les insectes.

Le toucher s'effectue par deux paires d'antennes que porte la tête.

Les yeux, au lieu d'être enfoncés dans une cavité orbitaire, sont placés à l'extrémité d'un long pédoncule articulé et mobile; les crustacés ont ordinairement deux yeux, cependant quelques-uns de ces animaux, tels que les monocles et les cyclopes, n'en possèdent qu'un seul.

L'odorat est très-développé, mais son siége est inconnu.

L'organe de l'audition est constitué, chez l'écrevisse, par une petite bourse remplie de lymphe ; cette bourse est contenue dans un cylindre écailleux, dont l'une des extrémités, donne passage aux nerfs auditifs, tandis que l'autre est fermée par une membrane tympanique, placée à la base des grandes antennes.

Les crustacés sont ovipares ou ovovipares ; leurs œufs, enveloppés par une membrane cornée, sont le plus souvent attachés sous l'abdomen des femelles, comme cela se remarque chez les crevettes.

Les crustacés sont des animaux carnassiers; ils muent plusieurs fois par an ; à cette époque leur corps devenant mou, ils se retirent dans des creux de rochers pour se soustraire aux attaques de leurs ennemis.

Les principaux animaux que l'on trouve dans cette classe sont : les crabes, les langoustes, les homards, les écrevisses et les crevettes, qui servent tous à l'alimentation de l'homme ; et, enfin, le pagure-bernard, ou bernard-l'ermite, crustacé dont l'abdomen mou est terminé postérieurement par de fortes pattes, armées de crochets à l'aide desquels il se fixe dans les coquilles abandonnées qui lui servent d'habitation ; lorsqu'il grandit, il quitte sa coquille et s'installe dans une autre plus spacieuse. A défaut de coquille vide, le bernard-l'ermite dévore le mollusque dont l'habitation lui convient (*fig*. 136).

CLASSE DES CIRRHOPODES.

Les cirrhopodes ou cirrhipèdes ont le corps enveloppé d'un repli cutané appelé manteau qui sécrète une coquille. Nous citerons dans cette classe les anatifes (*fig*. 137), qui se fixent à la coque des navires, et les balanes (*fig*. 138) , qui se rencontrent sur les coquillages , les écailles des tortues , les pièces de bois, et, en général, sur tous les corps qui sont baignés par la mer.

ORGANISATION GÉNÉRALE
DDS ANNÉLIDES.

Chez les annélides, comme le ver de terre par exemple, la bouche est généralement formée par une ouverture molle, disposée pour sucer. Cependant, chez quelques espèces, la trompe est armée de deux, trois et même quatre dents ; on en rencontre trois dans la sangsue, qui en fait usage pour percer la peau des animaux dont elle suce le sang.

Le canal digestif des annélides est généralement droit et étendu d'une extrémité à l'autre du corps, qu'il remplit quelquefois presque entièrement. Tantôt ce canal est simple ; tantôt il offre, comme chez la sangsue, une succession de dilatations et de rétrécissements, destinés à faciliter la succion ; enfin, chez d'autres espèces, on remarque un œsophage, un estomac et un intestin qui se termine à l'anus.

Le sang des annélides varie singulièrement de couleur ; il est rouge, vert, jaune ou violet ; et circule dans des vaisseaux contractiles, dont les dispositions sont tellement variables qu'il est impossible de les signaler d'une manière générale. La respiration s'opère également par des moyens différents ; tantôt elle est branchiale, comme dans la serpule contournée de Cuvier, dont les branchies sont placées autour de la bouche ; tantôt elle est cutanée, comme dans le ver de terre.

Il y a des annélides qui manquent complètement de membres, tandis que d'autres en sont pourvus. Ces membres, qui ne sont pas formés de pièces articulées, sont ordinairement constitués par des tubercules charnus armés de poils raides.

Le système nerveux est le même que chez les insectes ; les organes des sens sont inconnus, sauf celui du toucher.

Nous citerons parmi les annélides : la sangsue, le ver de terre, la serpule contournée de Cuvier, et l'amphitrite dorée, qui se bâtit un logement avec des débris de coquilles agglutinés par une espèce de liquide salivaire.

CLASSE DES HELMINTHES.

Les helminthes, ou vers intestinaux, habitent toutes les parties du corps des animaux ; on en trouve dans l'intestin, le foie, le tissu cellulaire, le cerveau et jusque dans les yeux. C'est à cette classe qu'appartient le tœnia ou ver solitaire, qui, chez l'homme mesure quelquefois 18 mètres de longueur (*fig.* 139).

Presque tous les animaux ont des vers, notamment le porc, qui est souvent attaqué par un ver ayant la forme d'une petite vessie, qui se développe à profusion dans le tissu cellulaire, et donne naissance à une maladie connue sous le nom de ladrerie.

MM. Gruby et Delafond ont trouvé des vers filaires, de la longueur de 14 centimètres, dans la cavité du cœur du chien et du dromadaire; le sang même de ces animaux était rempli de vers microscopiques, dont le nombre, en ce qui concerne le chien, a été évalué approximativement depuis 10,000 jusqu'à 125,000.

CLASSE DES ROTATEURS.

Ces animaux, que l'on a longtemps confondus avec les infusoires, sont si petits que leur existence n'était pas connue avant l'emploi du microscope. M. Ehremberg, de Berlin, a découvert qu'ils possèdent un appareil digestif assez complet, composé d'une bouche, d'un estomac et d'un anus. Nous citerons dans cette classe l'hydatine et les rotifères, très-communs sur les toits, dans les gouttières et dans les eaux croupissantes; ces animaux, qui peuvent rester desséchés pendant plusieurs semaines, reviennent à la vie dès qu'ils sont en contact avec l'eau (*fig.* 140).

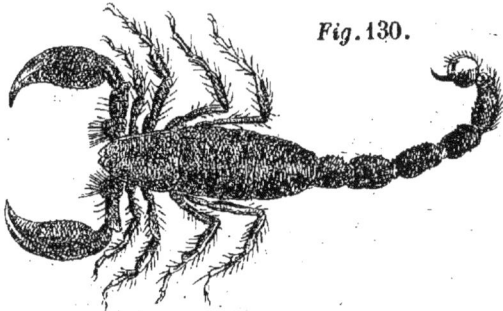

Fig. 130.

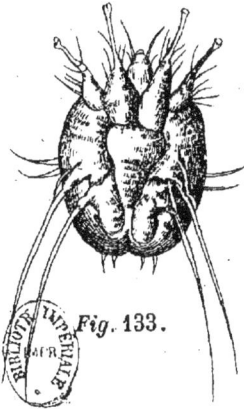

Fig. 133.

Fig. 130, Scorpion. — *Fig.* 133, Acare de la gale.

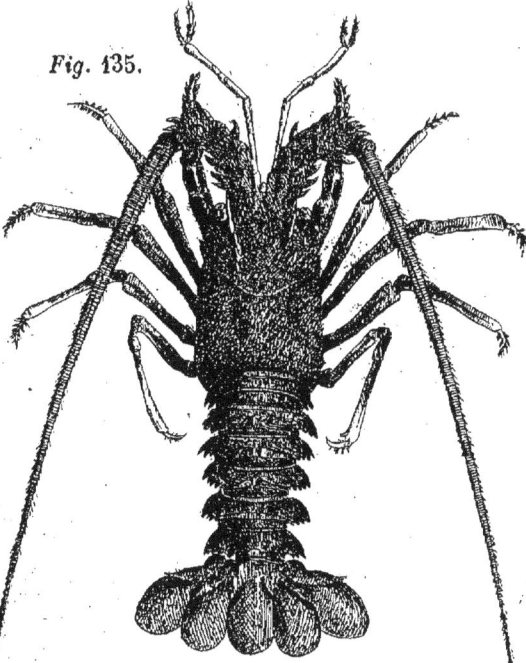

Fig. 135.

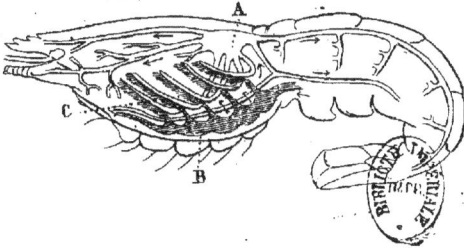

Fig. 134.

Fig. 134, Circulation des crustacés, A cœur aortique, B lacunes, C branchies. — Fig. 135, Langouste.

Questionnaire.

Quels sont les animaux que l'on remarque dans la classe des myriapodes ?

Quelle est la disposition de l'appareil digestif chez les arachnides ?

Comment s'effectue la circulation chez les arachnides ?
Comment se fait la respiration des arachnides ?

Quelle est la disposition des organes des sens ?

Quelles sont les espèces remarquables de la classe des arachnides ?

Quelle est la disposition de l'appareil digestif des crustacés ?

Comment s'effectue la circulation des crustacés ?

Comment respirent les crustacés ?

Quels sont les principaux crustacés ?

Quels sont les animaux de la classe des cirrhopodes ?

Quels sont les animaux que l'on remarque dans la classe des annélides, des helminthes et des rotateurs ?

ORGANISATION GÉNÉRALE
DES MOLLUSQUES.

Les mollusques sont des animaux pairs, dont le corps mou est protégé par un repli de la peau appelé manteau, qui, chez certaines espèces, sécrète une coquille dans laquelle les animaux passent leur vie.

Appareil digestif. — La bouche des mollusques est diversement organisée ; chez les céphalopodes, tels que le poulpe, elle est armée d'un bec corné formé de deux mandibules, qui présentent une grande analogie avec celles des oiseaux de proie (*fig.* 141). Ce bec est remplacé, chez la limace et le limaçon, par deux lamelles tranchantes, à l'aide desquelles ces animaux dévorent les salades et les carottes qu'ils recherchent jusque dans l'intérieur des caves. Enfin les mollusques acéphales, tels que l'huître, ont une bouche beaucoup plus simple, qui est constituée par une ouverture formée de parties molles.

Les céphalopodes ont une langue de forme rubanée, et armée de petites dents disposées symétriquement.

L'œsophage des mollusques s'ouvre dans un estomac simple, garni le plus souvent de dents ou d'osselets propres à diviser les aliments.

L'intestin présente de rares circonvolutions ; il varie,
du reste, selon le régime des espèces et se termine à
l'anus, qui, chez les acéphales, est postérieur et pédiculé,
tandis que chez les céphalés il est rapproché de l'extrémité antérieure du corps.

Les mollusques ont des glandes salivaires et un foie
extrêmement volumineux ; ils possèdent aussi un appareil
de sécrétion urinaire.

Circulation. — Le sang des mollusques est blanc ou
bleuâtr : il est froid et ne renferme pas de globules. La
circulation est complète ; en sortant de l'appareil respiratoire le sang pénètre dans un cœu : ortique qui, correspondant au cœur gauche des mammifères, lance le sang
revivifié dans toutes les parties du corps. Après avoir
servi à la nutrition, le sang passe dans un système veineux,
souvent interrompu par des l unes , et présentant à la
base des branchies, chez les mollusques céphalopodes, un
cœur veineux qui lance le sang dans l'appareil respiratoire (*fig.* 142).

Respiration. — Chez presque tous les mollusques, la
respiration est branchiale ; les branchies sont formées par
des houppes analogues à celles des poissons, ou par des
feuillets membraneux que l'on rencontre dans l'huître, la
moule et tous les mollusques acéphales. Chez les mollusques à respiration aérienne, tels que le limaçon et la
limace, cette fonction s'effectue dans une poche, appelée
cavité pulmonaire, qui est parsemée de vaisseaux sanguins, d'où leur est venu le nom de mollusques pul
monés.

Organes de relation. — Les mollusques, dépourvus de squelette, possèdent quelquefois des organes qui en tiennent lieu, comme l'os de la seiche et la plume cartilagineuse que l'on trouve dans le dos des calmars. Leur corps est enveloppé par un repli de la peau appelé manteau, qui, ainsi que nous l'avons déjà dit, sécrète, chez certaines espèces, entre le derme et l'épiderme, une lame de substance calcaire qui constitue la coquille.

Les coquilles sont univalves ou bivalves ; les valves de celles ci sont mises en mouvement par un muscle que l'animal contracte ou relâche à volonté, selon qu'il veut fermer ou ouvrir sa coquille. Les mollusques à coquilles univalves ont le pied pourvu d'une lame calcaire, appelée opercule, qui, lorsque l'animal redoute quelque danger, lui permet de clore hermétiquement sa coquille. Les limaçons terrestres, qui ne possèdent pas ce moyen de protection, se retirent à l'approche de l'hiver dans leurs coquilles et laissent suinter en abondance le mucus qui les recouvre : cette matière, en se desséchant, forme à l'entrée de la coquille une espèce de fenêtre qui protège le limaçon contre les rigueurs de la mauvaise saison.

Les mollusques n'ont point de membres articulés : les céphalopodes ont des bras armés de ventouses ; le limaçon possède un pied charnu sécrétant un enduit visqueux qui lui permet de glisser rapidement sur le sol : la moule d'eau douce est pourvue d'une espèce de tentacule à l'aide duquel elle marche au fond des rivières, où elle laisse l'empreinte de son passage.

Système nerveux. — Le système nerveux des mollusques qui est simple, ganglionnaire, et épars dans les

diverses parties du corps, n'est pas disposé en série longitudinale comme chez les insectes. Le plus important
des ganglions se trouve dans la tête, et il en existe deux
ou trois dans le milieu du corps ; tous donnent naissance
à des cordons qui se répandent dans les différents organes (*fig. 143*).

Les organes des sens présentent des dispositions très-
variées : ainsi les céphalopodes ont les yeux très-développés et peu saillants, tandis que les gastéropodes les
portent à l'extrémité de tentacules que l'animal allonge ou
rétracte à volonté. Les autres mollusques sont, en apparence, complètement dépourvus d'yeux.

L'organe de l'ouïe a été observé chez certaines espèces.
La peau humectée de mucus est sensible au toucher.
Lorsque le manteau qui recouvre le corps de l'animal ne
sécrète pas de coquille, les mollusques restent absolument
nus, comme la limace nous en offre un exemple.

Quelques mollusques à coquille sécrètent, dans certaines parties de leur corps, des filaments de nature cornée, appelés byssus, et destinés à fixer leur coquille aux
rochers ou autres corps sous-marins. Ces filaments, que
l'on ne rencontre que chez les bivalves, acquièrent dans
les jambonneaux une longueur suffisante pour qu'on
puisse les employer à confectionner des bourses que l'on
vend sur le littoral de la mer Méditerranée.

Reproduction. — Les mollusques sont ovipares, leurs
œufs sont sphériques et protégés par un chorion membraneux. La limace en pond six ou huit qu'elle dépose sous
des pierres ou dans l'intérieur des caves ; ces œufs transparents et du volume d'un pois sont quelquefois agglutinés

en chapelet. On trouve au bord de la mer des agglo-
mérations du volume de la tête ou du poing formées par les
œufs des buccins qui sont très-répandus dans l'Océan et
la Méditerranée.

Division des mollusques en classes. — Les mollusques sont divisés en six classes :

<ul style="list-style:none">
<li>les céphalopodes,</li>
<li>les ptéropodes,</li>
<li>les gastéropodes,</li>
<li>les acéphales,</li>
<li>les brachiopodes,</li>
<li>et les tuniciers.</li>
</ul>

Caractères de ces classes. — Les céphalopodes ont
une tête distincte, entourée de bras garnis de ventouses.

Les **ptéropodes** ont une tête près de laquelle se trouvent deux membres ayant la forme d'ailes ou de nageoires.

Les **gastéropodes** sont des mollusques céphalés, pourvus d'un pied très-allongé qui est immédiatement placé en
dessous de l'abdomen : exemple le limaçon.

Les **acéphales** n'ont pas de tête, leur coquille est bi-
valve : exemple, l'huître.

Les **brachiopodes** sont des mollusques privés de tête,
et dont la bouche est munie d'une paire de bras charnus.

Les **tuniciers** sont des animaux sans coquilles qui servent de trait d'union entre les mollusques et les zoophytes.

CLASSE DES CÉPHALOPODES.

Cette classe renferme des animaux curieux parmi lesquels nous citerons la seiche, le poulpe, le calmar et l'argonaute, qui habitent la mer.

Le manteau de ces animaux forme une espèce de sac, qui enveloppe tous les viscères, parmi lesquels se trouve une poche sécrétant une assez grande quantité de matière noire que les céphalopodes lancent dans l'eau, afin de la troubler et d'échapper plus facilement à la poursuite de leurs ennemis.

Les céphalopodes sont carnassiers; ils se nourrissent de poissons et de crustacés; ces animaux nagent à reculons et possèdent, à cet effet, un tube au moyen duquel ils aspirent l'eau et la font pénétrer dans une poche qui la rejette avec force; le liquide expulsé imprime au corps de l'animal un mouvement rétrograde très-manifeste.

Indépendamment de ce moyen de locomotion, les seiches, qui nagent avec beaucoup de rapidité, font usage de leurs nageoires et de leurs bras pour poursuivre leur proie; elles possèdent dans la région dorsale, un os blanc, ovalaire et aplati, appelé os de seiche, que l'on trouve en grande quantité sur les bords de la mer, et dont les dessinateurs font usage pour nettoyer leur papier; on en place aussi dans la cage des oiseaux qui en mangent des fragments, et s'en servent pour aiguiser leur bec.

La matière noire dont la seiche fait usage pour troubler

l'eau, est employée à la fabrication de la sépia dont se servent les peintres ; sur tout le littoral de la Méditerranée, les seiches sont utilisées pour la nourriture de l'homme·

Les poulpes sont de singuliers animaux, dont la tête porte deux yeux volumineux et un bec corné, autour duquel prennent naissance huit longs bras garnis d'une multitude de ventouses. Lorsque les marins se livrent à la pêche des langoustes et des homards, les poulpes qui vivent dans les creux des rochers, leur saisissent quelquefois le bras, et ce n'est pas sans une certaine difficulté qu'ils parviennent à s'en débarrasser. Lorsque les poulpes acquièrent une grande taille, ils peuvent enlacer les nageurs et les faire périr ; on a prétendu, à une certaine époque, qu'il y avait des poulpes assez grands pour faire chavirer les navires, mais ces récits doivent être relégués dans le domaine des contes fabuleux. Il existe cependant des poulpes géants : le lieutenant de vaisseau Bouyer a rencontré en 1801, dans les eaux de Ténériffe, un individu de cette espèce dont le corps avait quatre mètres de longueur, indépendamment de celle des bras qui était de deux mètres ; ses yeux étaient de la largeur d'une assiette

Le corps du calmar est entouré par un manteau conique, d'où lui est venu le nom d'encornet ; il est utilisé pour la nourriture de l'homme sur les côtes de la mer Méditerranée.

L'argonaute est protégé par une coquille cloisonnée, c'est-à-dire divisée en un certain nombre de loges communiquant entre elles, et que l'animal remplit et vide à volonté selon qu'il veut plonger, ou rester à la surface de l'eau. Il y en a plusieurs espèces qui habitent la Méditerranée et l'Océan.

CLASSE DES GASTÉROPODES.

Cette classe renferme une grande quantité d'animaux pourvus de coquilles univalves, dont les dénominations sont en rapport avec la forme qu'elles présentent. Cependant les limaces sont dépourvues de coquilles ; on remarque [sur le côté droit du manteau de ces animaux, une ouverture contractile, qui paraît taillée à l'emporte-pièce, et sert de passage à l'air destiné à la respiration. Les limaces détruisent surtout les plantes qui commencent à pousser, et dont les feuilles sont faciles à diviser ; pour prévenir leurs dégâts , il suffit d'entourer les plantes d'une couche de chaux en poudre, qui s'oppose à leur passage.

Le limaçon ou escargot qui appartient au genre hélice, est très-recherché par les gourmets.

On trouve communément les planorbes et les lymnées dans les rivières et les fossés marécageux. Les bulles, les troques ou toupies, les buccins, les porcelaines, les volutes et les scalaires vivent dans l'Océan. On y trouve encore les murex, qui servaient autrefois à la préparation de la couleur pourpre.

On classe également les strombes et les patelles parmi les gastéropodes ; les patelles ont une coquille univalve, conique, qu'elles fixent sur les rochers par l'action du vide

CLASSE DES ACÉPHALES.

Cette classe renferme le genre huître (*ostrea*), qui sert à la nourriture de l'homme, et la pintadine perlière, qui fournit la nacre et les perles.

La pintadine perlière acquiert vingt centimètres de diamètre, elle vit dans l'Océan : les principales pêcheries sont celles de Ceylan et du golfe Persique.

La pêche des perles se fait à l'aide de plongeurs généralement placés au nombre de vingt sur un bateau ; les uns se livrent à la pêche, tandis que les autres dirigent le bateau. Les plongeurs, munis d'un sac en filet, se bouchent les narines avec la main gauche, ce qui leur permet de rester deux minutes au fond de l'eau, et de recueillir une centaine de coquilles, puis ils tirent une corde pour demander à être remontés.

Les hommes dressés à cet exercice plongent, en moyenne, cinquante fois par jour ; ils exposent les coquilles au soleil, pour faire mourir les mollusques, qu'ils ouvrent avec soin pour en retirer les perles qu'ils peuvent renfermer : les écailles sont vendues pour la fabrication des boutons et autres objets en nacre.

Les perles sont ensuite polies et trouées ; leur valeur dépend de leur volume et de leur eau, c'est-à-dire de leurs reflets : une perle de deux grammes peut valoir 1,000 fr. ;

il existe en Espagne une perle de la grosseur d'un œuf de pigeon et qui vaut un million.

Les perles sont de la même nature que la nacre ; elles flottent, ou sont attachées dans l'intérieur de la coquille.

Les huîtres se fixent sur les rochers au fond de la mer, ou s'accolent les unes aux autres et forment des amas étendus connus sous le nom de bancs.

Les peignes sont des mollusques acéphales qui vivent dans l'Océan et dans la Méditerranée ; ils sont utilisés pour la nourriture de l'homme.

Les moules sont des bivalves qui s'attachent aux rochers, et sur les ouvrages en bois existant au bord de la mer. Elles sont excessivement communes : malgré les empoisonnements qu'elles occasionnent et dont les causes ne sont pas encore bien connues, on les emploie pour l'alimentation.

Les bénitiers, mollusques acéphales, à coquilles ondulées, vivent dans l'Océan Indien et acquièrent jusqu'à 1 mètre 50 de diamètre. Les valves des bénitiers qui ornent l'église Saint-Sulpice, ont été données à François Ier par la République de Venise ; il en existe encore de plus grandes.

Les bénitiers sont attachés aux rochers par un byssus tellement fort, qu'on est obligé de le couper à coups de hache,

On trouve encore dans la classe des acéphales les manches de couteau ou solens, qui vivent enfoncés dans le sable, et d'autres mollusques tels que les pholades et le taret.

Les pholades se creusent des habitations dans le bois et

les pierres calcaires ou siliceuses ; les roches du littoral de la Méditerranée et de l'Océan sont criblées de trous qui leur servent d'habitation, et dont la régularité est remarquable. Ces animaux sont phosphorescents.

Le taret est un mollusque allongé, qui creuse des galeries dans le bois et détruit ainsi, en fort peu de temps, les constructions maritimes, telles que navires, digues, estacades, etc. Sa coquille, très-petite, se trouve à la partie antérieure du corps ; elle est formée de deux valves triangulaires, épaisses et tranchantes, à l'aide desquelles l'animal perce les bois les plus durs. La Hollande est le pays où le taret a produit les plus grands dégâts.

Les tuniciers appartiennent au sous-embranchement des molluscoïdes, créé par Milne Edwards. Ce sous-embranchement renferme deux classes : les tuniciers et les bryozoaires.

Parmi les tuniciers on remarque les ascidies, et parmi les bryozoaires, les flustres (*flustra foliacea*), si communes au bord de la mer, et qui ont été longtemps classées parmi les polypiers avec lesquels elles ont, du reste, des ressemblances frappantes.

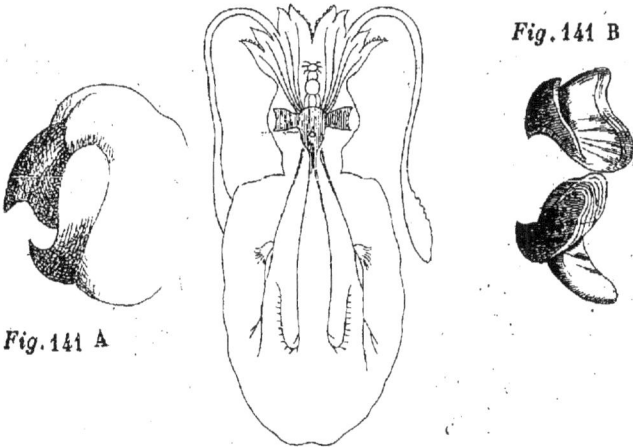

Fig. 143.

Fig. 141 B

Fig. 141 A

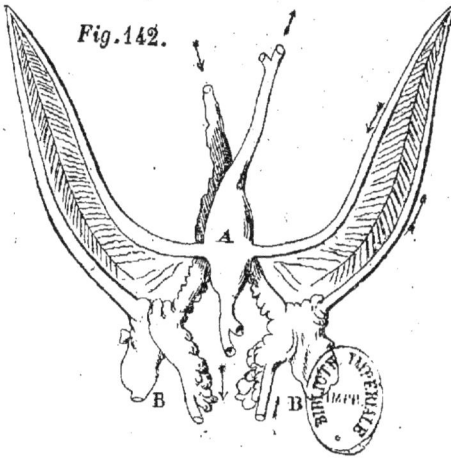

Fig. 142.

Fig. 141 A, bec de seiche. — 141 B, bec d'argonaute. — *Fig.* 142, appareil circulatoire du calmar : A cœur aortique, B cœur veineux. — *Fig.* 143. système nerveux de la seiche.

Fig. 145.

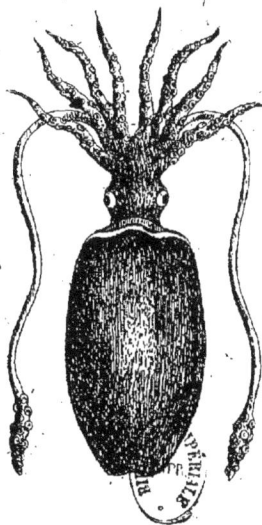

Fig. 144.

Fig. 144, la seiche. — Fig. 145, le poulpe.

Fig. 148.

Fig. 146.

Fig. 147.

Fig. 149.

Fig. 146, le limaçon. — *Fig.* 147, la pintadine perlière. — *Fig.* 148, le taret. — *Fig.* 149, Fragment de flustre foliacé.

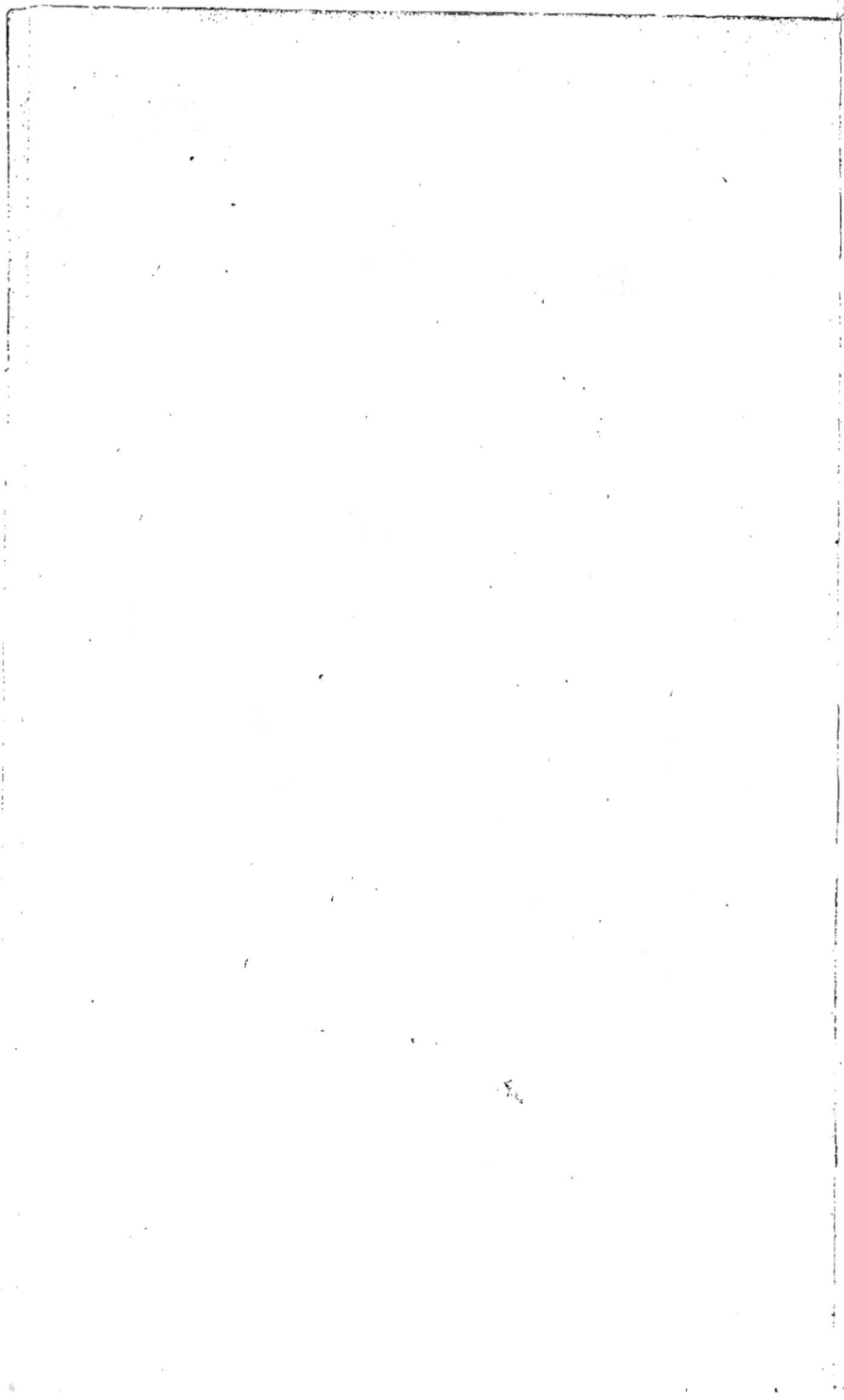

Questionnaire.

Quelle est la structure de la bouche des mollusques?

Quelle est la disposition de l'appareil digestif des mollusques?

Comment s'effectuent la circulation et la respiration chez les mollusques?

Quelle est la disposition générale de la coquille?

Quelle est la disposition des organes locomoteurs et du système nerveux des mollusques?

Quels sont les organes des sens qui ont été reconnus chez les mollusques?

Comment s'effectue la reproduction des mollusques?

En combien de classes divise-t-on les mollusques?

Quels sont les caractères de ces classes?

Quels sont les animaux que l'on remarque dans la classe des céphalopodes?

Quels sont les mollusques de la classe des gastéropodes?

Quels sont les animaux utiles ou nuisibles de la classe des acéphales?

ORGANISATION GÉNÉRALE
DES ZOOPHYTES.

Les zoophytes ou rayonnés sont des animaux impairs qui, généralement, ne sont pas susceptibles d'être divisés, de haut en bas, en deux moitiés semblables, comme ceux dont nous avons déjà parlé. Les différents organes des zoophytes sont groupés autour d'un point central, disposition qui leur donne une forme rayonnée présentant quelque analogie avec celle des fleurs, dont les organes sont insérés autour de la tige.

Appareil digestif. — Cet appareil est assez complet chez les oursins. Ces animaux, dont la forme est sphérique, ont la bouche placée au milieu de la face inférieure du corps ; elle est formée de cinq dents implantées symétriquement dans un nombre égal de pièces osseuses, articulées, et mises en mouvement par des muscles. Ces mâchoires constituent un appareil auquel on a donné à cause de sa forme le nom de lanterne d'Aristote. Bien que les parois de l'œsophage soient très-minces, on y remarque des pores que l'on considère comme des follicules salivaires ; ce canal descend d'abord verticalement, puis se replie sur lui-même et s'ouvre dans l'estomac, dont les parois sont minces et entourées de plaques jaunes qui tiennent lieu du foie. L'intestin est étroit et se termine à l'anus qui est diamétralement opposé à la bouche.

Chez les méduses et les polypes, la cavité digestive a la forme d'un sac et ne présente qu'une seule ouverture : la bouche, tandis que chez les infusoires et les spongiaires on ne rencontre généralement pas de traces de l'appareil digestif.

Circulation.—Les oursins présentent, le long de l'œsophage, un petit corps ovoïde à parois épaisses et charnues, qui, suivant M. de Blainville, remplit les fonctions du cœur ; en général, l'appareil de la circulation est imparfait chez les zoophytes ; il est formé par des tubes qui prennent naissance autour de l'appareil digestif et se distribuent du centre à la circonférence. Dans les méduses, ces vaisseaux partent de l'estomac et vont se réunir dans un canal qui occupe le bord de l'ombrelle. Enfin un assez grand nombre de zoophytes paraissent dépourvus d'appareil circulatoire.

Respiration. — La respiration des zoophytes est cutanée ; elle s'effectue par l'intermédiaire de l'oxygène en dissolution dans l'eau. Ce liquide pénètre ordinairement dans les cavités ménagées dans le corps de certaines espèces.

Sécrétions.—Les sécrétions sont peu connues : cependant, comme nous l'avons déjà dit, on rencontre chez les oursins des glandes salivaires disposées autour de la bouche, et des glandes hépatiques accolées à la surface externe de l'estomac.

Locomotion.—Les zoophytes n'ont point de squelette ;

quelquefois leur peau se durcit et forme un test, appelé dermato-squelette. Leurs mouvements sont très-variés, nous en dirons quelques mots en décrivant les plus intéressants de ces animaux.

Système nerveux. — Le système nerveux existe chez un certain nombre de zoophytes ; celui des oursins est constitué par une couronne de ganglions qui entourent la bouche, et donnent naissance à cinq filets nerveux rayonnant dans les diverses parties du corps.

Organes des sens. — Le toucher seul est apparent ; la vue, l'ouïe et l'odorat n'ont pas encore été reconnus.

Division des zoophytes en classes. — M. Milne Edwards divise les zoophytes en cinq classes :

> les échinodermes,
> les acalèphes,
> les polypes,
> les infusoires,
> et les spongiaires.

CLASSE DES ÉCHINODERMES.

Les échinodermes (*ἐχῖνος*, épine, *δέρμα*, peau), parmi lesquels on remarque les oursins, les astéries et les holothuries, ont la peau couverte d'épines ainsi que leur nom l'indique.

Les oursins, connus sous le nom de hérissons ou chataignes de mer, ont le corps protégé par une enveloppe calcaire constituant une sphère aplatie, couverte de boutons saillants armés d'épines entre lesquelles existent une infinité de petits trous, disposés en séries linéaires et appelés ambulacres. Leur corps, mou et gélatineux, est contenu dans une membrane qui tapisse la face interne du test calcaire, et se prolonge dans les ambulacres sous la forme de tubes, que l'animal allonge ou rétracte à volonté. Ces tubes sont terminés par des ventouses qui lui permettent de se transporter facilement d'un lieu dans un autre. L'enveloppe calcaire qui recouvre leur corps est formée de pièces polygonales qui augmentent en nombre et s'élargissent chaque année, ce qui permet à l'animal de s'accroître.

Les oursins se nourrissent de fucus et se creusent avec les dents des habitations dans les rochers. A l'époque de la ponte, l'oursin comestible (*echinus esculenta*) est recherché pour l'alimentation.

Les astéries ou étoiles de mer ont le corps entouré de cinq rayons égaux. Il est couvert d'une peau assez résistante, de couleur rosée ou brunâtre. La bouche se trouve au centre de la partie inférieure ; elle est armée de dents, et communique avec l'estomac qui se prolonge dans les rayons étoilés. A la face inférieure de ces rayons se trouve une double rangée d'ouvertures, d'où sortent des pieds terminés par des ventouses, dont l'animal se sert pour glisser sur le sable avec assez de rapidité. On remarque aussi sous chaque rayon une infinité de tubes respiratoires.

Les astéries, très-répandues sur les côtes de l'Océan, ont une grande voracité et attaquent des mollusques assez volumineux. Elles font alors saillir leur tube digestif dont elles enveloppent leur proie, et attirent ainsi à l'intérieur de leur corps les mollusques dont elles rejettent les coquilles vides.

Les astéries sont ovipares, elles se reproduisent également par boutures ; lorsqu'on les coupe en plusieurs pièces, chacune de ces dernières repousse, et donne naissance à un animal complet.

CLASSE DES ACALÈPHES.

Les méduses, que l'on remarque dans cette classe, sont des animaux ayant la forme d'une ombrelle de consistance gélatineuse et qui acquiert jusqu'à 55 centimètres de diamètre. Elles flottent sur la mer, où on les rencontre en très-grande quantité dans les saisons chaudes. Leur corps est percé d'une cavité digestive communiquant au dehors par une bouche simple ou multiple, entourée de tentacules de formes diverses ; de l'estomac partent des tubes circulatoires qui se répandent dans l'ombrelle.

Les méduses nagent avec facilité, elles se placent obliquement, dilatent leur ombrelle, la contractent ensuite afin d'en chasser l'eau, et avancent ainsi avec assez de rapidité pour traverser en une ou deux minutes un cours d'eau de dix mètres de largeur. Ces animaux sécrètent une humeur âcre, qui produit sur la peau la même sensation que le contact des orties, et leur a valu le nom d'orties de mer.

Les méduses sont ovipares : leurs œufs subissent plusieurs transformations que les limites de cet ouvrage ne nous permettent pas de décrire.

CLASSE DES POLYPES.

On distingue parmi les polypes charnus, l'actinie et l'hydre.

L'actinie (ακτιν, rayon) ou anémone de mer, se compose d'un cylindre charnu, contractile, qui se fixe par sa base sur une pierre ou un débris de coquille. La bouche de cet animal est entourée de nombreux tentacules qu'il fait saillir ou rentrer à volonté, et à l'aide desquels il saisit les mollusques et les crustacés.

Les actinies sont colorées de diverses nuances, ordinairement combinées par cercles concentriques, qui leur donnent l'apparence d'une fleur, d'où leur est venu le nom d'anémones de mer. Lorsqu'on se promène à marée basse sur une plage sablonneuse on aperçoit quelquefois dans

20

de petites flaques d'eau, de véritables parcs de fleurs constitués par ces singuliers animaux.

Quelques espèces d'actinies sont employées à l'alimentation.

Les hydres se rencontrent dans les eaux douces : elles se fixent par la partie inférieure de leur corps sur les racines ou la tige des végétaux aquatiques. Leur bouche est entourée de longs bras qui servent à saisir les petits animaux dont elles font leur nourriture.

Polypes à polypiers ou madrépores. — Les madrépores présentent des formes excessivement variées ; ils se développent facilement et en se multipliant à l'infini, ils forment de véritables îles madréporiques dont il existe un grand nombre en Océanie. Sur la côte orientale de l'Australie, il existe un banc d'écueils madréporiques de trois cent soixante lieues de longueur.

Parmi les madrépores, nous ne citerons que deux groupes : les coraux et les gorgones.

Le corail, dont la véritable nature fut reconnue au commencement du xviii° siècle, resta longtemps classé parmi les végétaux. On sait, aujourd'hui, que cette matière calcaire que l'on travaille pour en faire des bijoux, est sécrétée par le pied d'un polype à huit bras dentelés, connu sous le nom d'isis nobilis. Ces polypes sont irrégulièrement distribués à la surface d'un polypier arborescent qui est composé d'un axe calcaire rougeâtre, couvert d'une enveloppe gélatineuse. Les polypes du corail se multiplient par bourgeons et les arbres qu'ils forment ont jusqu'à 50 centimètres de hauteur. Néanmoins quelques-uns de ces animaux se dégagent du polypier pour fonder de nouvelles colonies.

Il existe de grands bancs de corail dans la Méditerranée, sur les côtes de la Tunisie et de l'Algérie.

La pêche de ce zoophyte est réservée à la France et se pratique à l'aide de filets que l'on traîne au fond de l'eau : les coraux se brisent, tombent dans le filet et sont, pour la plupart, transportés à Gênes, où l'on en fabrique de fort jolis bijoux.

Les gorgones sont des polypiers dont l'axe corné est enveloppé d'une écorce gélatineuse, qui se dessèche et donne à l'animal des nuances jaunes, rouges ou violettes. L'axe, ordinairement isolé et aplati, ressemble à une plante séchée dans un herbier.

CLASSE DES INFUSOIRES.

On donne le nom d'infusoires à des animaux microscopiques, de formes très-variées, qui naissent et vivent dans les infusions végétales. Pour les observer, il suffit de laisser corrompre quelques végétaux dans un vase contenant de l'eau : on voit bientôt s'y développer des myriades d'animaux infusoires. Ces animaux se rencontrent partout, dans les eaux croupissantes, dans les fleuves, et même dans la mer où ils sont très-communs. Une des espèces les plus répandues, est le noctiluca miliaris :

le corps gélatineux de cet animal est formé d'une petite
vessie surmontée d'une trompe, dont il fait usage pour se
mouvoir. Lorsqu'il fait très-chaud, cet infusoire nage à
la surface de la mer, dans laquelle il suffit de jeter,
pendant la nuit, quelques grains de sable pour que le
liquide mis en mouvement dégage une phosphorescence
analogue à celle que l'on remarque en frottant un fragment
de phosphore dans l'obscurité. Les navires semblent
alors flotter sur une mer de feu. Ce phénomène se remarque surtout dans les régions chaudes; lors de la
dernière expédition de Chine, nos soldats ont navigué
pendant des mois entiers sur une mer phosphorescente;
ce spectacle est l'un des plus curieux auxquels on puisse
assister.

« Chaque animal devient un point brillant, ou une
» petite étoile. Des millions de ces étoiles étincellent
» toutes parts sur les flots, dans les belles nuit d'été, et
» l'éclat de la mer semble le disputer à celui du firma-
» ment (1). »

Presque tous les animaux marins sont phosphorescents
après leur mort; les matières végétales mêmes, lorsqu'elles se décomposent, présentent ce phénomène.

Nous citerons encore parmi les infusoires, les volvoces
et les monades.

(1) Charles Bonnet, *Contemplation de la nature.*

CLASSE DES SPONGIAIRES.

L'animalité des éponges a été souvent mise en doute ; aujourd'hui, on est généralement d'accord sur leur nature, et on les classe, avec raison, à l'étage inférieur du règne animal, dout elles paraissent être le trait d'union avec le règne végétal. Il est facile de se convaincre de l'animalité des éponges, en examinant les éponges d'eaux douces, qui sont très-répandues dans les fossés des places fortifiées. Au moment où l'on saisit l'animal, on remarque un mouvement de contraction très-manifeste qui ne se produit jamais chez les végétaux.

Les éponges sont formées par une infinité d'aiguilles calcaires ou cornées entrecroisées, et laissant entre elles des espaces remplis d'une substance gélatineuse, dans laquelle existent des canaux. Les éponges marines sont implantées sur des rochers ; à certaines époques de l'année, elles expulsent de leurs canaux des vésicules ou corpuscules ciliés, armés de cils vibratils, à l'aide desquelles ces vésicules sont transportées à une certaine distance et se fixent sur un corps étranger où elles donnent naissance à de nouvelles éponges. Ces singuliers animaux se reproduisent aussi par bourgeons et par boutures, circonstance qui les rapproche du règne végétal.

Les éponges communes (*spongia communis*) se rencontrent sur toutes les côtes de la Méditerranée, on les pêche principalement sur celles de la Barbarie. Les éponges fines ou éponges pluchées, sont recueillies en Syrie et dans l'Archipel.

Questionnaire.

Quelle est l'organisation générale des zoophytes ?

Comment s'effectuent la circulation et la respiration chez les zoophytes ?

Comment se reproduisent les zoophytes ?

En combien de classes divise-t-on l'embranchement des zoophytes ?

Quels sont les caractères de ces classes ?

Quels sont les animaux remarquables que l'on trouve dans la classe des échinodermes,

               des acalèphes,

               des polypes,

               des infusoires,

            et des spongiaires ?

ERRATA.

TABLE GÉNÉRALE

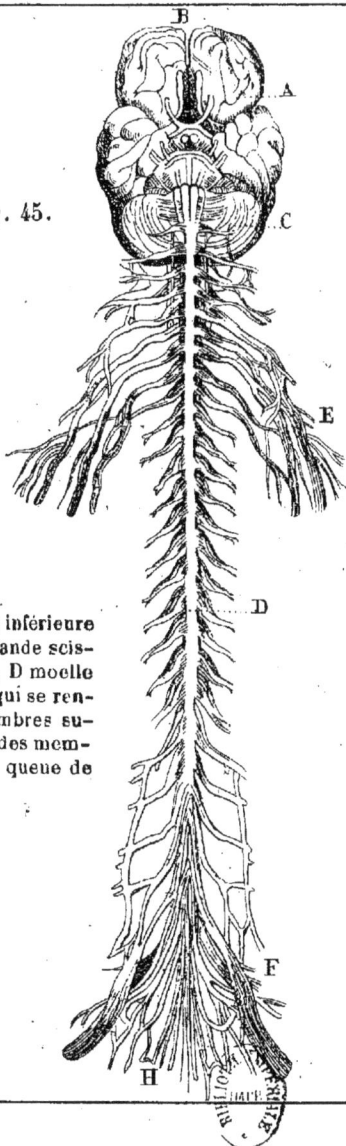

Fig. 45.

Fig. 45, A face inférieure
du cerveau, B grande scissure, C cervelet, D moelle
épinière, E nerfs qui se rendent dans les membres su-
périeurs, F nerfs des membres inférieurs, H queue de
cheval.

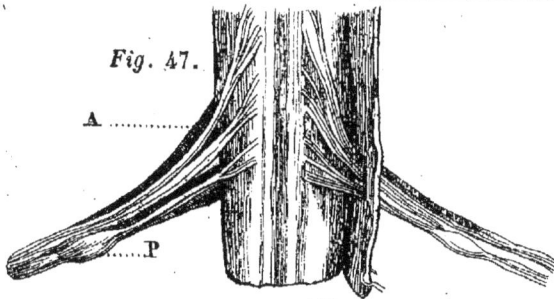

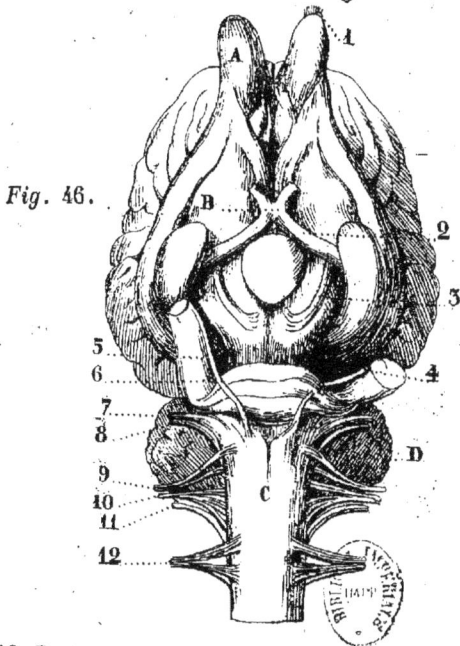

Fig. 46, Encéphale du cheval vu par sa face inférieure, les douze paires nerveuses encéphaliques sont indiquées par des chiffres. A lobes olfactifs, B chiasma des nerfs optiques, C moelle allongée, D cervelet. — *Fig*. 47, Portion de la moelle épinière, A racines antérieures des nerfs spinaux, P racines postérieures ganglionnaires.

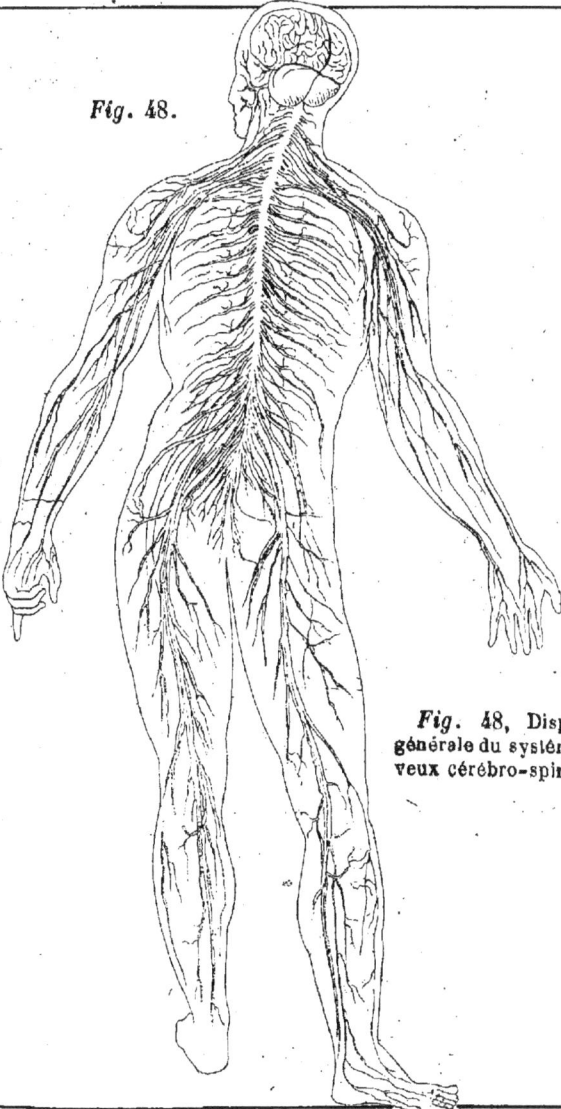

Fig. 48.

Fig. 48, Disposition
générale du système ner-
veux cérébro-spinal.

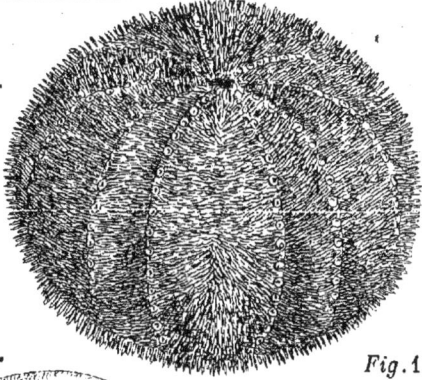

Fig. 150.

Fig. 152.

Fig. 153.

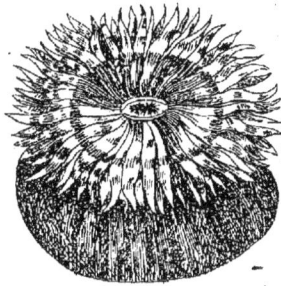

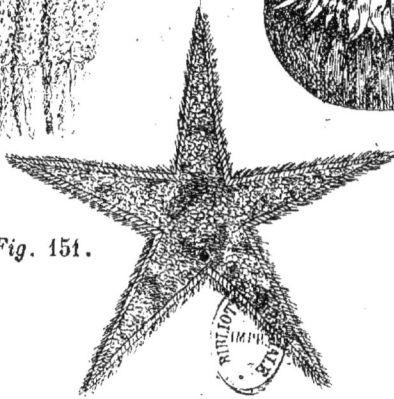

Fig. 151.

Fig. 150, Oursin. — *Fig.* 151, Astérie. — *Fig.* 152, Méduse. — *Fig.* 153, Actinie.

Fig. 157.

Fig. 156.

Fig. 159.

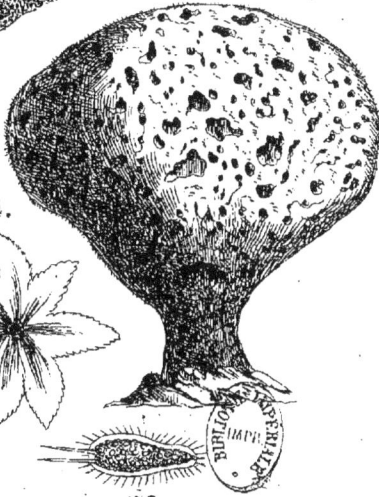

158

Fig. 154.

Fig. 158.

158

A

Fig. 154, Polype isolé du corail. — Fig. 156, Corail. —
Fig. 157, Gorgone. — Fig. 158, Infusoires, A monade. —
Fig. 159, Eponge.

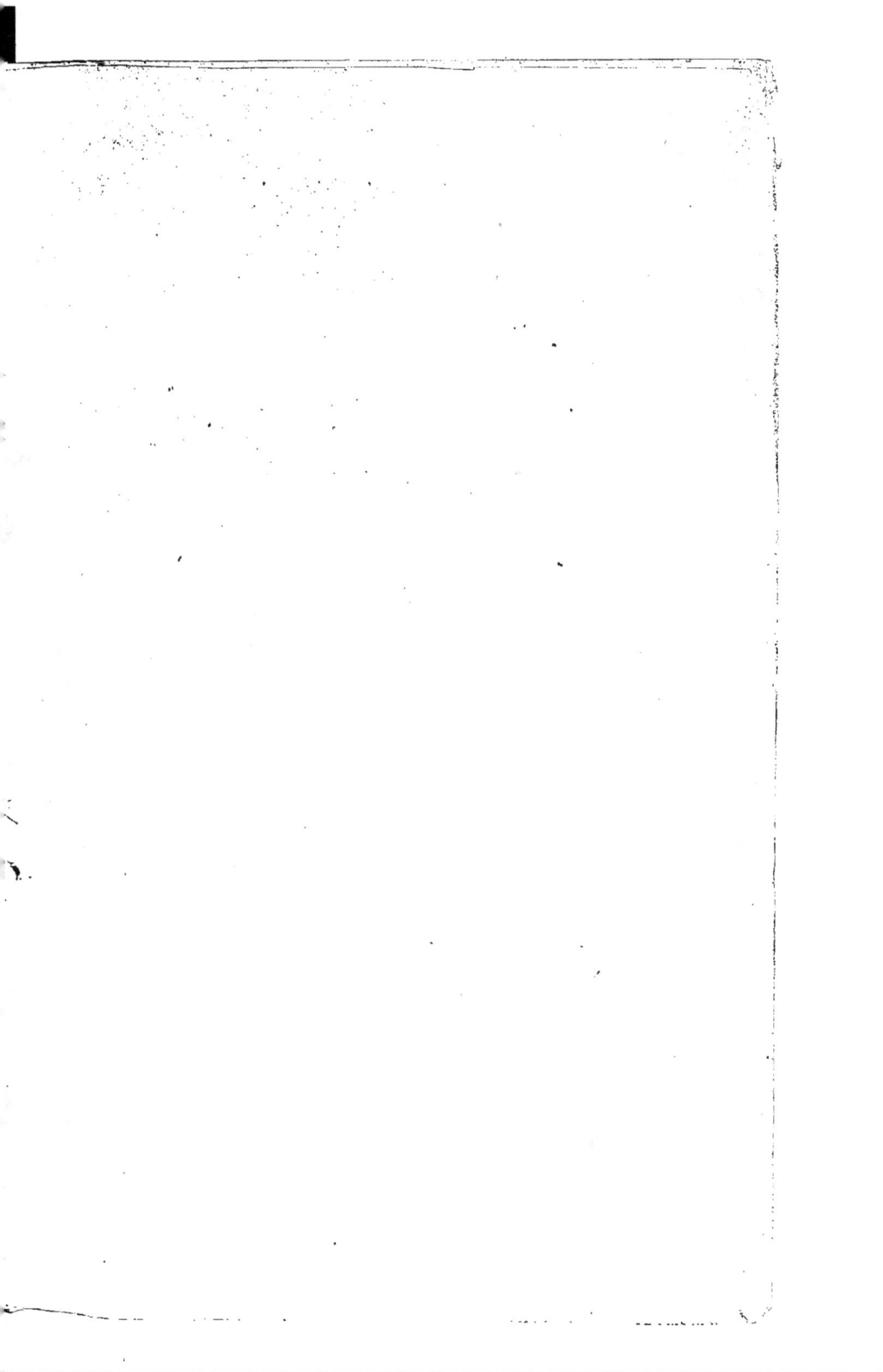

POUR PARAITRE PROCHAINEMENT

LA BOTANIQUE

ET

LA GÉOLOGIE

TYP. ET LITH. E. PRIGNET, VALENCIENNES.

www.ingramcontent.com/pod-product-compliance
Lightning Source LLC
Chambersburg PA
CBHW060956220326

41599CB00023B/3738